电力拖动基础

张敬南　孟繁荣　编著

U0292970

哈尔滨工程大学出版社

内 容 简 介

为了适应电力拖动的发展和教学质量优化的要求,本书在同类教材的基础上,对相关知识进行了重组与添加,添加了同步电动机电力拖动基础的相关内容,并增设了电力拖动系统典型运行过程的仿真与分析。

全书共分为绪论、电力拖动系统动力学基础、直流电动机的电力拖动基础、异步电动机的电力拖动基础、同步电动机的电力拖动基础和电力拖动系统中电动机容量的选择。每章后附习题与思考题。

本书可作为电气工程、工业自动化、自动化等专业的高等院校本科生教材,也适用于各类成人继续教育的相关教材,对从事电气工程技术的各类人员,也是一本较好的学习参考资料。

图书在版编目(CIP)数据

电力拖动基础/张敬南,孟繁荣编著. —哈尔滨:
哈尔滨工程大学出版社,2015.7
ISBN 978 - 7 - 5661 - 1057 - 2

Ⅰ. ①电… Ⅱ. ①张… ②孟… Ⅲ. ①电力传动 - 基本知识 Ⅳ. ①TM921

中国版本图书馆 CIP 数据核字(2015)第 157278 号

出版发行	哈尔滨工程大学出版社
社 址	哈尔滨市南岗区东大直街 124 号
邮政编码	150001
发行电话	0451 - 82519328
传 真	0451 - 82519699
经 销	新华书店
印 刷	黑龙江省教育厅印刷厂
开 本	787mm×1 092mm 1/16
印 张	14. 50
字 数	370 千字
版 次	2015 年 7 月第 1 版
印 次	2015 年 7 月第 1 次印刷
定 价	31. 00 元

http://www.hrbeupress.com
E-mail:heupress@ hrbeu. edu. cn

前 言 PREFACE

电力拖动基础是一门重要的专业基础课程,具有对象具体、理论性强、实践要求高的特点。为了适应电力拖动的发展和教学质量优化的要求,本书对相关知识进行了重组和添加,添加了同步电动机电力拖动基础的相关内容,并运用了仿真分析工具辅助运行过程分析。全书共分绪论、电力拖动系统动力学基础、直流电动机的电力拖动基础、异步电动机的电力拖动基础、同步电动机的电力拖动基础和电力拖动系统中电动机容量的选择等。

本书力求从注重基础掌握、加强能力培养、面向实际应用出发,着重分析基本观念、基本原理和基本方法;重点阐述电力拖动中电动机为满足不同工艺要求在启动、制动、调速等状态下的工作情况;适当地引入电力拖动系统的仿真分析方法,以培养学生的分析研究能力,并为进一步学习其他专业知识和正确使用电动机打下良好基础。

本书可作为电气工程、工业自动化、自动化等专业的高等院校本科生教材,也适用于各类成人继续教育的相关教材,对从事电气工程技术的各类人员,也是一本较好的学习参考资料。

本书由张敬南提出结构框架并主持编写,主要编写了第2,3,4章;孟繁荣编写了绪论和第1,5章;由张敬南和孟繁荣共同设计并编制了仿真分析程序。本书经哈尔滨工程大学李文秀教授、丛望教授仔细审阅,并提出了宝贵的修改意见。

由于编者学识有限,书中错误和不妥之处在所难免,敬请读者批评指正。

编著者
2015 年 1 月

目　　录

绪　论

0.1　电力拖动及其历史沿革

现代化的工业生产中,需要采用各种生产机械,而这些生产机械又必须由原动机来拖动。19 世纪末到 20 世纪初,随着电能应用的推广,电动机逐步取代了蒸汽机,成为了拖动系统中最常用的一种原动机。这种应用各种电动机拖动各种生产机械工作的技术就是电力拖动技术,简称电力拖动,也称为电气传动。

电力拖动之所以被广泛应用是因为:①电能的传输和分配非常方便;②电动机的种类规格很多,它们具有各种各样的特性,能在很大程度上满足大多数生产机械的不同要求;③电力拖动的操作和控制比较简便,便于实现自动控制和远程操作等。因此,电力拖动在现代工业中得到最广泛的应用。可以这样说,没有电力拖动,就没有现代工业。

电力拖动的发展是从最初的成组拖动方式,经过单电动机拖动方式直至发展为现代电力拖动的基本形式——多电动机拖动方式。

成组拖动方式是用一台电动机通过拖动天轴,再由传动带或绳索分别拖动几台生产机械进行工作。显然这种拖动方式结构不尽合理,电动机性能不能充分发挥,效率很低,目前已经不采用。

20 世纪 20 年代,单电动机拖动方式被逐步采用,所谓单电动机拖动就是一台电动机拖动一台生产机械工作。由于电动机针对相对固定的生产机械进行配合,在结构上可以充分利用电动机的调速性能来满足生产机械的工艺要求。

20 世纪 30 年代,随着生产机械复杂程度的不断提升,在一台生产机械上往往同时具有多套运动机构,因此采用一台电动机已经无法满足生产机械的要求。采用多台电动机拖动生产机械工作的形式应运而生,称为多电动机拖动方式。

现代化工业生产中,生产机械除了运动方式复杂之外,对电力拖动还提出了更多更高的技术要求,如提高加工精度与工作速度,要求快速启动、制动及正反转转换,实现宽范围的速度调节和提高生产过程的自动化水平等。要实现上述要求,除了必要的电动机之外,必须有自动控制设备以组成电力拖动系统,或电力拖动自动控制系统。

0.2　电力拖动系统的分类与特点

根据电动机类型,电力拖动系统主要分为直流电力拖动系统与交流电力拖动系统两大类。由直流电动机作为原动机的拖动系统称为直流电力拖动系统;由交流电动机作为原动机的拖动系统称为交流电力拖动系统。

直流电力拖动系统因其启动转矩大、可在较大范围内实现速度的平滑调节、控制精度高且易于实现等特点,被广泛应用于大负载拖动和控制精度要求高的场合。但是,由于直流电动机具有换向器和电刷装置,限制了其向高速和大容量方面的发展,并且不能直接用于易燃、易爆等工作场合。

相对于直流电动机,交流异步电动机具有结构简单、维修方便,且能在环境条件较恶劣的场合下运行,所以基于异步电动机的交流电力拖动系统在工农业生产中得到了广泛的应用。但是该系统在两个方面还有不足之处,其一是其控制精度还不能完全赶上直流电力拖动系统,所以在控制精度要求高的场合还无法取代直流电力拖动系统;其二是异步电动机的功率因数问题,在大容量的场合往往需要配备无功补偿装置或采用基于同步电动机的交流电力拖动系统。

与异步电动机相比,同步电动机的转速与电源频率严格保持同步,机械特性硬,功率因数高,对于电励磁同步电动机,通过励磁调节可以实现无功调节。但同步电动机由电网直接供电时存在启动困难与失步问题。随着电力电子变频技术的发展,成功地解决了阻碍同步电动机发展的这两大问题,尤其是永磁同步电动机和直流无刷电动机等新兴同步电动机的问世,使得基于同步电动机的电力拖动系统具有广泛的应用前景。

0.3　本书内容和课程的性质任务

电力拖动基础就是要研究电力拖动系统的运行特性、能量关系及工程运用等问题。

首先,必须掌握电力拖动系统的动力学规律、典型负载的机械特性、复杂系统的简化计算以及系统稳定运行的分析和判断等。这一切就是所谓电力拖动系统动力学。

其次,还必须分析交直流电动机的机械特性,并结合负载的机械特性,分别针对由直流电动机和交流电动机组成的直、交流电力拖动系统的运行进行全面分析。其中,既有电动、制动等各种稳定运行,又有包括启动和制动过程在内的各种过渡过程。此外,还要对启动、制动及调速的设备,进行设置和计算。

另外,电力拖动的根本问题就是根据各种生产机械的需要,如何正确选择和使用电动机的问题。因此,电动机的选择也是电力拖动的一个重要内容。一般来说,电动机的选择应包括很多内容,如电动机种类的选择、容量的选择、电压等级的选择、转速选择及防护形式的选择等,其中尤以容量的选择与组成系统的负载关系密切。而各种负载又是千变万化的,这就使容量的选择更为复杂和重要,因而成为电力拖动的重要内容。

考虑到目前各种特殊电源对电力拖动系统中电动机供电的情况日益增多,如可控晶闸管整流装置对直流电动机供电,以及变频电源对三相异步电动机供电等,在这些情况下,电动机的选择应有一些特殊考虑。为此,本书适当地加入了这些新内容。

随着计算机仿真技术的发展,特别是像 MATLAB 这样一些仿真软件的不断推出,为电力拖动系统的动态分析和稳态分析提供了新颖的技术工具。为此,本书在相应章节引入电力拖动系统的 MATLAB 仿真分析的内容。

电力拖动基础是一门综合性很强的课程,涉及物理学、电工原理、电子技术、机械原理、电机学、电力电子技术等多门课程的知识。在学习本课程之前,应对上述课程有较好的掌握和理解。同时,在学习过程中必须注意理论联系实际,通过实验验证所学知识,通过仿真深入探讨所学理论,既要注意理论分析,又要掌握工程实际计算方法。

电力拖动基础课程为电气工程及其自动化专业、工业自动化专业的一门专业基础课程。通过本课程的学习,应该掌握典型电动机所组成的电力拖动系统的基本理论和系统运行在各种状态时的静、动态特性分析计算方法,以及如何进行电动机容量选择等基本技能。从而为进一步学习本专业的后续课程——电力拖动自动控制系统提供必备的基础知识。

第1章　电力拖动系统动力学基础

本章首先介绍了电力拖动系统的组成和电力拖动系统的运动方程;然后针对多轴电力拖动系统等效为单轴系统的折算方法进行了分析;并结合不同运动形式的工作机构,针对转矩及系统飞轮矩的折算方法、传动机构的效率问题进行了叙述;最后,介绍了生产机械的负载转矩特性和电力拖动系统稳定运行的条件。本章内容不仅适用于直流电力拖动系统,也适用于交流电力拖动系统,是交直流电力拖动系统的共同问题,也是电力拖动部分的基础。

1.1　电力拖动系统的运动方程

1.1.1　电力拖动系统的组成

凡是由电动机作为原动机拖动各类生产机械完成一定的生产工艺要求的系统都称为电力拖动系统。电力拖动系统一般由电动机、传动机构、工作机构、电源和控制设备 5 部分组成,其结构如图 1 - 1 所示。其中,传动机构和工作机构构成电动机的负载,称为生产机械。

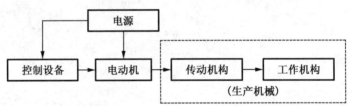

图 1 - 1　电力拖动系统

电动机把电能转换成机械动力拖动生产机械工作。传动机构是生产机械中实现机械运动状态改变的部分;工作机构是生产机械中执行某一任务的机械部分。控制设备由各种电气元件和装置组成,用以控制电动机的运转,从而对工作机构的运动实现自动控制。电源用来向控制设备和电动机提供电能。

图 1 - 1 中的电源和控制设备部分将由有关专门课程讲述,本书主要针对"电力拖动系统"中电动机拖动生产机械工作的各种运行状态进行讲述。

1.1.2　电力拖动系统的运动方程

电力拖动系统的种类很多,无法逐一进行研究,因此要找到它们共同的运动规律加以综合分析。电力拖动系统的运动规律可以用动力学中的运动方程来描述。为了便于问题研究,首先针对旋转运动中简单的单轴电力拖动系统进行分析。所谓单轴电力拖动系统就是转子轴直接拖动生产机械进行旋转运动的系统,如图 1 - 2(a)所示。

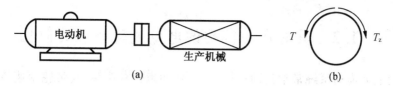

图1-2　单轴电力拖动系统

(a)单轴电力拖动系统；(b)电动机轴上的作用转矩

作用在电动机轴上的转矩如图1-2(b)所示,包括由电动机产生的电磁转矩 $T(\mathrm{N\cdot m})$ 和阻转矩(或称负载转矩) $T_\mathrm{Z}(\mathrm{N\cdot m})$,其中阻转矩包括生产机械产生的负载转矩 $T_\mathrm{L}(\mathrm{N\cdot m})$ 和电动机空载阻转矩 $T_0(\mathrm{N\cdot m})$。一般来说,电动机产生的电磁转矩是拖动运动的,阻转矩是阻碍运动的。则根据刚体转动定律,有如下旋转运动的方程式

$$T - T_\mathrm{Z} = J\frac{\mathrm{d}\Omega}{\mathrm{d}t} \tag{1-1}$$

式中　J——转动惯量($\mathrm{kg\cdot m^2}$);

Ω——电动机的机械角速度($\mathrm{rad/s}$);

$\dfrac{\mathrm{d}\Omega}{\mathrm{d}t}$——电动机轴的机械角加速度($\mathrm{rad/s^2}$);

$J\dfrac{\mathrm{d}\Omega}{\mathrm{d}t}$——电动机轴系统的惯性转矩(或称为加速转矩)。

在实际工程计算中,经常用转速 $n(\mathrm{r/min})$ 代替机械角速度 Ω 来表示系统旋转速度,用飞轮惯量(或称为飞轮矩) $GD^2(\mathrm{N\cdot m^2})$ 代替转动惯量 J。Ω 与 n 的关系为

$$\Omega = \frac{2\pi n}{60} \tag{1-2}$$

GD^2 与 J 之间的关系为

$$J = m\rho^2 = \frac{GD^2}{4g} \tag{1-3}$$

式中　m 与 G——分别为旋转部分的质量(kg)和重力(N);

ρ 与 D——分别为旋转部分的转动惯性半径(m)与转动惯性直径(m);

g——重力加速度,$g = 9.81\ \mathrm{m/s^2}$。

将式(1-2)和式(1-3)代入式(1-1)中,并化简为实用的电力拖动系统的运动方程形式,则有

$$T - T_\mathrm{Z} = \frac{GD^2}{375}\frac{\mathrm{d}n}{\mathrm{d}t} \tag{1-4}$$

式中　375——具有加速度量纲的系数,其单位为 $\mathrm{m/(min\cdot s)}$。

式(1-4)中,$(T - T_\mathrm{Z})$ 称为动态转矩,显然,当动态转矩为零时,系统处于恒转速运行的稳态;动态转矩大于零时,系统处于加速运动的过渡状态;动态转矩小于零时,系统处于减速运动的过渡状态。

有一点需要引起注意,T 与 T_Z 都是有方向性的变量。对其正方向做如下规定:以转轴转速 n 的正方向为参考方向,电磁转矩 T 的正方向与 n 相同,负载转矩 T_Z 的正方向与 n 相反。在应用电力拖动系统的运动方程时,如果参数的实际方向与规定的正方向相同,就用正数,否则就用负数。

1.2 具有传动机构的电力拖动系统的简化

实际的电力拖动系统常常是通过传动机构(如齿轮减速箱、皮带轮变速装置等)与工作机构联结,使电动机的转速变成符合工作机构需要的转速。由于这类拖动系统有两根或两根以上不同转速的轴,被称为多轴旋转系统,简称多轴系统,如图1-3(a)所示。

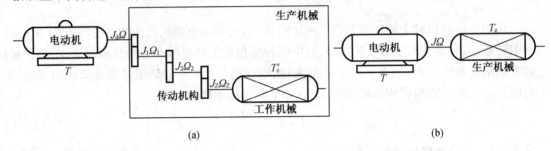

图 1-3 多轴电力拖动系统
(a)多轴电力拖动系统;(b)等效单轴电力拖动系统

对于多轴电力拖动系统,如果用单轴系统运动方程来研究其运行状态,则需对每根轴分别写出运动方程,再写出各轴间相互关系的方程,消去中间变量,联立求解,这显然非常烦琐。就电力拖动系统而言,一般是研究一定负载作用在电动机轴上时电动机的各种运行状态,也就是说,不需要研究每根轴上的情况,只需要研究作用在电动机轴上的情况即可。所以引入折算的概念,把传动机构和工作机构体现的负载情况等效到电动机的旋转轴上,这样就将一个实际的多轴系统等效为一个单轴系统,如图1-3(b)所示。

折算的原则包括2条:折算前后系统传递的功率不变;折算前后系统所存储的动能不变。

获得电动机轴上的等效转矩和飞轮矩的折算过程随工作机构运动形式的不同而不同。对于旋转运动的折算过程就是在折算原则的基础上将各传动轴的负载转矩和飞轮矩折算到电动机轴上;对于存在直线运动部件,折算过程则是将直线运动部件的负载力和质量折算为电动机轴上的等效转矩和飞轮矩。

1.2.1 旋转运动

在实际生产中,很多生产机械工作机构的运动都属于旋转运动。下面以图1-3(a)所示的多轴电力拖动系统为例来说明旋转运动转矩和飞轮矩的折算。

1. 转矩的折算

工作机构的负载转矩为 T'_Z,转速为 n_z,对应的角速度为 Ω_z,工作机构的功率为

$$P_Z = T'_Z \Omega_Z$$

折算到电动机轴上的转矩为 T_Z,转速为 n,角速度为 Ω,折算后的功率为

$$P_Z = T_Z \Omega$$

根据折算前后功率不变的原则,应有

$$T'_Z \Omega_Z = T_Z \Omega$$

所以

$$T_{\mathrm{Z}} = T_{\mathrm{Z}}' \frac{\Omega_{\mathrm{Z}}}{\Omega} = T_{\mathrm{Z}}' \frac{n_{\mathrm{Z}}}{n} = \frac{T_{\mathrm{Z}}'}{j} \qquad (1-5)$$

式中　j——电动机与工作机构的转速比，$j = \Omega/\Omega_{\mathrm{Z}} = n/n_{\mathrm{Z}}$。

一般来说，$j > 1$，即传动机构是减速的。式（1-5）表明，在工作机构的低速轴上，转矩 T_{Z}' 比较大，而折算到电动机的高速轴上时，等效转矩 T_{Z} 数值减小。从功率不变的观点来看，低速轴的转矩大，高速轴的转矩小是显然的。

实际中，在机械功率的传递过程中，传动机构存在着功率损耗，称为传动损耗。传动损耗可以在传动机构的效率 η 中考虑。

当电动机带动工作机构旋转时，功率的传递方向是由电动机到负载，传动损耗由电动机负担，即

$$T_{\mathrm{Z}} \Omega \eta = T_{\mathrm{Z}}' \Omega_{\mathrm{Z}}$$

所以

$$T_{\mathrm{Z}} = \frac{T_{\mathrm{Z}}' \Omega_{\mathrm{Z}}}{\Omega \eta} = \frac{T_{\mathrm{Z}}'}{j \eta} \qquad (1-6)$$

式（1-6）中，电动机轴与工作机构轴的转速比 j 为总的转速比。在多级传动中，应为各级转速比之积，即 $j = j_1 j_2 \cdots$；传动效率 η 是传动机构的总效率，同样为各级传动效率之积，即 $\eta = \eta_1 \eta_2 \cdots$。

2. 飞轮矩的折算

飞轮矩的大小是旋转物体机械惯性大小的体现。旋转体的动能为

$$\frac{1}{2} J\Omega^2 = \frac{1}{2} \cdot \frac{GD^2}{4g} \cdot \left(\frac{2\pi n}{60} \right)^2$$

在类似图 1-3（a）所示的多轴系统中，将各级传动轴作为电动机负载的一部分，在等效为图 1-3（b）所示的单轴系统时，必须将各级传动轴的飞轮矩 GD_1^2，GD_2^2 和负载转轴的飞轮矩 GD_{Z}^2 折算到电动机轴上，用一个等效的飞轮矩 GD^2 来表示实际的多轴电力拖动系统各个传动轴的飞轮矩对实际电动机轴的影响。各级飞轮矩的大小反映出运动中的各传动机构所存储动能的大小。因此，对如图 1-3（a）所示的多轴电力拖动系统而言，飞轮矩折算的关系应为

$$GD^2 = GD_{\mathrm{d}}^2 + \frac{GD_1^2}{j_1^2} + \frac{GD_2^2}{j_1^2 j_2^2} + \frac{GD_{\mathrm{Z}}^2}{j_1^2 j_2^2 j_3^2} \qquad (1-7)$$

式中　GD_{d}^2——电动机转子轴的飞轮矩；

　　$GD_1^2 \sim GD_2^2$——各个传动轴的飞轮矩；

　　GD_{Z}^2——负载轴的飞轮矩。

由式（1-7）可知，各级飞轮矩在折算到电动机轴上时，应除以电动机与该级之间转速比的平方。

一般情况下，在总的飞轮矩 GD^2 中，电动机转子本身的飞轮矩 GD_{d}^2 占的比重最大，工作机构轴上的飞轮矩折算值占的比重较小，而传动机构飞轮矩的折算值所占比重则更小。因此，在实际工作中，为了减少折算的麻烦，往往可以采用下式来估算系统的总飞轮矩

$$GD^2 = (1 + \delta) GD_{\mathrm{d}}^2$$

式中，GD_{d}^2 是电动机转子本身的飞轮矩，其值可从产品目录中查得；δ 为小于 1 的数，一般取 $\delta = 0.2 \sim 0.3$。需要注意的是，如果电动机轴上还有其他大飞轮矩的部件，如制动器的闸轮、船舶推进的螺旋桨等，则 δ 值需相应加大。

例1-1 如图1-4所示的电力拖动系统中,已知飞轮矩 $GD_a^2 = 14.5$ N·m², $GD_b^2 = 18.8$ N·m², $GD_z^2 = 120$ N·m²,传动效率 $\eta_1 = 0.91$, $\eta_2 = 0.93$,转矩 $T_z' = 85$ N·m,转速, $n = 2\ 450$ r/min, $n_b = 810$ r/min, $n_z = 150$ r/min,忽略电动机空载转矩,求:(1)折算到电动机轴上的系统总飞轮矩 GD^2;(2)折算到电动机轴上的负载转矩 T_z。

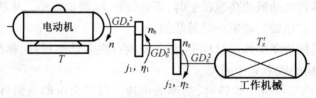

图1-4 例1-1附图

解 (1)系统总飞轮矩

$$GD^2 = \frac{GD_z^2}{\left(\dfrac{n}{n_z}\right)^2} + \frac{GD_b^2}{\left(\dfrac{n}{n_b}\right)^2} + GD_a^2 = \frac{120}{\left(\dfrac{2450}{150}\right)^2} + \frac{18.8}{\left(\dfrac{2450}{810}\right)^2} + 14.5$$

$$= 0.45 + 2.055 + 14.5 = 17.005 \text{ N·m}^2$$

(2)负载转矩

$$T_z = \frac{T_z'}{\dfrac{n}{n_z}\eta_1\eta_2} = \frac{85}{\dfrac{2\ 450}{150} \times 0.91 \times 0.93} = 6.15 \text{ N·m}$$

1.2.2 平移运动

有些生产机械的工作机构做平面运动,例如龙门刨床的工作台。平面运动属于直线运动,它的转矩和飞轮矩的折算公式有其自己的特点。

图1-5为刨床电力拖动示意图,经多级齿轮减速后,通过齿轮与齿条的啮合,电动机的旋转运动变成直线运动。

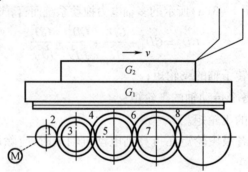

图1-5 刨床电力拖动示意图

1.转矩的折算

结合图1-5,定义 F 为工作机构做平移运动时受到的阻力,即切削力; v 为工作机构的平移速度。则工作机构的功率(即切削功率)为

$$P = Fv$$

切削力反映到电动机轴上表现为负载转矩 T_z, T_z 应满足折算前后功率不变的原则。若

不计传动机构损耗,则有

$$Fv = T_Z\Omega$$

将 $\Omega = \dfrac{2\pi n}{60}$ 代入上式,则

$$Fv = T_Z\dfrac{2\pi n}{60}$$

所以

$$T_Z = \dfrac{Fv}{\dfrac{2\pi n}{60}} = 9.55\dfrac{Fv}{n} \tag{1-8}$$

同理,旋转运动若考虑传动机构损耗由电动机负担,则有

$$T_Z = 9.55\dfrac{Fv}{n\eta} \tag{1-9}$$

2. 飞轮矩的折算

设直线运动部分的重力 $G_Z = m_Zg$,直线运动速度为 v,则其所产生的动能为

$$\dfrac{1}{2}m_Zv^2 = \dfrac{1}{2}\dfrac{G_Z}{g}\cdot v^2$$

要将这部分动能折算到电动机轴上,需在电动机轴上用一个转动惯量为 J_Z 的转动体与之等效。此转动体产生的动能为

$$\dfrac{1}{2}J_Z\Omega^2 = \dfrac{1}{2}\dfrac{GD_Z^2}{4g}\cdot\left(\dfrac{2\pi n}{60}\right)^2$$

依据折算前后动能相等的原则,有

$$\dfrac{1}{2}\dfrac{G_Z}{g}\cdot v^2 = \dfrac{1}{2}\dfrac{GD_Z^2}{4g}\cdot\left(\dfrac{2\pi n}{60}\right)^2$$

整理后可得

$$GD_Z^2 = 365\dfrac{G_Zv^2}{n^2} \tag{1-10}$$

式(1-10)为直线运动部分折算到电动机轴上的飞轮矩。传动机构中转动部分 GD^2 的折算与前述方法相同,两部分之和是系统的总飞轮矩。

例 1-2 某刨床电力拖动系统如图 1-5 所示。已知切削力 $F = 10\,000$ N,工作台与工件运动速度 $v = 0.7$ m/s,传动机构总效率 $\eta = 0.81$,电动机转速 $n = 1\,450$ r/min,电动机的飞轮矩 $GD_d^2 = 100$ N·m²,求:(1)切削时折算到电动机轴上的负载转矩;(2)估算系统的总飞轮矩;(3)不切削时,工作台及工件反向加速,电动机以 $\dfrac{dn}{dt} = 500$ r/min·s⁻¹ 恒加速度运行,计算此时系统的动转矩绝对值。

解 (1)切削功率
$$P = Fv = 10\,000\times0.7 = 7\,000(\text{W})$$

切削时折算到电动机轴上的负载转矩

$$T_Z = 9.55\dfrac{Fv}{n\eta} = 9.55\times\dfrac{7\,000}{1\,450\times0.81} = 56.92(\text{N·m})$$

(2)估算系统的总飞轮矩
$$GD^2 \approx 1.2GD_d^2 = 1.2\times100 = 120(\text{N·m})$$

（3）不切削时，工作台与工件反向加速，系统动转矩绝对值

$$T = \frac{GD^2}{375} \cdot \frac{\mathrm{d}n}{\mathrm{d}t} = \frac{120}{375} \times 500 = 160(\mathrm{N \cdot m})$$

1.2.3 升降运动

有些生产机械的工作机构做升降运动，如电梯、起重机等。升降运动也是直线运动，但与平移运动不同，工作机构的重力在提升和下放运动中体现了不同的性质。现以起重机为例来进行讨论。

图 1-6 所示为起重机电力拖动示意图，电动机通过减速装置拖动卷筒，绕在卷筒上的钢丝绳悬挂一个重为 $G = mg$ 的重物。显然，重物升降运动的转矩折算与功率传递方向有密切关系。现分别讨论如下。

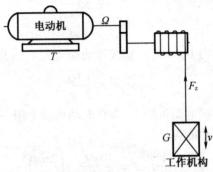

图 1-6 起重机电力拖动示意图

1. 提升运动时负载转矩的折算

电动机带动负载提升。设卷筒半径为 R（单位为 m），则卷筒的提升转矩为

$$T'_z = FR = GR$$

如不计传动机构的损耗，折算到电动机轴上的负载转矩为

$$T_z = \frac{T'_z}{j} = \frac{GR}{j} \tag{1-11}$$

如考虑传动机构的损耗，则在提升重物时，这个损耗应由电动机来承担。因此，折算到电动机轴上的负载转矩应为

$$T_z = \frac{T'_z}{j\eta_{up}} = \frac{GR}{j\eta_{up}} = 9.55 \frac{Gv}{n\eta_{up}} \tag{1-12}$$

式中 T_z——提升重物时转矩折算值；

η_{up}——提升重物时的传动效率。

由式（1-11）和式（1-12）可知，提升时传动机构的损耗转矩为

$$\Delta T = \frac{GR}{j\eta_{up}} - \frac{GR}{j} \tag{1-13}$$

2. 下放重物时负载转矩的折算

下放重物时，重物对卷筒轴的负载转矩大小仍为 GR。不计传动损耗，折算到电动机轴上的负载转矩仍为 GR/j。但在下放重物时，是重物在重力作用下拉着整个系统反向运动，而电动机的电磁转矩反而是在阻碍运动。此时，功率的传递方向是由负载到电动机，传动

机构的损耗应由负载来负担。因此,在下放重物时,折算到电动机轴的负载转矩为

$$T_Z = \frac{GR}{j} \cdot \eta_{down} = 9.55 \frac{Gv}{n} \cdot \eta_{down} \qquad (1-14)$$

式中　η_{down}——下放重物时的传动效率。

对于同一重物的提升和下放,可以认为传动机构的损耗转矩 ΔT 不变,即

$$\Delta T = \frac{GR}{j\eta_{up}} - \frac{GR}{j} = \frac{GR}{j} - \frac{GR}{j}\eta_{down}$$

故

$$\eta_{down} = 2 - \frac{1}{\eta_{up}} \qquad (1-15)$$

由式(1-15)可以看出,提升效率 η_{up} 与下放效率 η_{down} 在数值上并不相等。当 $\eta_{up} = 0.5$ 时,$\eta_{down} = 0$;当 $\eta_{up} < 0.5$ 时,$\eta_{down} < 0$。这说明当 $\eta_{up} = 0.5$ 时,电动机的提升转矩只有一半去克服重力,另一半则消耗在传动机构中。因此在下放时,重力作用刚好和损耗平衡,电动机不再承担任何转矩,折算到电动机轴上的等效转矩 T_Z 为零。如 $\eta_{up} < 0.5$,则损耗更大,下放时重力产生的转矩不足以克服传动机构的损耗转矩,因此电动机必须产生与转速方向相同的转矩,以帮助重物下放,此时称为强迫下放。这就是 η_{down} 为负值的原因。

在生产实际中,η_{down} 为负值是有益的,能起到安全保护的作用。这样的提升系统在轻载的情况下,如果没有电动机做下放方向的驱动,负载是掉不下来的,这称为提升机构的自锁作用,它对于电梯这类涉及人身安全的提升机械尤为重要。要使 η_{down} 为负,必须采用高损耗的传动机构,如蜗轮蜗杆传动,其提升效率 η_{up} 仅为 $0.3 \sim 0.5$。

3. 飞轮矩的折算

升降运动与平移运动都是直线运动,因此与飞轮矩的折算方法相同。

例 1-3　某起重机电力拖动系统如图 1-7 所示。电动机 $P_N = 20$ kW,$n_N = 950$ r/min,传动机构转速比 $j_1 = 3$,$j_2 = 3.5$,$j_3 = 4$,各级齿轮传递效率 $\eta_1 = \eta_2 = \eta_3 = 0.95$,各轴上的飞轮矩 $GD_a^2 = 123$ N·m²,$GD_b^2 = 49$ N·m²,$GD_c^2 = 40$ N·m²,$GD_d^2 = 465$ N·m²,卷筒直径 $D = 0.6$ m,吊钩重 $G_0 = 1962$ N,被吊重物 $G = 49050$ N。忽略电动机空载转矩、钢丝绳质量和滑轮传递的损耗,求:(1)以速度 $v = 0.3$ m/s 提升重物时,负载(重物及吊钩)转矩、卷筒转速、电动机输出转矩及电动机转速;(2)负载及系统的飞轮矩(折算到电动机轴上);(3)以加速度 $a = 0.1$ m/s 提升重物时,电动机输出的转矩。

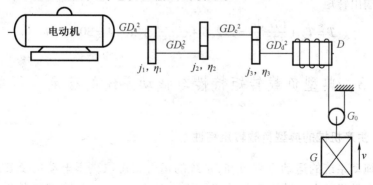

图 1-7　某起重机电力拖动系统示意图

解　(1)以 $v = 0.3$ m/s 提升重物时,负载(吊钩及重物)转矩

$$T'_z = \frac{1}{2}(G_0 + G) \cdot \frac{D}{2} = \frac{1}{2}(1\ 962 + 49\ 050) \times \frac{0.6}{2} = 7\ 651.8\ \text{N} \cdot \text{m}$$

卷筒转速

$$n_z = \frac{60 \times 2v}{\pi d} = \frac{60 \times 2 \times 0.3}{\pi \times 0.6} = 19.1\ \text{r/min}$$

电动机输出转矩

$$T_2 = T_z = \frac{T'_z}{j\eta} = \frac{7\ 651.8}{3 \times 3.5 \times 4 \times 0.95^3} = 212.5\ \text{N} \cdot \text{m}$$

电动机转速

$$n = n_z j = 19.1 \times 3 \times 3.5 \times 4 = 802.2\ \text{r/min}$$

(2)负载及系统的飞轮矩的计算

吊钩及重物飞轮矩

$$GD_z^2 = 365 \frac{(G_0 + G)}{n^2} = 365 \times \frac{(1\ 962 + 49\ 050) \times 0.3^2}{802.2^2} = 2.6\ \text{N} \cdot \text{m}^2$$

系统总飞轮矩

$$GD^2 = GD_a^2 + \frac{GD_b^2}{j_1^2} + \frac{GD_c^2}{(j_1 j_2)^2} + \frac{GD_d^2 + GD_z^2}{(j_1 j_2 j_3)^2}$$

$$= 123 + \frac{49}{3^2} + \frac{40}{(3 \times 3,5)^2} + \frac{465 + 2.6}{(3 \times 3.5 \times 4)^2} = 129.1\ \text{N} \cdot \text{m}^2$$

(3)已知加速度 $a = 0.1\text{m/s}$,则提升重物时电动机转矩的计算电动机转速与重物提升速度的关系为

$$n = n_z j_1 j_2 j_3 = 60 \times \frac{2v}{\pi d} j_1 j_2 j_3$$

电动机加速度与重物提升加速度的关系为

$$\frac{\text{d}n}{\text{d}t} = \frac{\text{d}}{\text{d}t}\left(\frac{120v}{\pi D} j_1 j_2 j_3\right) = \frac{120}{\pi D} j_1 j_2 j_3 \frac{\text{d}v}{\text{d}t} \frac{120}{\pi D} j_1 j_2 j_3 a$$

电动机加速度

$$\frac{\text{d}n}{\text{d}t} = \frac{120}{\pi \times 0.6} \times 3 \times 3.5 \times 4 \times 0.1 = 267.4\ \text{r} \cdot \text{min}^{-1} \text{s}^{-1}$$

电动机输出转矩

$$T = T_z + \frac{GD^2}{375} \frac{\text{d}n}{\text{d}t} = 212.5 + \frac{129.1}{375} \times 267.4 = 304.5\ \text{N} \cdot \text{m}$$

1.3 典型负载转矩特性与拖动系统的稳定运行条件

1.3.1 生产机械的典型负载转矩特性

由电力拖动系统的运动方程可知,系统的运行状态取决于电动机及其负载。因此,我们既要知道电动机的电磁转矩 T 与转速 n 的关系,即 $T = f(n)$,或机械特性以 $n = f(T)$;也要知道生产机械负载转矩 T_z 与转速 n 的关系,即生产机械的负载转矩特性 $T_z = f(n)$,或负载的机械特性 $n = f(T_z)$。

不同类型电动机的机械特性将在后续章节中逐步介绍。在本章,针对生产机械所体现的负载转矩特性做一个简要的介绍。据统计,大多数生产机械的负载转矩特性可归结为下列3种类型。

1. 恒转矩负载特性

所谓恒转矩负载特性,是指负载转矩 T_Z 与转速 n 无关,无论转速 n 如何变化,始终保持为常数。根据负载转矩的方向是否与转向有关,恒转矩负载又分为两类:反抗性恒转矩负载和位能性恒转矩负载。

(1)反抗性恒转矩负载

此类负载又称为摩擦转矩负载,其特点是负载转矩作用的方向总是与运动方向相反,即总是阻碍运动的制动性质的转矩。当转速方向改变时,负载转矩的大小不变,但作用方向随之改变。例如,机床刀架的平移、电车在平道上行驶,等等。

对于反抗性恒转矩负载,当 n 为正方向时,T_Z 也为正方向;当 n 为负方向时,T_Z 也改变方向成为负值。因此,反抗性恒转矩负载特性曲线应在第一和第三象限内,如图 1-8 所示。

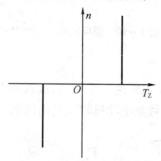

图 1-8 反抗性恒转矩负载特性曲线

(2)位能性恒转矩负载

这类负载的特点是转矩的大小和方向恒定不变,即负载转矩 T_Z 与转速 n 的大小、方向均无关。起重机提升与下降重物的升降运动是典型的例子。重物不论是做提升还是下放运动,重物的重力所产生的负载转矩的方向总是不变的,如图 1-9 所示。

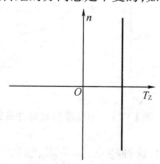

图 1-9 位能性恒转矩负载特性曲线

在图 1-9 中,设提升方向为 n 的方向,提升时重物产生的 T_Z 与 n 的方向相反,则 T_Z 为正,负载特性曲线位于第一象限;下放时 n 为负,而 T_Z 的方向不变,仍为正,负载特性曲线位于第四象限。

2. 通风机类负载特性

属于通风机类负载的生产机械包括鼓风机、水泵、油泵和螺旋桨等。空气、水、油等介质对机器叶片的阻力基本上和转速的平方成正比，即

$$T_Z = kn^2 \tag{1-16}$$

式中 k——比例常数，当 $n > 0$ 时，$k > 0$；当 $n < 0$ 时，$k < 0$。

通风机类负载特性如图 1-10 所示。

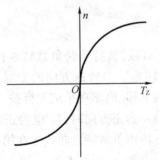

图 1-10 通风机类负载特性曲线

3. 恒功率负载特性

所谓恒功率负载特性，就是当转速 n 变化时，负载从电动机轴上吸收的功率基本不变。负载从电动机轴上吸收的功率就是电动机轴上输出的机械功率 P_2。

因为 $P_2 = T_Z \Omega$，所以

$$T_Z = \frac{P_2}{\Omega} = P_2 \cdot \frac{60}{2\pi n} \tag{1-17}$$

因 P_2 为常数，由上式可知，负载转矩 T_Z 与转速 n 成反比，转矩特性曲线如图 1-11 所示。

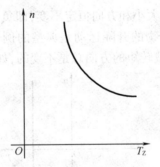

图 1-11 恒功率负载特性曲线

某些机床的切削加工就具有这种特点，如车床、刨床等，在进行粗加工时，切削量大，阻力矩较大，所以要低速切削；而精加工时，切削量小，阻力矩也小，所以要高速切削。这样就保证了高、低速时的切削功率不变。

需要指出的是，从生产加工工艺要求的总体看是恒功率负载，但具体到每次加工时，还是恒转矩负载。

上述介绍的是 3 种典型的负载转矩特性，而实际生产机械的负载转矩可能是以某种典型为主或某几种典型的结合。如实际的鼓风机，除主要是通风机类负载特性以外，轴承摩

擦是反抗性恒转矩负载特性，只是运行时数值较小而已。

在分析电力拖动系统时，负载转矩特性都作为已知量对待。

1.3.2　电力拖动系统稳定运行条件

电力拖动系统由电动机与负载两部分组成。在系统运行时，电动机的机械特性与生产机械的负载转矩特性同时存在。要分析电力拖动的运动问题，可以把两条特性曲线画在同一坐标平面上。举例说明，某种电动机带恒转矩负载的两条特性曲线如图1-12所示。

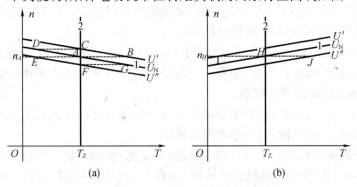

图1-12　电力拖动系统稳定运行的条件
（a）稳定；（b）不稳定

在图1-12中，曲线1为电动机的机械特性曲线 $n = f(T)$，曲线2为恒转矩负载特性曲线 $n = f(T_Z)$。两条特性曲线的交点 A 称为工作点，对应于转矩平衡 $T = T_Z$。系统以转速 n_A 恒速运行，A 点表明系统处于平衡状态。然而这种平衡状态是否稳定呢？

所谓稳定平衡状态应该满足两个条件：其一，是指电力拖动系统在某种扰动作用下，离开了平衡位置，在新的条件下达到新的平衡；其二，在扰动消失后，还能回到原来的平衡位置。其中"扰动"是指非人为的因素，一般是指电网电压的波动或负载的微小变化。平衡状态是否稳定，取决于生产机构与电动机两条特性曲线的配合。

以图1-12所示电动机的机械特性变化讨论以下两种情况，并设负载转矩特性都是恒转矩的，即 $T_Z = $ 常数。

1. 电动机机械特性曲线 $n = f(T)$ 向下倾斜

如图1-12(a)中曲线1所示。假设原来运行于 A 点，由于某种原因，比如电源电压突然由额定电压 U_N 升到 $U_N + \Delta U = U'$（对应的机械特性曲线与曲线1相平行，它们之间的距离取决于 ΔU 的大小）。在电压突变的瞬间，由于系统机械惯性的影响，转速 n 和电枢电势 E_a 来不及变化，工作点由 A 跳变到对应于电压为 U' 的机械特性曲线上的 B 点，与之对应的电磁转矩 T 和电枢电流 I_a 都突然增大，使 $T > T_Z$，系统加速，即 $U \uparrow \rightarrow I_a \uparrow \rightarrow T \uparrow \rightarrow n \uparrow$，最后稳定运行于 C 点；当电压恢复到 U_N，同样认为在 $U \downarrow$ 瞬间，转速 n 不变，工作点由 C 瞬间转移到特性曲线上的 D 点，由于此时 $T < T_Z$，系统将减速，即 $U \downarrow \rightarrow I_a \downarrow \rightarrow T \downarrow \rightarrow n \downarrow$，最后返回到 A 点运行。

当扰动使电压由 U_N 下降到 $U_N - \Delta U = U''$，同理可知，工作点将由 A 点转移到 F 点；而当电压恢复到 U_N，工作点将自动由 F 回到原来的 A 点。总之，在 A 点，扰动使系统的转速变化，但当扰动消失后，系统能够自己复原，故在 A 点是稳定的平衡运行状态。

2. 电动机的机械特性曲线向上倾斜

如图 1-12(b)所示。设系统原来在 H 点平衡运行,当电压由 U_N 突然上升到 $U' = U_N + \Delta U$ 时,电动机的特性曲线由 U_N 上移到 U' 特性。同时,由于系统惯性作用,系统工作点由 H 点过渡到 I 点。由于 $T < T_Z$,系统减速,随着转速的降低,电动机的转矩越来越小,因而系统不可能重新进入平衡运行状态。同理,当电压降低为 $U'' = U_N - \Delta U$ 时,系统工作点由 H 点过渡到 J 点。由于 $T > T_Z$,转速越来越高,系统的转速越来越高,也不可能重新进入平衡状态。所以,在 H 点,无论引起转速 n 瞬时微小的增加或减小,电力拖动系统都不可能再重新进入平衡状态,更谈不上当扰动消失后,系统能够自己复原。所以说在图 1-12(b)所示 H 点的平衡运行为不稳定的平衡运行状态。

比较 A,H 两点,它们都是平衡点(此时 $T = T_Z$),系统以 n_A 或 n_H 运行,但 H 点是不稳定的平衡状态,它经不起任何扰动,稍有一点儿外界的扰动就会失去平衡,再也得不到新的稳定状态,A 点才是稳定的平衡状态。

可见,对于恒转矩负载,只要电动机的机械特性曲线是向下倾斜的,电力拖动系统就能稳定;若特性曲线是向上倾斜的,系统将不稳定。

由于生产机械负载转矩 T_Z 也可能随转速 n 变化,故推广到一般情况,在电动机的机械特性曲线以 $n = f(T)$ 和生产机械负载转矩 $n = f(T_Z)$ 的交点处($T = T_Z$),系统能稳定运行的条件是:在交点所对应的转速之上应保证 $T < T_Z$;而在该转速之下则要求 $T > T_Z$。这个条件也可用数学形式表示为:在 $T = T_Z$ 处,$\dfrac{dT}{dn} < \dfrac{dT_Z}{dn}$。

小　结

电力拖动系统的研究主要是针对不同类型电机在不同运行工况下的静特性和过渡过程进行分析与求解。本章对于动力学基础的介绍,不仅适合直流电力拖动系统,同样适合交流电力拖动系统。

电力拖动系统的运动方程式是进行电力拖动系统静特性和过渡过程分析的重要理论基础。按照具体的工况确定方程式中的电磁转矩和负载转矩的大小和驱动、制动性质,可以进行转速变化的分析;再结合转速-转矩的四象限坐标系,可以确定电动机的运行状态。

为了便于分析,复杂的电力拖动系统往往等效成单轴电力拖动系统,为此需要进行相应的转矩、力、飞轮惯量和质量的折算。转矩和力的折算原则是折算前后传递的功率不变;转动惯量和质量的折算原则是折算前后系统存储的动能不变。

运动方程式中的两个转矩涉及两个基本的特性:电动机的机械特性和生产机械的负载转矩特性。不同电动机的机械特性将在后续章节中进行介绍;本章针对生产机械的典型负载转矩特性进行了介绍,主要包括恒转矩负载、通风机类负载和恒功率负载。

电动机的机械特性和负载转矩特性的交点是电力拖动系统的工作点或平衡点。工作点是否是稳定运行点取决于电力拖动系统稳定运行的充要条件:在该工作点 $T = T_Z$,且要求 $dT/dn < dT_Z/dn$。

思考题与习题

1-1 什么是电力拖动系统,它包括哪几部分,各起什么作用?

1-2 电力拖动系统运动方程式中 T, T_z, n 的正方向是如何规定的？简述转速 – 转矩坐标系中,四个象限对应的电动机运行状态。

1-3 简述多轴电力拖动系统简化为单轴系统时需要进行哪些折算,折算的依据是什么？

1-4 某电动机下放重物过程中电磁转矩呈现了制动转矩,但是添加了传动机构之后,下放重物时电动机提供的转矩变为驱动转矩,尝试分析原因。

1-5 在图 1 – 13 所示的系统中,已知 $n_1/n_2 = 3, n_2/n_3 = 2, GD_1^2 = 80 \text{ N} \cdot \text{m}^2, GD_2^2 = 250 \text{ N} \cdot \text{m}^2, GD_3^2 = 750 \text{ N} \cdot \text{m}^2, T_Z' = 90 \text{ N} \cdot \text{m}$(反抗转矩),每对齿轮的传动效率 $\eta = 0.98$。试求折算到电动机轴上的静负载转矩和总飞轮矩,并比较说明折算前后各部分飞轮矩的倍数关系。

1-6 某提升装置的运动系统如图 1 – 14 所示,已知齿轮的齿数和飞轮矩:$z_1 = 20$, $GD_1^2 = 1 \text{ N} \cdot \text{m}^2, z_2 = 100, GD_2^2 = 6 \text{ N} \cdot \text{m}^2, z_3 = 30, GD_3^2 = 3 \text{ N} \cdot \text{m}^2, z_4 = 124, GD_4^2 = 10 \text{ N} \cdot \text{m}^2$, $z_5 = 25, GD_5^2 = 8 \text{ N} \cdot \text{m}^2, z_6 = 92, GD_6^2 = 14 \text{ N} \cdot \text{m}^2$;卷筒直径 $D_t = 0.6 \text{ m}$,重力 $G_t = 1\,270 \text{ N}$,回转半径 $\rho = 0.8 D_t$;最大起重力 $G = 29\,430 \text{ N}$,电动机的飞轮矩 $GD_d^2 = 21 \text{ N} \cdot \text{m}^2$;每对齿轮的传动效率 $\eta = 0.95$,卷筒 – 钢绳的传动效率 $\eta_t = 0.96$;忽略钢绳质量,试求,

(1)当平衡重力 $G' = 0$ 时,对电动机轴列写运动方程;

(2)当平衡重力 $G' = 0$ 时,对直线运动部分列写运动方程;

(3)当平衡重力 $G' = 0$ 时,重物以 2 m/s^2 的加速度上升和加速度下降时钢绳受到的张力;

(4)当平衡重力 $G' = 0.5 \text{ G}$ 时,折算到电动机轴上的静负载转矩和总飞轮矩。

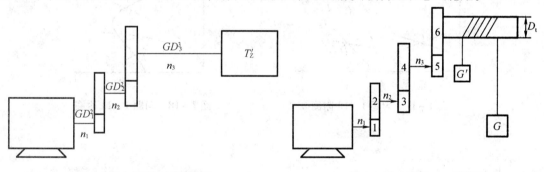

图 1 – 13 习题 1 – 5 附图　　　　　　　图 1 – 14 习题 1 – 6 附图

1-7 某运动系统如图 1 – 15 所示。已知 $GD_d^2 = 4\,000 \text{ N} \cdot \text{m}^2, GD_1^2 = 16\,000 \text{ N} \cdot \text{m}^2$, $GD_2^2 = 20\,000 \text{ N} \cdot \text{m}^2, n_d/n_1 = 2.33, n_1/n_2 = 3, T_{M1} = 5\,000 \text{ N} \cdot \text{m}, T_{M2} = 8\,000 \text{ N} \cdot \text{m}$,每对齿轮的传动效率 $\eta = 0.9$,齿轮的飞轮矩忽略不计,试将该系统折算成等效单轴系统。

1-8 龙门刨床主传动机构如图 1 – 16 所示,齿轮 1 与电动机轴直接相连,经过齿轮 2, 3,4,5 依次传到齿轮 6,再与工作台的齿条啮合。已知切削力 $F = 9\,810 \text{ N}$,切削速度 $v = 43 \text{ m/min}$,传动效率 $\eta = 0.8$,工作台质量 $m_1 = 1\,500 \text{ kg}$,工件质量 $m_2 = 1\,000 \text{ kg}$,工作台与导轨之间的摩擦系数 $k = 0.1$,齿轮 6 的节距 $t_{k6} = 20 \text{ mm}$;传动齿轮的齿数为:$z_1 = 20, z_2 = 55$, $z_3 = 38, z_4 = 64, z_5 = 30, z_6 = 78$;齿数的飞轮矩为 $GD_1^2 = 8.25 \text{ N} \cdot \text{m}^2, GD_2^2 = 40.2 \text{ N} \cdot \text{m}^2$, $GD_3^2 = 16.9 \text{ N} \cdot \text{m}^2, GD_4^2 = 56.8 \text{ N} \cdot \text{m}^2, GD_5^2 = 37.3 \text{ N} \cdot \text{m}^2, GD_6^2 = 137.2 \text{ N} \cdot \text{m}^2$;电动机转子飞轮矩 $GD_d^2 = 230 \text{ N} \cdot \text{m}^2$,试求:

（1）折算到电动机轴上的总飞轮矩及负载转矩（包括切削转矩及摩擦转矩两部分）；

（2）切削时电动机输出的功率；

（3）空载不切削要求工作台有 $2\ \mathrm{m/s^2}$ 的加速度时的电动机电磁转矩。

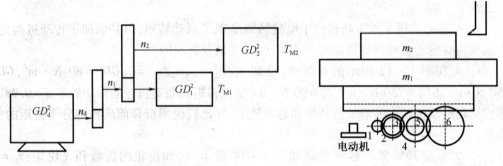

图 1-15　习题 1-7 附图　　　　图 1-16　习题 1-8 附图

1-9 从负载转矩角度看,生产机械的典型负载性质包括哪些,各有何特点? 螺旋桨负载属于什么性质的机械负载?

1-10 请确定如图 1-17 所示拖动系统的工作点是否为稳定点。

1-11 如图 1-18 所示拖动系统机械特性,曲线 1 为电动机的机械特性,曲线 2~4 为生产机械的负载特性,判断四个工作点是否为稳定点。

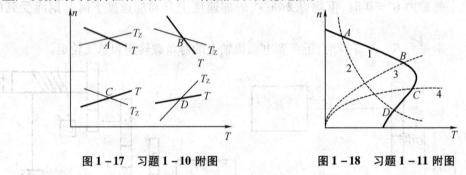

图 1-17　习题 1-10 附图　　　　图 1-18　习题 1-11 附图

第2章 直流电动机的电力拖动基础

在电力拖动系统中,电动机是起主导作用的因素。电动机的机械特性与生产机械的机械特性通过运动方程联系起来,决定了电力拖动系统稳定运行及其过渡过程的工作状况。本章重点围绕他励直流电动机的机械特性及各种运行状态进行了介绍,主要包括他励直流电动机机械特性的特点及绘制方法;他励直流电动机的启动、制动以及调速的方法和特性;他励直流电动机的过渡过程及其能量损耗。本章还针对串励直流电动机复励直流电动机的机械特性和运行状态进行了介绍;并简单介绍了复励直流电动机的机械特性。

2.1 他励直流电动机的机械特性

所谓电动机的机械特性是电动机主要机械性能的体现,是指在一定条件下电动机产生的电磁转矩 T 与转速 n 之间的关系。对于他励直流电动机,机械特性是指在电源电压 U、磁通量 Φ 及电枢回路总电阻 R(包括 R_a 和 R_Ω)均为固定值的条件下,电动机的电磁转矩 T 与转速 n 之间的关系,即 $n = f(T)$。

在"电机学"中,已经讨论过他励直流电动机的工作原理,其原理图如图 2-1 所示。

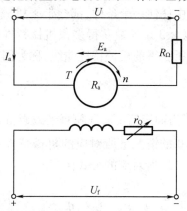

图 2-1 他励直流电动机原理图

"电机学"中已经学习了其电磁转矩表达式为

$$T = C_T \Phi I_a \qquad (2-1)$$

式中　　C_T——转矩常数。

其转速特性表达式为

$$n = \frac{U}{C_e \Phi} - \frac{R_a + R_\Omega}{C_e \Phi} I_a \qquad (2-2)$$

式中　　C_e——电动势常数。

将式(2-1)代入式(2-2),可以得到他励直流电动机机械特性的表达式为

$$n = \frac{U}{C_e \Phi} - \frac{R_a + R_\Omega}{C_e C_T \Phi^2} T = n_0 - \beta T \qquad (2-3)$$

式中　$n_0 = \dfrac{U}{C_e \Phi}$——理想空载转速。对应了假定电磁转矩 T 为零时得出的转速,而这种情况实际上是不存在的,是一种理想状况。实际上,即使电动机空载运行,$T_L = 0$,仍然还存在着空载转矩 T_0。$\beta = \dfrac{R_a + R_\Omega}{C_e C_T \Phi^2}$ 为机械特性的斜率,斜率 β 的倒数被称为硬度。

式(2-3)表示的机械特性曲线如图2-2所示。

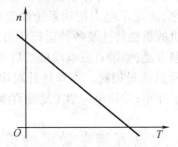

图2-2　直流电动机的机械特性曲线

从图2-2中可见,机械特性曲线是跨越了3个象限的一条直线。随着电磁转矩 T 由负到正增大,转速 n 是下降的,在一定情况下,电动机还会出现反转。当 β 值较小时,机械特性曲线较平,硬度大,称为硬特性;当 β 值较大时,特性曲线倾斜幅度大,硬度小,称为软特性。

由式(2-3)可知,电动机的机械特性是由电枢电压 U、每极磁通量 Φ 及电枢回路总电阻 R 等综合决定的,改变其中任何一个条件,都会带来机械特性的变化。因此,任何一台电动机都可以通过人为调节以上3个参数获得多条机械特性曲线。但是其中最基本、最重要的是 U,Φ,R 均为额定值时所获得的机械特性曲线,称为固有机械特性或自然机械特性。

2.1.1　固有机械特性

电动机电枢两端的电压为额定值 U_N,气隙每极磁通量为额定值 Φ_N,电枢回路不串联电阻,即 $U = U_N$,$\Phi = \Phi_N$,$R_\Omega = 0$ 的情况下所对应的机械特性曲线,称为他励直流电动机的固有机械特性。这时,与式(2-3)所对应的公式便写成

$$n = \frac{U_N}{C_e \Phi_N} - \frac{R_a}{C_e C_T \Phi_N^2} T = n_0 - \beta_N T \qquad (2-4)$$

式中　$\beta_N = \dfrac{R_a}{C_e C_T \Phi_N^2}$ 为固有机械特性曲线的斜率。

这时,理想空载转速 n_0 为

$$n_0 = \frac{U_N}{C_e \Phi_N}$$

用曲线表示时,如图2-3所示。

当电动机带额定负载运行时,电磁转矩为额定值 T_N,所对应的转速便是额定转速 n_N。将 $T = T_N$ 代入式(2-4),可求得额定转速 n_N 为

$$n_N = \frac{U_N}{C_e \Phi_N} - \frac{R_a}{C_e C_T \Phi_N^2} T_N = n_0 - \beta_N T_N = n_0 - \Delta n_N \qquad (2-5)$$

式中　$\Delta n_N = \beta_N T_N$ 为额定转速降。

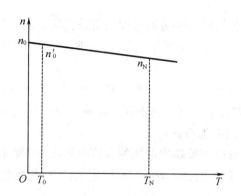

图 2-3　他励直流电动机固有机械特性曲线

由于电动机电枢回路中没有串联电阻($R_\Omega = 0$),因此其固有机械特性曲线的斜率 β_N 的值较小,额定转速降 Δn_N 也较小,故固有机械特性属于硬特性。此外,由于固有机械特性曲线较为平缓,从图 2-3 上看,若将机械特性曲线延伸到第四象限,电枢电流将相当大,已没有实用价值,这种情况将在他励直流电动机直接启动时进行分析。

2.1.2　人为机械特性

电力拖动系统运行时,经常需要人为地改变电动机的工作条件,以获得所需要的机械特性,这种特性统称为人为机械特性。从式(2-3)可以看出,运行时可改变的量有:电枢端电压 U、气隙每极磁通量 Φ 及电枢回路总电阻 R。前面讨论的固有机械特性正是在 $U = U_N$、$\Phi = \Phi_N$、$R_\Omega = 0$ 这一条件下所得到的一条机械特性曲线。下面讨论在上述条件下分别变更其中某一个量而得到的机械特性。

1. 改变电枢回路串联电阻 R_Ω 的人为机械特性

在 $U = U_N$,$\Phi = \Phi_N$,电枢回路总电阻为 $R_a + R_\Omega$ 的条件下,人为机械特性方程为

$$n = \frac{U_N}{C_e \Phi_N} - \frac{R_a + R_\Omega}{C_e C_T \Phi_N^2} T \qquad (2-6)$$

电枢回路串联不同电阻时的人为机械特性曲线如图 2-4 所示。

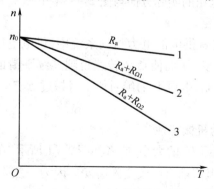

图 2-4　电枢回路串联不同电阻时的人为机械特性曲线

在电枢回路串联不同电阻的人为机械特性曲线上,因电枢电压及磁通量仍为额定值 U_N 及 Φ_N,故理想空载转速 n_0 仍保持固有机械特性的值,不因所串联电阻的大小而改变。特性曲线斜率 β 值则随 R_Ω 的增大而增大。所串联的电阻越大,曲线越陡,特性越软,所以,电枢

回路串联不同电阻的人为机械特性是通过理想空载转速点的一簇放射性直线。

不难证明,在输出一定的电磁转矩时,串联电阻特性上的转速降与电枢回路总电阻成正比,即

$$\Delta n_0 : \Delta n_1 : \Delta n_2 : \cdots = R_a : (R_a + R_{\Omega 1}) : (R_a + R_{\Omega 2}) : \cdots \qquad (2-7)$$

利用式(2-7),可方便地计算出在不同转速降时应串联的电阻 R_Ω 的数值。

2. 改变供电电压 U 的人为机械特性

如果电枢回路采用可以调节输出电压的直流电源供电,改变供电电压 U 即可得到一组人为机械特性曲线。在 $\Phi = \Phi_N, R_\Omega = 0, U \neq U_N$ 的条件下,机械特性方程为

$$n = \frac{U}{C_e \Phi_N} - \frac{R_a}{C_e C_T \Phi_N^2} T \qquad (2-8)$$

对应于不同电压的人为机械特性曲线如图 2-5 所示。

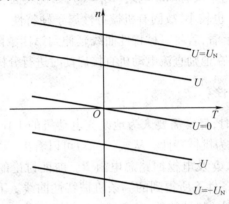

图 2-5 改变电压的人为机械特性曲线

在改变供电电压的人为机械特性曲线上,理想空载转速 n_0 与电枢电压 U 成正比,n_0 点随着电压的降低而下移,机械特性曲线的斜率则保持不变。所以,改变电压得到的人为机械特性曲线是一组与固有特性曲线平行的直线。在电压 $U = 0$ 时,$n_0 = 0$,机械特性曲线通过坐标原点;当 $U < 0$,即电压的实际方向与图 2-1 中电压 U 的正方向相反时,$n_0 < 0$,理想空载转速的方向也随之改变。

在采用晶闸管整流装置供电的电力拖动系统中,供电电压可以连续调节,电动机的机械特性随之连续平滑的改变,从而使负载转速得到连续平滑的调节。但是,考虑到换向能力和绕组绝缘等方面的限制,电压 U 的绝对值不得超过额定值,一般只在 $+U_N \sim -U_N$ 进行调节。

3. 减弱磁通 Φ 的人为机械特性

通过调节励磁电源电压 U_f 的大小,或者如图 2-1 所示,在他励直流电动机的励磁回路中串联电阻 r_Ω,并调节其阻值都可以改变磁通 Φ。因为一般直流电动机在额定励磁时磁路已接近饱和,增大励磁电流的增磁效果并不显著,所以实用上都采用减小励磁的办法来改变磁通 Φ。在 $U = U_N, R_\Omega = 0, \Phi < \Phi_N$ 的条件下,机械特性方程为

$$n = \frac{U_N}{C_e \Phi} - \frac{R_a}{C_e C_T \Phi^2} T \qquad (2-9)$$

对应于不同励磁电流的弱磁机械特性曲线如图 2-6 所示。

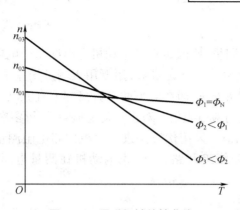

图 2-6　弱磁机械特性曲线

在减弱磁通量的人为机械特性曲线上,理想空载转速 n_0 与磁通 Φ 成反比,n_0 点随着磁通的减少而上移。同时,由于 β 与 Φ^2 成反比,因此电动机机械特性曲线的斜率 β 随着磁通量的减小而增大。所以,不同励磁电流时的弱磁机械特性是一组既不平行,又无共同交点的直线。磁通量越小,理想空载转速越高,斜率越大,硬度越小,特性越软。

如果励磁电流可以连续调节,弱磁机械特性就可随之连续改变,故可用于转速的连续平滑调节。

2.1.3　他励直流电动机机械特性的工程计算与曲线绘制

在电力拖动系统运行的工程实际中,机械特性常常是根据电动机铭牌或产品目录给出的数据计算出来的。这种方法的好处是,在拖动系统尚在设计之中,预选的电动机还未在系统中就位的情况下,就可根据该电动机的产品目录中的某些数据进行机械特性的计算。若计算出来的机械特性符合组成拖动系统的要求,便可决定选用该电动机;否则可另选电动机,重选数据计算。这样,对系统中电动机的配备是很方便的。

在他励直流电动机的机械特性中,首要的是固有机械特性,其他人为特性可根据固有机械特性解决。

1. 固有机械特性的计算与曲线绘制

如前所述,他励直流电动机的固有机械特性曲线是一直线,而任一直线只需任意两点便可确定,因此关键是找到特性曲线上的两个运行点。在铭牌数据里,额定运行数据是已知的,因此额定运行点很容易求出。同时,由于在理想空载点 $T=0$,式(2-4)中的第 2 项已不存在,因此,在 U_N 已知的情况下,只需求得 $C_e\Phi_N$,便可确定该点。所以,通常选择以上两点来绘制他励直流电动机的机械特性曲线。

首先确定 n_0,即

$$n_0 = \frac{U_N}{C_e\Phi_N} \tag{2-10}$$

其中仅 $C_e\Phi_N$ 未知,则

$$C_e\Phi_N = \frac{E_N}{n_N} = \frac{U_N - I_N R_a}{n_N} \tag{2-11}$$

可见,只需求得 R_a,便可求出 $C_e\Phi_N$,进而求得 $C_T\Phi_N$ 和 n_0,以上两个运行点也便可求出。下面介绍两种 R_a 的求取方法。

（1）实测法

不能用万用表直接测量,原因是直流电动机电枢回路中电刷与换向器的接触部分,其接触电阻很大,且在不同电流下不是常数,用万用表测量误差很大。可以采用伏安法实测电枢回路电阻 R_a。所谓伏安法,即在电枢两端直接加上直流电压,将电流调到额定电枢电流 I_{aN},测量端电压,求出对应电阻值。对于转动电枢转子,可多次进行伏安法测量电枢回路电阻的测量,并求其平均值。采用伏安法进行电枢回路电阻测量中需要注意的是:应将电枢转子卡住,并且令励磁绕组开路,以防止电动机在测量电压下产生较大的转矩,甚至启动。

（2）估算法

这种方法更为简单实用。一般来说,普通直流电动机如 Z 系列和 Z_2 系列电动机（特殊直流电动机除外）,额定铜损占总损耗的 $(\frac{1}{2} \sim \frac{2}{3})$,而电动机额定运行时的总损耗 $\sum p_N$ 为

$$\sum p_N = U_N I_N - P_N$$

电枢铜损耗为

$$p_{CuN} = I_N^2 R_a$$

由以上所述得

$$I_N^2 R_a = (\frac{1}{2} \sim \frac{2}{3})(U_N I_N - P_N)$$

故

$$R_a = (\frac{1}{2} \sim \frac{2}{3}) \frac{U_N I_N - P_N}{I_N^2} \qquad (2-12)$$

式（2-12）就是求取直流电动机电枢电阻 R_a 的估算公式。

求取 R_a 后,将其代入式（2-11）,可求出 $C_e \Phi_N$,再代入式（2-10）,便可求出 n_0。由于 n_0 所对应的电磁转矩为零,因此,n_0 就是特性曲线在纵坐标轴上的截距。也就是说,有了 n_0,特性曲线上的理想空载点就确定了。

又由于额定运行点的电磁转矩 T_N 为

$$T_N = C_T \Phi_N I_N = 9.55 C_e \Phi_N I_N \qquad (2-13)$$

因此,对应额定运行时额定转速 n_N 的额定转矩 T_N 便可因式（2-13）求得,即额定运行点也可确定。至此,固有特性曲线便可绘出。

若要写出机械特性的表达式,还需求出 β_N。如前所述得

$$\beta_N = \frac{R_a}{C_e C_T \Phi_N^2} = \frac{R_a}{9.55 C_e^2 \Phi_N^2} \qquad (2-14)$$

式（2-14）中,R_a,$C_e \Phi_N$ 均已确定,故 β_N 可求出,机械特性表达式也可写出。

综上所述,求取固有机械特性的步骤如下:

①估算或实测 R_a,估算时用式（2-12）;

②用式（2-11）计算 $C_e \Phi_N$;

③用式（2-10）求 n_0;

④用式（2-13）计算 T_N;

⑤用式（2-14）计算 β_N;

⑥根据以下两点坐标画出机械特性曲线:

$$\begin{cases} n = n_0 \\ T = 0 \end{cases} \quad \text{和} \quad \begin{cases} n = n_N \\ T = T_N \end{cases}$$

⑦根据 $n = n_0 - \beta_N T$，写出固有机械特性表达式。

2. 人为机械特性的计算和曲线绘制

在求出固有机械特性之后，便可很方便地计算各种人为机械特性。只要将人为改变后的电压 U、磁通 Φ 和电枢电阻 R 并代入相应的方程式，便可求得人为机械特性曲线的函数表达式

$$n = n_0' - \beta' T \tag{2-15}$$

在绘制特性曲线时，可任选一个电磁转矩的值代入式（2-15），求出对应的转速。考虑到实用与准确性，一般将额定转矩 T_N 代入，求出额定转矩时的转速 n_N'，连接两个特性点（0，n_N'）和（T_N，n_N'），即得所求的人为机械特性曲线。

例 2-1　一台 Z_2 型他励直流电动机的铭牌数据为：$P_N = 22\ kW$，$U_N = 220\ V$，$I_N = 116\ A$，$n_N = 1\ 500\ r/min$。试计算其固有机械特性，并绘制固有机械特性。

解　$R_a = \dfrac{2}{3}\left(\dfrac{U_N I_N - P_N}{I_N^2}\right) = \dfrac{2}{3} \times \dfrac{220 \times 116 - 22\ 000}{116^2}\Omega = 0.174\ \Omega$

$$C_e \Phi_N = \dfrac{U_N - I_N R_a}{n_N} = \dfrac{220 - 116 \times 0.174}{1\ 500} = 0.133\ V/(r/min)$$

理想空载点：$T = 0$，$n = n_0 = \dfrac{U_N}{C_e \Phi_N} = \dfrac{220}{0.133} = 1\ 650\ r/min$

额定点：$T = T_N = 9.55 C_e \Phi_N I_N = 9.55 \times 0.133 \times 116 = 147.3\ N \cdot m$，$n_N = 1\ 500\ r/min$

额定斜率：$\beta_N = \dfrac{R_a}{C_e C_T \Phi_N^2} = \dfrac{R_a}{9.55(C_e \Phi_N)^2} = \dfrac{0.174}{9.55 \times 0.133^2} = 1.03$

故固有机械特性表达式：$n = n_0 - \beta_N T = 1\ 650 - 1.03 T$

确定理想空载转速点（0，1650）和额定点（147.3，1 500）即可绘制该直流电动机的固有机械特性。可以利用 Matlab 软件绘制该直流电动机的机械特性曲线如图 2-7 所示，对应的 Matlab 程序为

> > $T = [0:1:200]$；

> > $n = 1650 - 1.03 * T$；

> > $plot(T, n)$，grid

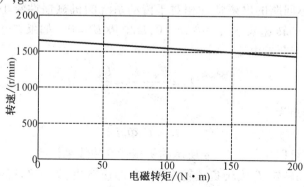

图 2-7　例 2-1 直流电动机的固有机械特性曲线

2.2　他励直流电动机的启动

直流电动机的启动,是指直流电动机接通电源后,转速由零上升到稳定转速之间的全过程。虽然直流电动机的启动过程持续的时间很短,但从"电机学"的知识及后面的分析可知,正确的启动方法是安全合理地使用直流电动机的重要保证之一。为此,有必要对直流电动机的启动过程及启动方法进行分析研究。

他励直流电动机的启动要求包括以下几个方面:

首先,启动电流的初始值 I_{st} 不能过大,就 Z_2 系列直流电动机而言,$I_{st} \leq 2I_N$。

从电动机本身看,过大的电流将导致换向困难。电刷电流密度过分增大会引起强烈的火花,严重时会产生环火,烧伤换向器表面。同时,电枢绕组中还会产生过大的电磁力使绕组受到损害。对于生产机械的传动部分而言,过大的电磁转矩可能会导致机械冲击损害传动机构。另外,对于供电容量相对较小的电网,过大的负载电流会影响到电网的供电质量。

第二,启动过程中,电动机产生的启动转矩 T_{st} 应足够大,且使 $T_{st} \geq T_Z$。

从生产过程的要求来看,一般都是希望启动的时间尽量短一些,对于频繁启动、制动的生产机械,尤其如此。要缩短启动过程,需要提升加速度,即需要提高启动过程的电磁转矩。对于他励直流电动机,电磁转矩正比于磁通和电枢电流的乘积。所以,在启动过程中磁通应该保持额定磁通,即励磁电流为额定电流;并且使电枢电流在允许的范围内尽量大。在启动过程中保持较大磁场,既可以产生较大的启动转矩,又可以避免启动完成后出现转速过高或过大稳态电流的现象。

此外,启动过程中的损耗不能过大,避免因为电动机发热导致温升过高影响绝缘和使用寿命。还要求启动设备和控制装置简单、经济、安全可靠、操作方便。

直流电动机的启动方法包括:直接启动、降压启动和电枢回路串联电阻启动。其中,直接启动一般只适用于功率不大于 1 kW 的微特直流电动机。下面,分别对这几种启动方法进行分析。

2.2.1　直接启动

所谓直接启动,是指在接通励磁之后,不采取任何限制启动电流的措施,把电枢直接接到额定电压的电源上启动。电力拖动系统存在的惯性问题将在2.5节中介绍。对于一般的电力拖动系统,电枢回路的电磁惯性相对于传动系统的机械惯性较小。考虑机械惯性,则通电瞬间电枢转子的转速来不及突变,$n = 0$,反电势 $E_a = 0$。如果忽略电磁惯性,电枢电流 I_a 将迅速上升到最大启动电流

$$I_{st} = \frac{U_N - E_a}{R_a} \approx \frac{U_N}{R_a}$$

对应的启动转矩为

$$T_{st} = C_T \Phi_N I_{st}$$

直接启动过程可以用如图2-8所示的机械特性曲线来说明。

通电后,因启动转矩 T_{st} 大于负载转矩 T_Z,在加速转矩($T_{st} - T_Z$)的作用下,电动机启动并迅速加速。随着电动机转速 n 的升高,感应电势的数值也在增大,这时 I_a 和 T 不断下降,但只要 T 仍大于 T_Z,转速便继续升高。这时工作点沿着电动机的机械特性曲线向上移动,

移动到电动机机械特性曲线与负载机械特性曲线的交点 A 处时,$T = T_Z$,启动过程结束,电动机以转速 n_A 稳定运行。

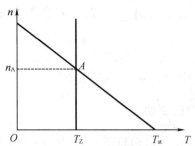

图 2 – 8　直接启动时的机械特性曲线

直接启动不需要附加任何启动设备,操作简便。主要缺点是启动电流太大。对于一般电动机而言,R_a 很小,其标幺值一般为 $0.05 \sim 0.1$,故 I_{st} 可达 $10 \sim 20$ 倍的额定电流。这样大的启动电流已经超出了电动机所能承受的最大电流,该启动方法不能采用。对于额定容量在几百瓦及以下的直流电动机,其电枢电阻相对较大,可限制启动电流不致过大,而且系统的飞轮矩很小,启动过程很短,才能在额定电压下直接启动。

对于不能采用直接启动的他励直流电动机,必须采取措施限制启动电流,比如 Z_2 系列的电机限制启动电流在 2 倍的额定电流范围之内。根据启动电流的计算式,可以采用的启动方法为降压启动和电枢回路串电阻启动。

2.2.2　降压启动

为了减小启动电流,可以采用降压启动的办法。这里所说的降压启动,是采用可调电压的直流电源供电,通过降低电源电压以限制最大启动电流。他励直流电动机降压启动的原理如图 2 – 9(a)所示。启动前先调好励磁,然后把电源电压由低向高调节。当最低电压所对应的人为特性曲线上的启动转矩 $T_{st} > T_Z$ 时,电动机便开始启动。启动后,随着转速升高,相应提高电压,以获得所需的加速转矩。逐级升高电压,电动机就逐级启动。降压启动过程的机械特性曲线如图 2 – 9(b)所示。

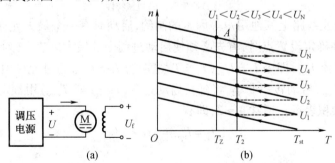

图 2 – 9　降压启动原理图及其机械特性曲线

(a)原理图;(b)机械特性

在手动调节电源电压时,应注意调压过程的均匀性及升压速度,否则会引起较大的电流冲击。在实际的电力拖动系统中,电压升高由自动控制环节自动调节。自动控制环节能保证电压连续平稳升高,在整个启动过程中保持电枢电流为最大允许电流,并维持该值近似不变,从而使系统在几乎恒定的加速转矩下迅速启动。该方法启动性能好、升速平滑、损耗小、持续时间短、可实现无级调压调速,且易实现自动控制,因此是一种较为理想的启动方法。

但该方法要求有专门的可调直流电源,因而启动设备复杂、投资大、运行费用高,多用于要求频繁启动的场合和大中型直流电动机的启动。

2.2.3 电枢回路串联电阻启动

为了限制启动电流,还可以在启动时在电枢回路内串联启动电阻。这实际上是另一种降压启动方法,即在电枢回路内通过串联的电阻分压,使电枢端电压降低,从而达到减小启动电流的目的。

为了减小断开启动电阻时的冲击电流和缩短启动过程,启动时通常采用分级启动法,即将启动电阻总值 R_{st} 分成若干段,启动时依次分段断开。因此,分级启动时切换点的设置是首要解决的问题。

1. 分级启动切换点的设置

下面以三级启动为例来说明这个问题。图 2-10(a)所示为一台三级启动直流电动机的电枢回路电路图,其中,R_{st1},R_{st2},R_{st3} 可根据需要通过分别闭合接触器触头 KM1,KM2,KM3 来实现。

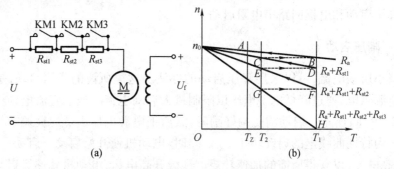

图 2-10　他励直流电动机串联电阻三级启动

(a)原理图;(b)机械特性

受设备本身及线路上其他用户等因素的制约,启动时有一个最大允许电流 I_{max}(对应有 T_{max})的限制。在确定设置点时,首先必须使启动过程中的最大电流 I_1(对应有最大转矩 T_1)等于最大允许电流 I_{max},即令 $I_1 = I_{max}(T_1 = T_{max})$。若 $I_1 > I_{max}$,超过允许值,将危及设备及线路安全;若 $I_1 < I_{max}$,启动转矩变小,将延长启动过程。I_{max}(或 T_{max})用额定值 $I_N(T_N)$ 与允许过载倍数 λ 的乘积表示。通常 $\lambda \approx 2$,即有

$$I_1 = I_{max} = \lambda I_N \approx 2 I_N$$

和

$$T_1 = T_{max} = \lambda T_N \approx 2 T_N$$

其次,确定切换电流 $I_2 \approx (1.1 \sim 1.3) I_N$,或取 I_2 等于最大负载电流 I_z 的 1.1～1.3 倍,即取 $I_2 \approx (1.1 \sim 1.3) I_{Zmax}$。相应有 $T_2 \approx (1.1 \sim 1.3) T_N$,或 $T_2 \approx (1.1 \sim 1.3) T_{Zmax}$。之所以将切换电流取得略大于额定电流或最大负载电流,是为了使启动过程中始终有一个较大的转矩,避免使启动过程拖延太长。但如果 $I_2(T_2)$ 太大,则启动级数必须设计得较多,从而增加

启动设备的费用。

这样,就将在所有启动电阻都串联的情况下的起始点 H,以及这条曲线上的切换点 G 确定下来,如图 $2-10(b)$ 所示。以下在确定各特性曲线上的起始点和切换点时,都维持 $I_1(T_1)$,$I_2(T_2)$ 不变,其目的是为了使启动过程较为平稳,减小转速变化的冲击。这就是所谓起始电流和切换电流不变原则。根据这一原则,可将电枢回路中剩下 $R_a + R_{st1} + R_{st2}$,$R_a + R_{st1}$,以及启动电阻全部断开后仅剩 R_a 的各特性曲线上对应的起始点和切换点全部确定下来。

由于分级启动的级数、起始电流及切换电流一旦确定,在维持起始电流和切换电流不变的条件下,固有机械特性以下的串联电阻人为机械特性是唯一确定的,因此其对应的电阻值也就唯一确定了。

下面先以图 $2-10$ 所示电动机三级启动过程进行分析,然后介绍各段分级电阻的计算方法。

启动开始时,$R_a + R_{st1} + R_{st2} + R_{st3}$ 全部串联在电枢回路中,其对应的特性曲线与横坐标的交点 H 即为第一个起始点。在起始转矩 T_1 的作用下,系统从静止开始运动,运行点沿该特性曲线 HG 从 H 点运动到 G 点,此时电流为切换电流 I_2,转矩为切换转矩 T_2。要断开第一段电阻,可将 KM3 触头闭合,则 R_{st3} 被短接,电枢回路中仅剩下 $R_a + R_{st1} + R_{st2}$。这时,运行点从 G 点跳到与该电阻值对应的特性曲线 FE 上的、与其转速相同而转矩仍为起始值 T_1 的 F 点上。而后,其又沿该特性曲线运动至 E 点。当进一步切除 R_{st2} 时,运行点又从 E 点跳到对应的特性曲线 DC 上的 D 点,系统再由 D 点沿该特性曲线运动到 C 点。当最后一段启动电阻 R_{st1} 也被切除时,运行点又从 C 点跳到固有特性曲线的 B 点上,而后沿固有特性曲线运动到负载特性曲线与固有特性曲线的交点 A 上,并最终在该点稳定运行。至此,整个启动过程结束。

2. 分级启动各级电阻的计算

如图 $2-10(b)$ 所示,当系统从曲线 HG 上的 G 点跳到曲线 EF 上的 F 点时,由于电磁过程很快,转速来不及变化,可认为 $n_G = n_F$,对应的电势 $E_G = E_F$。在 G 点上有

$$I_2 = \frac{U - E_G}{R_a + R_{st1} + R_{st2} + R_{st3}}$$

在 F 点上有

$$I_1 = \frac{U - E_F}{R_a + R_{st1} + R_{st2}}$$

以上两式相除,且考虑到 $E_G = E_F$,得

$$\frac{I_1}{I_2} = \frac{R_a + R_{st1} + R_{st2} + R_{st3}}{R_a + R_{st1} + R_{st2}}$$

令 $\dfrac{I_1}{I_2} = \dfrac{T_1}{T_2} = \beta$,称为启动电流比(或启动转矩比),则

$$\beta = \frac{R_a + R_{st1} + R_{st2} + R_{st3}}{R_a + R_{st1} + R_{st2}}$$

可见,一、二级之间启动电流之比等于该两级之间电枢回路总电阻之比。同理,各相邻两级之间该关系同样成立,即

$$\beta = \frac{R_a + R_{st1} + R_{st2} + R_{st3}}{R_a + R_{st1} + R_{st2}} = \frac{R_a + R_{st1} + R_{st2}}{R_a + R_{st1}} = \frac{R_a + R_{st1}}{R_a}$$

若已知启动电流比 β，电枢电阻 R_a 可以根据铭牌数据求得，且各级电阻满足

$$\left.\begin{array}{c} R_a + R_{st1} = \beta R_a \\ R_a + R_{st1} + R_{st2} = \beta(R_a + R_{st1}) \\ R_a + R_{st1} + R_{st2} + R_{st3} = \beta(R_a + R_{st1} + R_{st2}) \end{array}\right\} \qquad (2-16)$$

求解得各级外接启动电阻为

$$\left.\begin{array}{c} R_{st1} = (\beta - 1)R_a \\ R_{st2} = (\beta - 1)(R_a + R_{st1}) \\ R_{st3} = (\beta - 1)(R_a + R_{st1} + R_{st2}) \end{array}\right\} \qquad (2-17)$$

同时还得以下关系

$$R_a + R_{st1} + R_{st2} + R_{st3} = \beta(R_a + R_{st1} + R_{st2}) = \beta^2(R_a + R_{st1}) = \beta^3 R_a$$

若将以上三级启动推广至 m 级的一般情况，则电枢回路总电阻为

$$R_a + R_{st} = \beta^m R_a \qquad (2-18)$$

式中，$R_{st} = R_{st1} + R_{st2} + R_{st3} + \cdots + R_{stm}$，为各级外接启动电阻之和，即总外接启动电阻。

根据式（2-18），β，m 可由以下两式求出

$$\beta = \sqrt[m]{\frac{R_a + R_{st}}{R_a}} = \sqrt[m]{\frac{R_m}{R_a}} \qquad (2-19)$$

$$m = \frac{\lg \dfrac{R_m}{R_a}}{\lg \beta} \qquad (2-20)$$

式中 $R_m = R_a + R_{st}$ 为 m 级启动时电枢回路总电阻，即总启动电阻与电枢电阻之和。

显然，R_m 可由图 2-10(b) 中的 A 点各量求出。这时 E_a，电枢回路总电阻 R_m 由电源电压与最大启动电流（即启动电流的允许值）决定。即

$$R_m = \frac{U_N}{I_1} \qquad (2-21)$$

故式（2-19）又可写为

$$\beta = \sqrt[m]{\frac{U_N}{I_a R_a}} \qquad (2-22)$$

一般情况下，U_N，I_1，R_a 已知，这就存在两种情况，其一，若选定了级数 m，便可求出 β，进而求出各级电阻；其二，若级数 m 未知，根据负载情况确定一定范围的 β，可利用式（2-20）确定启动级数 m。一般情况下，求出的 m 不一定为整数，这时应将 m 取整，然后再将取整后的 m 代入式（2-19）重新计算 β，进而算出各级启动电阻。由于 β 的取值可在在一定范围内变动，因此求出的 m 值有可能不是唯一的。一般来说，m 取得大，启动时每级的间隔就小，切换时的冲击电流也就小，但其启动设备的费用也随之增加，故应根据实际情况综合加以考虑。

综上所述，计算分级启动电阻可按以下步骤进行：

(1) 选定最大启动电流 $I_1 = I_{max}$，一般取 $I_1 = I_{max} = 2I_N$。

(2) 求出 R_m，$R_m = \dfrac{U_N}{I_1}$。

(3) 预选切换电流 I_2'，$\beta' = I_1/I_2$，进而根据式（2-20）确定启动级数 m'；一般选取 $I_2' = (1.1 \sim 1.3)I_N$ 或 $I_2' = (1.1 \sim 1.3)I_Z$。

（4）根据选择启动级数 m' 计算启动电流比 β，即 $\beta = \sqrt[m]{\dfrac{U_N}{I_a R_a}}$。求出切换电流 I_2，若 $I_2 = (1.1 \sim 1.3)I_N$ 或 $I_2 = (1.1 \sim 1.3)I_Z$ 范围内即可；否则，应重选择 m，或在容许范围内重选 I_1，直至满足 $I_2 = (1.1 \sim 1.3)I_N$ 或 $I_2 = (1.1 \sim 1.3)I_Z$ 为止。

（5）根据确定的 β 按式（2-17）算出各分段电阻值。

（6）各级电阻的额定功率可按下式估算

$$P_N = I_1 I_2 R_i$$

式中 R_i——各段电阻值。

例2-2 一台他励直流电动机：$P_N = 21\ \text{kW}$，$U_N = 220\ \text{V}$，$I_N = 115\ \text{A}$，$n_N = 980\ \text{r/min}$。如果最大允许启动电流倍数 $\lambda = 2$，负载电流 $I_Z = 0.8I_N$，求电动机启动电阻的级数及各段电阻值。

解 （1）确定 m

$$R_a = \frac{1}{2}\left(\frac{U_N}{I_N} - \frac{P_N \times 10^3}{I_N^2}\right) = \frac{1}{2} \times \left(\frac{220}{115} - \frac{21\,000}{115^2}\right) = 0.163\ \Omega$$

$$I_1 = \lambda I_N = 2I_N = 230\ \text{A}$$

$$R_m = \frac{U_N}{I_1} = \frac{U_N}{\lambda I_N} = \frac{220}{2 \times 115} = 0.957\ \Omega$$

$$I_2' = 1.2I_{Z\max} = 1.2 \times 0.8I_N \approx I_N = 115\ \text{A}$$

$$\beta' = \frac{I_1}{I_2'} = \frac{2I_N}{I_N} = 2$$

由式（2-20），有

$$m = \frac{\lg \dfrac{R_m}{R_a}}{\lg \beta'} = \frac{\lg \dfrac{0.957}{0.163}}{\lg 2} = \frac{0.769}{0.301} = 2.555$$

取 $m = 3$，由式（2-19）得

$$\beta = \sqrt[3]{\frac{R_m}{R_a}} = \sqrt[3]{\frac{0.957}{0.163}} = 1.804$$

$$I_2 = \frac{I_1}{\beta} = \frac{230}{1.804} = 127.5\ \text{A}$$

$$I_Z = 0.8I_N = 0.8 \times 115 = 92\ \text{A}$$

$$\frac{I_2}{I_Z} = \frac{127.5}{92} = 1.386$$

考虑到 $I_2 = (1.1 \sim 1.3)I_N$ 或 $I_2 = (1.1 \sim 1.3)I_Z$，此时虽略大于 $1.3I_Z$，但是小于 $1.3I_N$。

另外，若取 $m = 2$，求得 $\dfrac{I}{I_Z} = 1.03$，又太小了，启动时间延长太多，故最后还是定为 $m = 3$。

（2）计算各段电阻值

$$R_{st1} = (\beta - 1)R_a = (1.804 - 1) \times 0.163 = 0.131\ \Omega$$

$$R_{st2} = (\beta - 1)(R_a + R_{st1}) = (1.804 - 1) \times (0.163 + 0.131) = 0.236\ \Omega$$

$$R_{st3} = (\beta - 1)(R_a + R_{st1} + R_{st2}) = (1.804 - 1) \times (0.163 + 0.131 - 0.236) = 0.426\ \Omega$$

2.3 他励直流电动机的制动

当他励直流拖动系统工作完毕后需要停车时,最简单的方法是直接断开电源。这时,电动机的电磁转矩 T 为零;在阻转矩 T_Z 的作用下,系统运转速度下降,最后达到停车的目的。这种不外加任何转矩的停车方法称为自由停车。轻载甚至空载时使用这种方法停车,由于停车过程中阻转矩 T_0 通常很小,因此整个过程往往需要较长的时间,从而影响系统的运转效率。此外,这种停车方法对某些需要紧急刹车的负载来说更是不允许的。因此,在工程实际中常常需要采取制动措施。制动就是在旋转轴上施加一个与旋转方向相反的转矩,这个转矩可以是电动机自身的电磁转矩,也可以是制动闸的机械摩擦转矩。前者称为电磁制动,后者称为机械制动。电磁制动的制动转矩大、操作方便,有时还可回收系统电能,因而在电力拖动系统中得到广泛应用。

应该指出的是,制动有两种情形。一种是制动过程,指系统从某一运行点的转速逐渐下降,运动到另一低转速点或停车的这一过渡过程。从特性曲线上看,是系统在电动机机械特性曲线上从一点运动到另一点,其间不经过电力拖动系统的稳定运行点。这与另一种情况,即制动运行状态不同。制动运行状态是运行于电动机特性曲线与负载特性曲线的交点上的一种稳定运行状态。在这一点上,它与电动运行状态是相似的,都是一种稳态。制动运行与电动运行之间的区别在于,稳定运行点所处的象限不同和转矩 T 与转速 n 的方向关系不同,以至于能量传递方向有所不同。但它们都能在各自的运行区间内,在某一点上带负载稳定运行。在这一点上,它们是相同的,也是与制动过程所不同的。制动过程与制动运行的共同之处在于,其电动机的电磁转矩 T 与转速 n 的方向都是相反的,都是反抗运动的,即都起制动作用。

直流电动机的电磁制动有 3 种基本方式:①能耗制动;②反接制动;③回馈制动。下面分析他励直流电动机的这 3 种制动方法,分析时仍采用电动机惯例,并认为主磁通保持额定值不变。

下面分别介绍直流电动机的 3 种电磁制动方式。

2.3.1 能耗制动

1. 能耗制动过程

他励直流电动机拖动反抗性负载运行时,采用能耗制动可使系统迅速停车。能耗制动过程利用电动机从电网上断开以后系统存储的动能来产生电磁制动转矩。能耗制动的接线图如图 2 - 11(a)所示。

制动时,保持励磁电流不变,将接触器触点 KM1 断开,使电枢脱离电源。与此同时,将触点 KM2 闭合,把电枢并联到用于制动的外接电阻 R_b 上。由于机械惯性的作用,电动机转速 n 及电枢反电势 E_a 均保持切换前的数值不变,此时电压 $U = 0$。根据电枢回路电压平衡方程,制动开始瞬间电枢电流为

$$I_a = \frac{-E_a}{R_a + R_b} < 0$$

可见,电枢电流的实际方向与电动状态时相反。相应的电磁转矩 $T = C_T \Phi_N I_a < 0$,也与电动状态时的方向相反。也就是说这时电磁转矩 T 与转速 n 的方向相反,为制动性质,致

使系统减速进而停车。

能耗制动时，$U = 0$，$\Phi = \Phi_N$，电枢回路外接电阻 R_b，因而其机械特性表达式为

$$n = -\frac{R_a + R_b}{C_e C_T \Phi_N^2} T = -\beta_b T \tag{2-23}$$

式中　$\beta_b = \dfrac{R_a + R_b}{C_e C_T \Phi_N^2}$ 为能耗制动机械特性曲线的斜率。

由式(2-23)可知，能耗制动的机械特性曲线是一条通过原点，与串联电阻 R_b 的人为特性曲线相平行的直线，如图 2-11(b)所示。

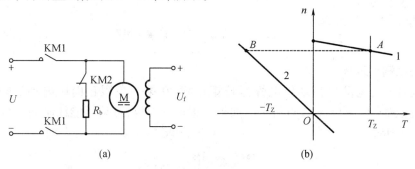

图 2-11　能耗制动原理图及其机械特性曲线

(a)原理图；(b)机械特性

如果制动前电动机沿着固有机械特性曲线运行，工作点为 A，切换到制动状态后，因 n 不能突变，工作点由 A 点跳到能耗制动特性曲线上与 A 点同转速的 B 点。因第二象限的电磁转矩 $T_b < 0$，在转矩 $(-|T_b| - T_Z)$ 的作用下，系统迅速减速，工作点沿能耗制动机械特性曲线下滑，制动转矩及制动电流的绝对值也随之逐渐减小。对于反抗性负载，运行至原点 O，T_b 及 T_Z 均减小到 0，系统自动停车。这就是能耗制动的全过程。

从图 2-11 可知，制动电阻 R_b 越小，制动机械特性曲线越平缓，起始制动转矩的绝对值越大，制动就越迅速。但 R_b 也不能太小，否则制动转矩值 T_b 和相对应的制动电流 I_b 将超过允许值。与启动一样，由于换向能力和机械强度等的限制，一般直流电动机制动过程中的最大电枢电流应限制在 $2I_N$ 左右。当选定最大制动电流 I_{max} 后，电枢回路需串联的制动电阻的最小值为

$$R_{bmin} = \frac{E_a}{I_{amax}} - R_a \tag{2-24}$$

式中　E_a——制动开始时的电枢电势。

在能耗制动过程中，电动机已与电源脱离，电源供给电动机的功率 $P_1 = 0$，电动机依靠系统中存储的动能做功而继续旋转。采用电动机的惯例，根据电磁功率 $P_M = E_a I_a = T\Omega < 0$，轴上输出功率 $P_2 = T\Omega < 0$ 可知，这时电动机已成为一台向电阻 R_b 供电的发电机，它把系统的惯性动能转变为电能，并全部消耗在电枢回路总电阻上。考虑能量传输方向和能量转换中的各种损耗，能耗制动的功率流程图如图 2-12 所示。其中，$|P_2|$ 是在单位时间内由于系统动能减小所做的机械功。

能耗制动操作简便，利用系统的动能来获取制动转矩，可使拖动反抗性负载的系统迅速停车。其主要缺点是制动转矩随制动过程而减小，因而可能使制动过程时间延续较长。

但是,这种缺陷也不是不可克服的。例如,当转速降到较低时,采用分级切除制动电阻 R_b 或者配以机械制动的方法,则也可使系统很快停车。

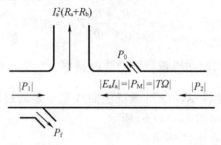

图 2-12　能耗制动的功率流程图

2. 能耗制动运行

当他励直流电动机拖动位能性恒转矩负载,在第一象限正向做电动运行(即提升重物),运行点如图 2-13 中 A 点所示。如果欲将重物下放,可采用能耗制动运行。具体过程如图 2-13 所示。

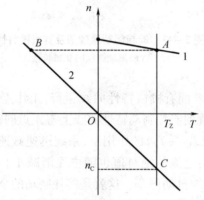

图 2-13　能耗制动运行的机械特性曲线

能耗制动开始时,工作点由 A 点跳到 B 点,然后由 B 点沿 BO 方向运动到 O 点,转速为零,这与拖动反抗性恒转矩负载时的能耗制动过程完全相同。但是,到 O 点以后,如果不采用其他办法停车,如用机械制动办法强制刹住电动机转轴,则系统并不会停车。因为这时 $T=0$,而 T_z 仍然保持原值,因此 $T<T_z$,系统会继续减速。从转速为零再减速,意味着系统开始反转,也就是被负载转矩拖着反向旋转。此时,位能性负载转矩呈现驱动性质,电动机的电磁转矩呈现制动性质,工作点沿 OC 方向运动,直到 C 点处,$T_C=T_z$,系统以恒定转速 n_c 稳定运行。在 C 点,由于电磁转矩 T_C 为制动性转矩,因此,这种稳定运行状态称为能耗制动运行。在实际的电力拖动系统中,能耗制动运行可以用于重物下放的场合。

从图 2-13 可见,电枢回路串联的制动电阻 R_b 的数值不同,机械特性曲线的斜率就不同,制动运行时的转速也就不同。R_b 越小,机械特性曲线越平,制动运行转速的绝对值 $|n_c|$ 越低。

能耗制动运行时的功率关系与能耗制动过程一样,所不同的只是在能耗制动运行状态下,输入到电动机的机械功率是由位能性负载减少位能储存来提供的。

例 2-3　一台他励直流电动机的铭牌数据为:$P_N=22\ \text{kW}$,$U_N=220\ \text{V}$,$I_N=116A$,$n_N=$

1500 r/min。(1)现带反抗性恒转矩负载在额定工作状态时进行能耗制动,取最大制动电流 $I_{max} = 2I_N$,试求电枢回路中应串联的制动电阻 R_b;(2)若该电动机拖动起重机,当转轴上负载转矩为额定转矩的 $\dfrac{2}{3}$(即电枢电流为额定电流的 $\dfrac{2}{3}$)时,要求电动机在能耗制动状态下以 800 r/min 的速度下放重物,试求电枢回路应串联电阻 R_b。

解 (1)

$$R_a = \frac{2}{3} \frac{U_N I_N - P_N}{I_N^2} = \frac{2}{3} \times \frac{220 \times 116 - 22 \times 10^3}{116^2} = 0.175 \ \Omega$$

$$E_{ac} = U_N - I_N R_a = 220 - 116 \times 0.175 = 199.5 \ V$$

$$\sum R_b = \frac{E_{ac}}{I_{amax}} = \frac{199.5}{2 \times 116} = 0.86 \ \Omega$$

$$R_b = \sum R_b - R_a = 0.86 - 0.175 = 0.685 \ \Omega$$

(2)

$$C_e \Phi_N = \frac{E_{ac}}{n_N} = \frac{199.5}{1\ 500} = 0.133$$

$$I_a = \frac{2}{3} I_N = \frac{2}{3} \times 116 = 77.4 \ A$$

$$n = -\frac{R_a + R_b'}{C_e \Phi_N} I_a$$

$$R_b' = \frac{-n C_e \Phi_N}{I_a} - R_a = \frac{-(-800) \times 0.133}{77.4} - 0.175 = 1.20 \ \Omega$$

2.3.2　反接制动

他励直流电动机的电枢电压 U 和电枢的感应电动势 E_a 中任一个量在外部条件作用下改变了方向,即两者由原来方向相反变为方向一致时,电动机便进入反接制动状态。反接制动分为电枢电压反接和感应电动势反接两种情况。

1.电枢电压反接制动过程

如前所述,他励直流电动机拖动反抗性负载运行后若需停车,可采用能耗制动,但是,该方法存在着随着转速降低,制动转矩会越来越小的缺点。采用电压反接制动,可有效地克服这一不足,使系统很快地制动停车,得到更加明显的制动效果。

电枢电压反接制动的接线图如图 2-14(a)所示。

需要制动时,断开接触器触头 KM1,接通接触器触头 KM2,将电源电压反向加给电枢回路。与此同时,在电枢回路串联限制电阻 R_b。由于外加电压极性与此前相反,因此,以 $U = -U_N$ 代入电枢回路电压平衡方程便可得

$$I_a = \frac{-U_N - E_a}{R_a + R_b} = -\frac{U_N + E_a}{R_a + R_b} \tag{2-25}$$

由于 I_a 为负,也即对应的电磁转矩为负,因此 T 与 n 反向,故电磁转矩为制动性转矩,系统迅速减速。

根据电枢电压反接制动时的条件,其机械特性方程为

$$n = -\frac{U_N}{C_e \Phi_N} - \frac{R_a + R_b}{C_e C_T \Phi_N^2} T = n_0 - \beta_b T \tag{2-26}$$

式中　$\beta_b = \dfrac{R_a + R_b}{C_e C_T \Phi_N^2}$——反接制动机械特性曲线的斜率。

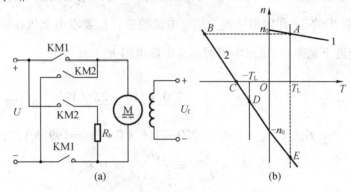

图 2 – 14　电枢电压反接制动接原理及其机械特性曲线

(a)原理图;(b)机械特性

可见,电枢电压反接制动的机械特性曲线是一条通过$(0, -n_0)$点、与电枢串联电阻 R_b 的人为机械特性曲线相平行的直线,如图 2 – 14(b)所示。

制动开始时,工作点由 A 点跳到 B,在强大的制动转矩 T_B 作用下,系统转速迅速下降,工作点沿 BC 向 C 点移动。到达 C 点时,电动机转速 $n = 0$,制动停车过程已经结束。若想做到最后停车,就应及时切断电枢电源。如若不然,由于这时电动机负的电磁转矩仍然存在,且绝对值大于反向运动时的负载转矩,即 $|T_C| > |-T_Z|$,系统会反向启动。这一过程会一直持续到运行点运动到 D 点,这时 $T_D = -T_Z$,系统将在该点稳定运行。在由 B 点向 C 点运动的整个过程中,$T < 0, n > 0$,电磁转矩 T 起制动作用,故该过程称为正向电动运行时的电压反接制动过程。对于位能性负载时出现的运行点,E 点将在反向回馈制动中加以分析。

为使电压反接制动过程中的电枢电流不超过允许值 I_{amax},电枢回路应串入电阻的最小值为

$$R_{bmin} = \frac{U_N + E_a}{I_{amax}} - R_a \qquad (2-27)$$

式中　E_a——反接制动开始时的电枢电势。

如果电动机制动前的运行点在固有特性曲线上,则 $E_a \approx U_N$。对比式(2 – 27)与式(2 – 24)可知,在同样的起始条件下,电枢电压反接制动过程中电枢串联的制动电阻比能耗制动过程中串联的制动电阻要大将近一倍。由图 2 – 14(b)还可看出,在同样的起始条件下,电枢电压反接制动过程中的电磁转矩绝对值比能耗制动过程中的要大,而且在转速接近零时,仍然保持相当大的电磁制动转矩,因此制动效果更明显。

按照电动机惯例,电枢电压反接后的电势平衡关系为

$$-U_N I_a = I_a(R_a + R_b) + E_a$$

两边同乘以电枢电流 I_a,得电枢电压反接制动时的功率关系为

$$-U_N I_a^2 = I_a^2(R_a + R_b) + I_a E_a \qquad (2-28)$$

由于制动过程中 $I_a < 0, E_a > 0$,所以电动机由电源输入的电功率 $P_1 = -U_N I_a > 0$,轴上输出功率 $P_2 = T_2 \Omega < 0$,电磁功率 $P_M = E_a I_a = T\Omega < 0$。后两项功率为负值,说明电动机轴上输入了机械功率。该机械功率扣除空载损耗后被电动机转换为电功率。由式(2 – 28)可知,

电输入电功率 P_1 和电动机机电转换的电功率 $|P_M|$ 都消耗在电枢回路总电阻的发热上。由此可见,电枢电压反接制动时的功率损耗是很大的。反接制动的功率流程图如图 2−15 所示。拖动反抗性负载时,电动机轴上输出的机械功率是拖动系统释放动能所提供的。

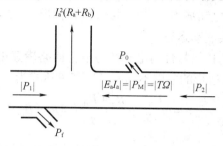

图 2−15 反接制动的功率流程图

采用反接制动时,在转速降低后仍有良好的制动效果,并能将拖动系统的停车和反向启动综合起来。因此,一些需要频繁正反转的可逆拖动系统,如龙门刨床的拖动系统,从正转变为反转时,采用反接制动最为方便。

2. 感应电动势反接制动运行(倒拉反接制动)

他励直流电动机拖动位能性负载运行时,为了避免负载出现自由落体运动规律而不断加速,可以采用前面所述能耗制动实现对重物的稳速下放。此时,电动机提供的制动性质电磁转矩实现了速度的限值。下面要介绍的感应电动势反接制动也能实现这一目的。假设提升重物时电动机运行于图 2−16(b) 所示 A 点。下放重物时,保持电源电压 U 不变,而在电枢回路中串联较大的电阻 R_{rb},使人为机械特性曲线与负载机械特性曲线相交于第四象限,如图 2−16(b) 所示 D 点。

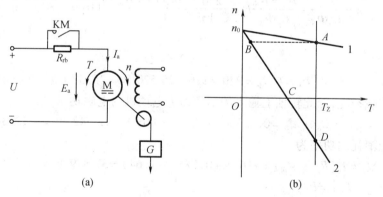

图 2−16 感应电动势反接制动的原理图及机械特性曲线
(a)原理图;(b)机械特性

串入 R_{rb} 瞬间,工作点由 A 点跳到 B 点,因 $T_B < T_Z$ 系统降速,工作点沿串联电阻 R_{rb} 的人为特性曲线向下运动,电枢的感应电动势 E_a 随之减小,电枢电流和电磁转矩随之增大。到达 C 点时, $n=0$, $E_a=0$,但 T_C 仍小于 T_Z ,于是电动机被位能性负载倒拉反转(因此感应电动势反接制动又称为倒拉反转制动),工作点进入第四象限。这时,电枢的感应电动势 E_a 的方向也反过来了。这样,在电枢回路中 E_a 与 U_N 同方向串联,使电枢电流和电磁转矩进一步增大,最后在 D 点达到转矩平衡,系统保持恒速下放稳定运行。

在稳速运行点 D，电磁转矩 $T_D > 0$，转速 $n_D < 0$，电动机的电磁转矩是阻碍负载下落的制动转矩，它与位能性负载的拖动转矩相平衡，使负载得以恒速下放。这种制动运行利用电动机被负载倒拉反转后电枢电势随之反向这一特点来产生制动转矩，与电动运行状态相比，相当于将电枢的感应电动势 E_a 反向后接入电枢回路，工作在 $U_N + |E_a|$ 的情况下，因此其被称为感应电动势反接制动运行。

电势反接制动运行的机械特性与电动状态电枢回路串联电阻人为特性完全相同，只是由于负载转矩 T_Z 的不同，运行的象限不同而已。其表达式为

$$n = \frac{U_N}{C_e \Phi_N} - \frac{R_a + R_{rb}}{C_e C_T \Phi_N^2} T = n_0 - \beta_{rb} T \tag{2-29}$$

式中　　$\beta_{rb} = \dfrac{R_a + R_{rb}}{C_e C_T \Phi_N^2}$——感应电动势反接制动机械特性曲线的斜率。

当 T_Z 较小，即与之相平衡的电磁转矩 T 较小时，$\beta_{rb} T < n_0$，$n > 0$，在第一象限做正向电动运行；当 T_Z 较大，即 T 较大时，$\beta_{rb} T > n_0$，$n < 0$，在第四象限做制动运行。

感应电动势反接制动运行时的功率关系及功率流程图与电压反接制动过程完全一样，二者的区别仅仅在于输入到电动机轴上的机械功率的来源不同：在电压反接制动过程中，是系统降速释放的动能提供的；而在感应电动势反接制动运行时，是位能性负载减少位能提供的。

例 2-4　例 2-3 中的电动机运行在感应电动势反接制动状态，以 800 r/min 的速度下放重物，轴上仍为额定负载。试求电枢回路中应串联的电阻 R_{rb}、从电网输入的功率 P_1、从轴上输入的功率 P_2 及电枢回路电阻上消耗的功率。

解　由式 (2-29) 得感应电动势反接制动时的转速特性为

$$n = \frac{U_N}{C_e \Phi_N} - \frac{R_a + R_{rb}}{C_e \Phi_N} I_a = \frac{220}{0.133} - \frac{0.175 + R_{rb}}{0.133} \times 116 = -800 \text{ r/min}$$

得

$$R_{rb} = 2.64 \ \Omega$$

$$P_1 = U_N I_N = 220 \times 116 = 25\,520 \text{ W} = 25.52 \text{ kW}$$

忽略空载损耗，因此转轴上输入的功率即为电动机的电磁功率，故

$$P_2 = E_a I_a = C_e \Phi_e n I_a = 0.133 \times (-800) \times 116 = -12\,342 \text{ W} = -12.342 \text{ kW}$$

电阻上消耗的功率为

$$P_{Cua} = I_a^2 (R_a + R_{rb}) = 116^2 \times (0.175 + 2.64) = 37\,879 \text{ W} = 37.879 \text{ kW}$$

可见 $P_1 + |P_2| = P_{Cua}$。

2.3.3　回馈制动

他励直流电动机运行时，若转速在外部条件作用下变得高于理想空载转速 n_0，致使电枢电势 E_a 高于电网电压 U，电动机即运行于回馈制动状态。

1. 回馈制动过程

在采用降压调速的电动机拖动系统中，如果降压过快或忽然降压幅度稍大，由于感应电势来不及变化，就可能出现 $E_a > U$ 的情况，发生短暂的回馈制动过程。

他励直流电动机电枢电压由额定电压 U_N 突然降至 U_1 的机械特性曲线如图 2-17 所示。

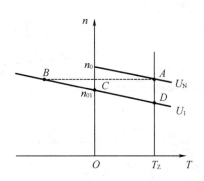

图 2 – 17　降压减速时的回馈制动过程

若工作点原来稳定运行在第一象限的 A 点,电压降到 U_1 后,工作点立即由 A 点跳到第二象限的 B 点,然后向 C 运动。在从 B 点运动到 C 点的这一过程中,电动机转速 $n > n_{01}$,相应的电枢电势 $E_a > U_1$,所以电枢电流为负值,即有电流回馈给电网。这时电磁转矩也为负值,即为一个阻碍运动的制动转矩,该转矩使传动系统降速,工作点向 C 点靠拢。当工作点运动到 C 点时,$n = n_C = n_{01}$,$E_a = U_1$,电枢电流和相应制动转矩均为零,回馈制动过程结束。在此之后,工作点进入第一象限重新处于正向电动状态,并继续运动到 D 点稳定运行。可见,这种回馈制动过程仅在降速过程中转速高于压降后的理想空载转速时才出现。

回馈制动过程中的功率关系与电动运行时的功率关系形式上相同,即

$$U_N I_a = I_a^2 R_a + E_a I_a \tag{2-30}$$

只是在制动过程中,$I_a < 0$,$T < 0$,$E_a > 0$,所以电动机的输入功率 $P_1 = U_N I_a < 0$,输出功率 $P_2 = T_2 \Omega < 0$,电磁功率 $P_M = E_a I_a = T\Omega < 0$。可以看出这三部分功率全部为负,这说明功率流向与电动机运行时正好相反,电动机在回馈过程中作为发电机运行,将系统降速时释放出的动能转变为电能。扣除电动机内部的损耗后,大部分电能被回馈到电网。因此,这种制动方法称为回馈制动。回馈制动时的功率流程图如图 2 – 18 所示。

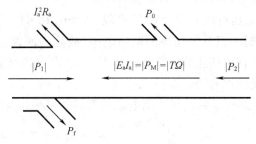

图 2 – 18　回馈制动的功率流程图

此外,在利用弱磁调速的电力拖动系统中,如果突然增加磁通使转速降低,那么在转速降低过程中也会出现类似的回馈制动过程。

2. 回馈制动运行

(1) 正向回馈制动运行

当他励直流电动机带反抗性负载,但其位能起作用时,便可能出现正向回馈制动运行,如图 2 – 19(a) 所示。

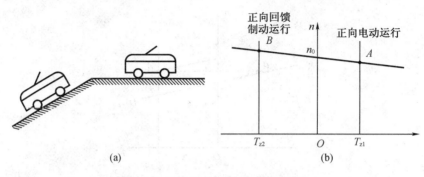

图 2 – 19　正向回馈制动运行
(a)原理图;(b)机械特性

一电车由直流电动机驱动在一段水平路面及下坡路段行驶。在平路行驶时,仅为一般反抗性负载,电动机电磁转矩仅与摩擦转矩相平衡,系统做匀速直线运动,稳定运行时在电动机固有特性曲线与负载特性曲线的交点 A 上,如图 2 – 19(b)所示。当电车进入下坡路段后,电车自重产生的转矩与摩擦转矩方向相反,即电车的位能在起作用,且呈驱动性质。电动机所遇到的负载转矩为电车位能转矩和电磁转矩的代数和。当电车位能转矩的绝对值小于摩擦转矩的绝对值时,合成负载转矩为正,但其值小于摩擦转矩,故其对应的负载特性曲线位于第一象限,电动机运行状态与 A 类似,此时运行点转速升高,但 n 仍小于 n_0。当电车位能转矩的绝对值大于摩擦转矩时,合成负载转矩为负值,对应的负载特性曲线位于第二象限。此时转速更高,且 $n > n_0$。当系统加速到 $n > n_0$ 时,由于 $E_a > U_N$,这时电枢电流 I_a 及电磁转矩 T 均为负值,电磁转矩起制动作用,电动机作为发电机运行发出电能,回馈到电网中。同时,也正因为系统进入回馈制动状态,电磁转矩的制动作用抑制了系统转速的进一步上升,使系统最终稳定运行在电动机特性曲线的回馈制动运行段与合成负载转矩所对应的特性曲线的交点 B 上,如图 2 – 19(b)所示。

如上所述,因为稳定运行点 B 位于第二象限,$n_B > 0$,$T_B < 0$,电磁转矩为制动转矩。又由于 $n_B > n_0$,制动运行时一直有电功率回馈给电网,故称为回馈制动运行状态或再生运行状态。由于运行点 B 处在电压正接的特性曲线上(与正向电动时的区别仅在于运行点所处的象限不同而已),故又称正向回馈制动运行。

正向回馈制动运行的机械特性与正向电动状态时的机械特性完全相同,即

$$n = \frac{U_N}{C_e \Phi_N} - \frac{R_a + R_d}{C_e C_T \Phi_N^2} T = n_0 - \beta_d T \qquad (2 - 31)$$

式中　R_d——人为特性时串联的电阻,β_d 为其对应的斜率。当沿着固有特性曲线正向回馈制动运行时,$R_d = 0$。

由于正向回馈制动运行时,$T < 0$,故 $n = n_0 - \beta_d(-T) > n_0$。

正向回馈制动运行时的功率关系与回馈制动过程时的一样,区别仅仅是输入电动机的机械功率来源不同。如前所述,回馈制动过程中,其机械功率是由系统降速过程释放出的动能提供的,而回馈制动运行是由负载减少位能存储来提供的。

(2)反向回馈制动运行

他励直流电动机进行电压反接制动时,如果拖动的不是反抗性负载,而是位能性负载,则系统最后将进入反向回馈制动稳定运行状态。

如图2-20所示,设开始时电动机拖动位能性恒转矩负载正向稳定运行于第一象限的 A 点。进行电压反接制动时,转速迅速降到 $n=0$,工作点运动到 C 点。此时,如不立即切断电源并刹住电动机轴,由于 $|T| > |T_\mathrm{Z}|$,系统还将迅速降速,即开始反转,工作点沿机械特性曲线继续向下运动。经过 CD 段的反向电动状态后,越过 $n = -n_0$ 的 D 点进入第四象限,最后稳定运行在与固有机械特性曲线的交点 E 上。此时 $T>0$,$n<0$,电动机处于回馈制动运行状态。

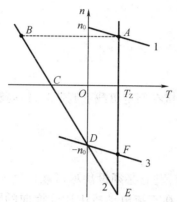

图2-20　反向回馈制动的机械特性曲线

此时的机械特性与电压反接制动的机械特性相同,即

$$n = -\frac{U_\mathrm{N}}{C_\mathrm{e}\Phi_\mathrm{N}} - \frac{R_\mathrm{a} + R_\mathrm{d}}{C_\mathrm{e}C_\mathrm{T}\Phi_\mathrm{N}^2}T \tag{2-32}$$

由于动运行在第四象限,$T>0$,而 $n = -(n_0 + \beta_\mathrm{d}T)$,故 $|n| > |n_0|$,且 n 反向,故称为反向回馈制动运行。

由图2-19和图2-20可以看出,回馈制动运行时,电枢回路串联电阻越大,机械特性曲线越陡,稳定运行转速越高。为使负载下放速度不致过高,串联的附加电阻不宜过大。但即使不串联任何电阻,稳定运行转速值也要高于 n_0(图2-20中的 F 点),所以这种反向回馈制动运行适用于高速下放位能性负载的场合。由于回馈制动可以回收利用制动中释放出的大部分能量,所以在所有制动方式中最为经济。

例2-5　例2-3中电动机在固有机械特性曲线上做回馈制动下放重物,$I_\mathrm{a} = 100\ \mathrm{A}$,试求重物下放时电动机的转速。

解　反向回馈制动的机械特性所对应的转速特性(由于这时 I_a 为已知量,故用转速特性更方便)为

$$
\begin{aligned}
n &= -\frac{U_\mathrm{N}}{C_\mathrm{e}\Phi_\mathrm{N}} - \frac{R_\mathrm{a} + R_\mathrm{d}}{C_\mathrm{e}C_\mathrm{T}\Phi_\mathrm{N}^2}T \\
&= -\frac{U_\mathrm{N}}{C_\mathrm{e}\Phi_\mathrm{N}} - \frac{R_\mathrm{a} + R_\mathrm{d}}{C_\mathrm{e}\Phi_\mathrm{N}}I = -\frac{220}{0.133} - \frac{0.175}{0.133} \times 100 = -1\ 786\ \mathrm{r/min}
\end{aligned}
$$

所以,重物下放时电动机的转速为 $-1\ 786\ \mathrm{r/min}$。

2.4　他励直流电动机的调速

生产机械往往要求负担拖动作用的电动机的速度能在一定范围内调节。电力拖动系

统的运行速度调节(简称为调速)有机械调速和电气调速两种基本形式。人为改变拖动机构传动比的调速方法称为机械调速,通过改变电动机参数而改变系统运行速度的调速方法称为电气调速。本书主要介绍电动机的电气调速。一般来说,直流电动机的调速性能比较好,目前直流调速系统仍然在电力拖动系统中占有较大的优势。那么,调速性能的好坏究竟用什么来衡量呢?下面先介绍衡量调速性能的几个指标,然后介绍各种调速方法及调速时功率和转矩的允许输出问题。

2.4.1 调速指标

1. 技术指标

(1)调速范围

所谓调速范围,是指电动机在额定负载下调速时,最高转速 $n_{\max}$ 与最低转速 $n_{\min}$ 之比,用 D 表示,即

$$D = \frac{n_{\max}}{n_{\min}} \tag{2-33}$$

由上式可见,要扩大调速范围,必须设法尽可能提高 $n_{\max}$,降低 $n_{\min}$。但是,$n_{\max}$ 受到电动机结构上机械强度的限制,在直流电动机中还受换向的限制。一般情况下,在额定转速以上,转速提高的范围是不大的。$n_{\min}$ 除决定于调速方式外,还受转速相对稳定性的限制。所谓相对稳定性,是指负载转矩变化时转速变化的速度。转速变化越小,相对稳定性越好,能得到的 $n_{\min}$ 越小,D 也就越高。转速的相对稳定性用静差率来衡量。

(2)静差率

所谓静差率,是指在一条机械特性曲线上额定转矩时转速降与理想空载转速 n_0 之比,用 δ 表示,即

$$\delta = \frac{\Delta n_{\mathrm{N}}}{n_0} \times 100\% = \frac{n_0 - n_{\mathrm{N}}}{n_0} \times 100\% \tag{2-34}$$

式(2-34)反映了系统转速的相对稳定性。显然,电动机机械特性越硬,静差率就越小,转速的相对稳定性就越高。两者之间又有区别,两条相互平行的机械特性曲线硬度相同,但静差率却不同。同样硬度的机械特性,理想空载转速越低,静差率越大,越难满足生产机械对静差率的要求。

从式(2-34)可以看出,静差率与两个因素有关。一方面,当 n_0 一定时,机械特性越硬,额定转矩时的转速降落 Δn 越小,静差率 δ 越小。如图 2-21 所示为他励直流电动机的固有机械特性与一条电枢回路串联电阻的人为机械特性。

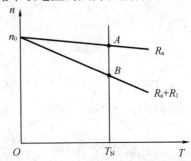

图 2-21 电枢串联电阻调速时的情况

当 $T = T_N$ 时,固有机械特性转速降落 $\Delta n_N = n_0 - n_A$,比较小;而人为机械特性转速降落为 $\Delta n = n_0 - n_B > \Delta n_N$,因此两个机械特性的静差率 δ 不一样。固有机械特性上的 δ 较小,而电枢回路串联电阻机械特性上的 δ 较大。因此,如果在电枢回路串联电阻调速时,串联电阻最大的人为机械特性的静差率 δ 能满足要求,其他机械特性的静差率便都能满足要求。串联电阻值最大的人为机械特性上 $T = T_N$ 时的转速,就是串联电阻调速时的最低转速 n_{min},而电动机的转速 n_N 是最高转速 n_{max}。

另一方面,机械特性硬度一定时,理想空载转速 n_0 越高,δ 越小。图 2 – 22 所示为他励直流电动机的固有机械特性与一条降低电源电压调速的人为机械特性。

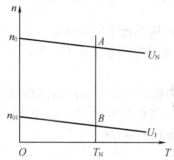

图 2 – 22　降低电源电压调速时的情况

当 $T = T_N$ 时,两个特性的转速降落都是 Δn_N,但固有机械特性比人为机械特性上的理想空载转速高,即 $n_0 > n_{01}$,这样降压的人为机械特性上的静差率比固有机械特性上的静差率要大。因此,在降低电源电压调速时,电压最低的人为机械特性上的静差率满足要求时,其他各机械特性上的静差率都能满足要求。电枢电压最低的人为机械特性上 $T = T_N$ 时的转速,即为调速时的最低转速 n_{min},而 n_N 则为最高转速 n_{max}。

调速范围 D 与静差率 δ 这两项性能指标是相互联系、相互依存的。采用同一种方法调速时,δ 数值较大,即静差率要求较低时可以得到较高的调速范围。从图 2 – 21、图 2 – 22 可以看出,δ 较大,则 n_{min} 较低,致使 D 较大;反之,δ 较小,则 n_{min} 较高,致使 D 较小。若静差率 δ 一定,采用的调速方法不同,其调速范围 D 是不同的。比较图 2 – 21 与图 2 – 22 可以看出,若 δ 一定,降低电源电压调速比电枢回路串联电阻调速的调速范围大。

因此,对于需要调速的电力拖动系统来说,必须同时给出静差率与调速范围这两项指标。

实际上,对于最常见的降压调速系统,D 与 δ 存在着以下关系

$$D = \frac{n_{max}}{n_{min}} = \frac{n_{max}}{n_0' - \Delta n_N} = \frac{n_{max}}{n_0'(1 - \frac{\Delta n_N}{n_0'})} = \frac{n_{max}}{\frac{\Delta n_N}{\delta}(1 - \delta)} = \frac{n_{max}\delta}{\Delta n_N(1 - \delta)} \qquad (2 - 35)$$

即一定调速范围和静差率要求下,允许的转速降为

$$\Delta n_N = \frac{n_{max}\delta}{D(1 - \delta)}$$

另一方面,调速范围与静差率两项指标又是相互制约、相互限制的。系统可能达到的最低转速 n_{min} 决定于低速特性的静差率。因此,调速范围 D 显然受低速特性的静差率 δ 的制约。也就是说,调速范围必须在具体的静差率限定下才有意义。如果没有这种限定,电动机本身带负载调速可以使最低转速调到零,这时 D 就变得无穷大,显然毫无意义。

因此,在一定静差率 δ 限定下扩大调速范围,主要是提高机械特性的硬度,减少 Δn_{N}。但就他励直流电动机本身而言,提高机械特性的硬度,扩大调速范围是难以实现的,必须结合相应的闭环控制系统才能实现。这部分内容已超出本书范围,故不在此详述,相关内容可参考"电力拖动自动控制系统"课程。

(3)平滑性

所谓调速的平滑性,是指在电力拖动系统相邻两级速度的接近程度。通常以可调速度中的相邻两级转速之比——平滑系数 φ 表示,即

$$\varphi = \frac{n_i}{n_{i-1}} = \frac{v_i}{v_{i-1}} \tag{2-36}$$

平滑系数 φ 越接近于1,说明调速平滑性越好。当 $|\varphi - 1| < 0.06$ 时,转速可视为连续可调。通常所说的无级调速,就是指级数接近无穷大。

2.经济指标

调速时的经济性是指电力拖动系统调速所需的设备投资及维持运行费用的高低。设备投资的高低以购置时花费的货币金额衡量,而运行费用的高低以系统的总运转效率衡量。通常用 η 表示系统的总运转效率,即

$$\eta = \frac{P_2}{P_2 + \Delta P} \tag{2-37}$$

式中 P_2——电动机轴上的输出功率;

ΔP——调速时的系统各部分损耗之和。

各种调速方法的经济指标是不尽相同的。同时,它们的经济性还与自身的调速方式及与负载的配合有关。下面介绍与此有关的一些问题,先介绍他励直流电动机的各种调速方法。

2.4.2 他励直流电动机的各种调速方法

在介绍他励直流电动机的各种调速方法之前,有必要先将"调速"与"负载变化引起的转速变化"区别开来。

"调速"是指通过人为方法改变他励直流电动机的有关参数,如电压、磁通量及电枢回路外接电阻等而改变电动机的机械特性,从而达到速度改变的目的。如图 2-23 所示,当降低电压 U 时,电动机的机械特性曲线变为曲线2,这时尽管 T_{Z1} 不变,即 $T = T_{Z1}$ 不变,但工作点已由 A 点变为 A' 点,转速也降到 n'_A。这种人为改变电动机机械特性而实现速度变化的方式被称为"调速",其特点是调速前后系统在同一负载转矩下的工作点处在不同的机械特性曲线上。

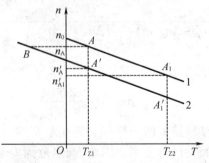

图 2-23 "转速的自然变化"与"调速"的区别

"负载变化引起的转速变化"是指生产机械的负载转矩 T_Z 发生变化（减载或加载）时，电动机的电磁转矩也要相应变化。由机械特性关系式可知，这时电动机的转速也将随之变化。如图 2-23 所示，若系统原运行在电动机的机械特性曲线 1 的 A 点上，此时负载转矩为 T_{Z1}。加载后转矩变为 T_{Z2}，系统的工作点变为 A_1，转速也由 n_A 下降为 n_{A1}。此种情况称为"负载变化引起的转速变化"。它的特点表现在：一方面电动机的有关参数，如电动机端电压 U、磁通 Φ 及电枢回路的外接电阻并未变化，即机械特性曲线并未改变，所以系统工作在同一条机械特性曲线上；另一方面，转速变化的大小取决于负载变化的大小和机械特性曲线斜率 β 的大小。负载变化数值一定时，β 越大，转速变化也越大。

在一定负载特性下，人为地改变电动机的机械特性就可以实现速度的调节。由他励直流电动机的机械特性一般表达式

$$n = \frac{U}{C_e \Phi} - \frac{R_a + R_\Omega}{C_e C_T \Phi^2} T$$

可知，通过改变电枢回路串联电阻 R_Ω、电源电压 U 及主磁通 Φ 三者之中任一个参数都可以改变电动机的机械特性，从而改变电力拖动系统的稳定运行点，这样也就调节了电力拖动系统稳定运行的转速。

1. 电枢回路串联电阻调速

以他励直流电动机拖动恒转矩负载为例。保持电源电压及主磁通为额定值不变，在电枢回路内串入不同电阻时，电动机将稳定运行于较低的转速，转速变化如图 2-24 所示。调速前，系统稳定运行在电动机固有机械特性曲线与机械特性曲线的交点 A 处，对应的转速为 n_A。在电枢回路串入电阻 R_1 瞬间，因转速及反电动势不能突变，电枢电流及电磁转矩相应减小，工作点由 A 点跳到 A' 点。此时 $T_{A'} < T_Z$，根据运动方程式，系统将减速，工作点由 A' 点沿特性曲线 2 向下运动。在这个过程中，随着转速的下降，反电势减小，I_a 和 T 逐渐增大，直至 B 点，$T_B = T_Z$，恢复转矩平衡，系统又以较低的转速 n_B 稳定运行。同理，若在电枢回路串入更大的电阻 R_2，则系统将进一步沿着曲线 3 降速，并在 C 点以更低的转速 n_C 稳定运行。

电枢回路串联电阻调速时，串联电阻越大，稳定运行转速越低，所以这种方法只能在低于额定转速的范围内调速，一般称为由基速（额定转速）向下调速。

采用电枢回路串联电阻调速虽然方法简单，但是存在下列缺点：

(1)电枢回路串联电阻，机械特性变软，系统受负载波动的影响较大；

(2)空载和轻载时能调速的范围非常有限，调速效果并不明显；

(3)调速电阻串联在电枢回路中，电流较大，因而需要较大容量的调速电阻；

(4)串联电阻器一般多采用电气开关分级控制，故该方法不能连续调节转速，只能有级调速；

(5)串联的调速电阻器上通过大电流会产生很大的功率损耗。负载越大、转速越低（须串联的电阻值越大），损耗就越大，这样系统的运行效率将大大降低。

2. 降低电源电压调速

以他励直流电动机拖动恒转矩负载为例。保持主磁通为额定值不变，电枢回路不串联电阻，降低电源电压 U 时，电动机拖动负载将稳定运行于较低的转速上。降低电源电压调速时，工作点的变化如图 2-25 所示。可以看出，电压由 U_N 下降到 U_1 时，工作点由 A 点跳到 A' 点，而后运动到 B 点。其过程在回馈制动过程中已有叙述，在此不再重复。同理，当电压继续调低到 U_2 时，系统最后稳定运行在 C 点。很明显，通过改变电源电压可以达到调速

的目的。

降低电压调速时,加在电枢上的电压一般不超过额定电压 U_N,所以降压调速只能在低于额定转速以下的范围内进行,或者说只能由基速往下调速。

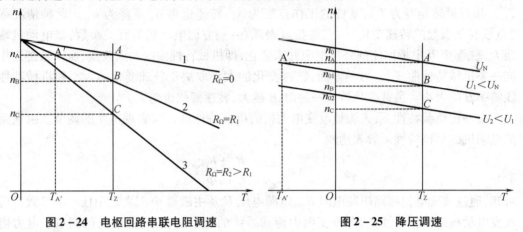

图 2 – 24　电枢回路串联电阻调速　　　　　图 2 – 25　降压调速

相对于电枢回路串联电阻调速,降低电源电压调速具备以下优点:

(1)电动机的机械特性硬度不变,在低速运行时,转速受负载波动的影响也很小,速度的稳定性较好;

(2)不管拖动哪一类负载,只要电源电压可连续调节,系统的转速就可以连续变化,也就是能实现无级调速;

(3)电枢回路中没有附加电阻损耗,电动机运行效率高。

降压调速多用于对调速性能要求较高的设备上,如造纸机、轧钢机、龙门刨床等。

3. 弱磁调速

以他励直流电动机拖动恒转矩负载为例。保持电枢电压不变,电枢回路不串联电阻,减小电动机的励磁电流,使主磁通减弱,则电动机拖动负载运行的转速升高。弱磁调速的机械特性如图 2 – 26 所示。

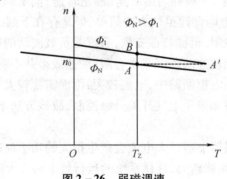

图 2 – 26　弱磁调速

系统原运行在固有机械特性曲线的 A 点,当磁通减弱,由 Φ_N 变为 Φ_1($\Phi_1 < \Phi_N$),若忽略磁通变化的电磁过渡过程,则工作点由 A 点跳到 A' 点。由于此时电动机电磁转矩 T 大于 T_Z,故系统加速,直到工作点运动到 B 点,电动机电磁转矩 $T_B = T_Z$ 为止。

弱磁调速时,在电动机正常工作范围内,当主磁通减弱时,系统转速升高。因此,弱磁调速只能在高于额定转速的范围外运行,或者说只能由基速向上调速。但是,电动机的转速越高,换向越困难,电枢反应和换向元件中电流的去磁效应对转速稳定性的影响越大。所以,弱磁调速所能达到的最高转速受到换向能力、电枢机械强度和稳定性等因素的限制,转速不能升得太高。

弱磁调速是在电流较小的励磁回路中进行调节,而励磁电流通常只有电枢电流的 2% ~5%,因此调速时的能量损耗很小,控制很方便,串联电阻调节或励磁电压调节均可实现连续调节,进而实现转速连续调节的无级调速。

在实际的他励直流电动机调速系统中,为了获得更大的调速范围,常常把降压和弱磁这两种基本调速方法结合起来。以额定转速为基速,采用降压实现基速以下调速和弱磁实现基速以上调速,从而在极宽广的范围内实现平滑的无级调速。此外,这种方法调速时损耗较小,运行效率较高。

例 2 – 6　一台他励直流电动机,额定功率 $P_N = 22$ kW,额定电压 $U_N = 220$ V,额定电流 $I_N = 115$ A,额定转速 $n_N = 1\,500$ r/min,电枢总电阻 $R_a = 0.1$ Ω。忽略空载转矩 T_0,电动机带额定负载运行时,要求把转速降到 $1\,000$ r/min,计算:(1)采用电枢串联电阻调速需串联的电阻值;(2)采用降低电源电压调速需把电源电压降到多少? (3)上述两种调速情况下,电动机输入功率与输出功率各是多少(输入功率不计励磁回路功率)? (4)上述两种情况下效率各为多少?

解　(1)电枢串联电阻值的计算

$$C_e \Phi_N = \frac{U_N - I_N R_a}{n_N} = \frac{220 - 115 \times 0.1}{1\,500} = 0.139 \text{ V} \cdot \text{min/r}$$

$$n_0 = \frac{U_N}{C_e \Phi_N} = \frac{220}{0.139} = 1\,583 \text{ r/min}$$

额定转速降落为

$$\Delta n_N = n_0 - n_{\varepsilon} = 1\,583 - 1\,500 = 83 \text{ r/min}$$

电枢串联电阻后转速降落为

$$\Delta n = n_0 - n = 1\,583 - 1\,000 = 583 \text{ r/min}$$

设电枢串联电阻 R_Ω,则

$$\frac{R_a + R_\Omega}{R_a} = \frac{\Delta n}{\Delta n_N}$$

所以

$$R_\Omega = \frac{\Delta n}{\Delta n_N} R_a - R_a = \left(\frac{\Delta n}{\Delta n_N} - 1 \right) R_a = \left(\frac{583}{83} - 1 \right) \times 0.1 = 0.605 \text{ Ω}$$

(2)降低电源电压数值的计算

降低电源点以后的理想空载转速为

$$n_{01} = n + \Delta n_N = 1\,000 + 83 = 1\,083 \text{ r/min}$$

设降压后的电压为 U_1,则

$$\frac{U_1}{U_N} = \frac{n_{01}}{n_0}$$

所以

$$U_1 = \frac{n_{01}}{n_0} U_N = \frac{1\,083}{1\,583} \times 220 = 150.5 \text{ V}$$

（3）电动机降速后输入功率与输出功率的计算

电动机输出转矩为

$$T_2 = 9\ 550 \times \frac{P_N}{n_N} = 9\ 550 \times \frac{22}{1\ 500} = 140.1\ \text{N} \cdot \text{m}$$

输出功率为

$$P_2 = T_2 \Omega = T_2 \frac{2\pi}{60} n = 140.1 \times \frac{2\pi}{60} \times 1\ 000 = 14\ 670\ \text{W}$$

电枢串联电阻降速时输入功率为

$$P_1 = U_N I_N = 220 \times 115 = 25\ 300\ \text{W}$$

降低电源电压降速时的输入功率为

$$P_1' = U_1 I_N = 150.5 \times 115 = 17\ 308\ \text{W}$$

（4）两种调速时的效率计算

电枢串联电阻降压时的效率为

$$\eta = \frac{P_2}{P_1} = \frac{14\ 670}{25\ 300} = 57.98\%$$

降低电源电压降速时的效率为

$$\eta' = \frac{P_2}{P_1'} = \frac{14\ 670}{17\ 308} = 84.76\%$$

所以,串联电阻调速时的效率要比降低电源电压的效率低得多。

例 2 - 7 例 2 - 6 中的他励直流电动机,忽略空载转矩 T_0,采用弱磁升速。（1）若要求负载转矩 $T_z = 0.6T_N$ 时,转速升到 $n = 2\ 000\ \text{r/min}$,此时磁通 Φ 应降到额定值多少倍?（2）已知该电动机的磁化特性数据如表 2 - 1（表中 Φ 的大小用相对额定磁通 Φ_N 百分数表示）:

表 2 - 1 例 2 - 7 的磁化特性数据

$\Phi(\%)$	38	73	76	85	95	102	107	111	115
$I_f(\text{A})$	0.5	1.0	1.1	1.25	1.5	1.75	2.0	2.25	2.5

且励磁绕组额定电压 $U_f = 220\ \text{V}$,励磁绕组电阻 $R_f = 110\ \Omega$,问:在（1）的情况下,励磁回路串联电阻应为多少?（3）要使电枢电流不超过额定值 I_N,在（1）减弱磁通后并保持其不变的情况下,该电动机所能输出的最大转矩是多少?

解 （1）电动机额定电磁转矩为

$$T_N = 9.55 C_e \Phi_N I_N = 9.55 \times 0.139 \times 115 = 152.66\ \text{N} \cdot \text{m}$$

代入机械特性方程得

$$n = \frac{U_N}{C_e \Phi} - \frac{R_a}{9.55(C_e \Phi)^2} T$$

$$2\ 000 = \frac{220}{C_e \Phi} - \frac{0.1}{9.55(C_e \Phi)^2} \times 0.6 \times 152.66$$

则

$$C_e \Phi = \frac{220 \pm \sqrt{220^2 - 4 \times 2\ 000 \times 0.959}}{2 \times 2\ 000}$$

$$(C_e \Phi)_1 = 0.1054, \quad (C_e \Phi)_2 = 0.004\ 5$$

舍去 $(C_e \Phi)_2 = 0.004\ 5$（因为此时磁通减少太多，要产生 $0.6T_N$ 的转矩，必将使电枢电流 I_a 太大，而远远超过 I_N），取 $(C_e \Phi)_1 = 0.105\ 4$，故磁通减少到额定磁通 Φ_N 的倍数为

$$\frac{\Phi}{\Phi_N} = \frac{C_e \Phi}{C_e \Phi_N} = \frac{0.105\ 4}{0.139} = 0.76$$

（2）根据磁化特性数据，查得 $\Phi = 0.76\Phi_N$ 时，$I_f = 1.1\mathrm{A}$。设励磁回路串联电阻为 R，则

$$\frac{U_f}{R_f + R} = I_f$$

所以

$$R = \frac{U_f}{I_f} - R_f = \frac{220}{1.1} - 110 = 90\ \Omega$$

（3）电动机输出最大转矩时 $I_a = I_N$，故

$$T_{\max} = 9.55 C_e \Phi I_N = 9.55 \times 0.105\ 4 \times 115 = 115.76\ \mathrm{N \cdot m}$$

例 2-8 一台他励直流电动机，$P_N = 60\ \mathrm{kW}$，$U_N = 220\ \mathrm{V}$，$I_N = 305\ \mathrm{A}$，$n_N = 1\ 000\ \mathrm{r/min}$，电枢回路总电阻 $R_a = 0.04\ \Omega$。求下列各种情况下电动机的调速范围：（1）静差率 $\delta < 30\%$，电枢串联电阻调速时；（2）静差率 $\delta < 20\%$，电枢串联电阻调速时；（3）静差率 $\delta < 20\%$，降低电源电压调速时。

解 电动机的 $C_e \Phi_N$ 为

$$C_e \Phi_N = \frac{U_N - I_N R_a}{n_N} = \frac{220 - 305 \times 0.04}{1\ 000} = 0.207\ 8\ \mathrm{Vmin/r}$$

则理想空载转速为

$$n_0 = \frac{U_N}{C_e \Phi_N} = \frac{220}{0.207\ 8} = 1\ 058.7\ \mathrm{r/min}$$

（1）由静差率 $\delta < 30\%$ 时的最低转速

$$\delta = \frac{n_0 - n_{\min}}{n_0}$$

得

$$n_{\min} = n_0 - \delta n_0 - 1\ 058.7 - 30\% \times 1\ 058.7 = 741.1\ \mathrm{r/min}$$

故调速范围为

$$D = \frac{n_{\max}}{n_{\min}} = \frac{n_N}{n_{\min}} = \frac{1\ 000}{741.1} = 1.35$$

（2）静差率 $\delta < 20\%$ 时的最低转速

$$n'_{\min} = n_0 - \delta' n_0 = 1\ 058.7 - 20\% \times 1\ 058.7 = 847\ \mathrm{r/min}$$

故调速范围为

$$D = \frac{n_{\max}}{n'_{\min}} = \frac{1\ 000}{847} = 1.18$$

额定转矩时转速降落为

$$\Delta n_N = n_0 - n_N = 1\ 058.7 - 1\ 000 = 58.7\ \mathrm{r/min}$$

最低转速对应的机械特性的理想空载转速为

$$n_{01} = \frac{\Delta n_N}{\delta} = \frac{58.7}{0.2} = 293.5\ \mathrm{r/min}$$

最低转速为

$$n_{\min} = n_0 - \Delta n_{01} = 293.5 - 58.7 = 234.8 \text{ r/min}$$

则调速范围为

$$D = \frac{n_{\max}}{n_{\min}} = \frac{1\,000}{234.8} = 4.26$$

2.4.3 调速方式与负载的合理配合

1.电动机的容许输出与调速方式

电动机的容许输出是指在一定的转速下,电动机长期工作所能输出的最大转矩和功率。容许输出的大小主要决定于电动机的发热,而发热又主要决定于电枢电流 I_a。在调速范围内,如果电动机在不同的转速下,电流都不超过额定值,那么电动机就不会因过热而损坏。因此,额定电流就是电动机能够长期工作的利用限度。如在不同的转速下,电动机都能保持电流为额定值 I_N,则电动机就能得到充分利用。换句话说,要使电动机得到充分利用,在整个调速范围内都应尽量保持 $I_a = I_N$。

而同样是保持 $I_a = I_N$,在采用不同的调速方式时会出现两种不同的结果。

(1)恒转矩调速方式

在采用电枢回路串联电阻调速和降低电枢电压调速时,因主磁通 $\Phi = \Phi_N$ 维持不变,则如果在不同转速时维持电流 $I_a = I_N$,电磁转矩 $T = C_T I_N \Phi_N = T_N$ 为常数。由此可见,这两种调速方式在整个调速范围内,无论转速等于多少,电动机容许输出的转矩都为一恒定值,因此称为恒转矩调速方式。显然,该调速方式的容许输出功率与转速成正比。

(2)恒功率调速方式

当采用弱磁调速时,主磁通 Φ 是变化的,因为

$$\Phi = \frac{U_N - I_a R_a}{C_e n}$$

$$T = C_T \Phi I_a$$

因此,若在调速过程中保持 $I_a = I_N$ 不变,则电磁转矩 T 与转速 n 成反比,即

$$T = \frac{c}{n}$$

式中 c——比例常数。这时,输出功率 $P_2 \approx T\Omega$ 为恒定值,即弱磁调速时的容许输出功率为常数,故称为恒功率调速方式。

应该指出的是,电动机的容许输出仅仅是表示电动机的利用限度,并不代表电动机的实际输出。电动机的实际输出是由负载的需要来决定的。因此,根据不同的负载性质,选择适当的调速方式,才能使电动机得到比较充分的利用。也就是说,调速方式与负载类型之间有一个合理配合的问题。

2.恒转矩调速方式与负载的配合

(1)拖动恒转矩负载

当采用恒转矩调速方式拖动恒转矩负载运行时,若使电动机额定转矩与负载转矩相等,即 $T = T_Z$,那么无论运行在什么转速上,电动机的电枢电流 I_a 将维持 I_N 不变,电动机将得到充分利用。所以,拖动恒转矩负载采用恒转矩调速方式是适合的,称为调速方式与负载性质匹配。

（2）拖动恒功率负载

恒功率负载是在最低速时转矩最大，为使整个调速范围内电动机的输出转矩不超限，需要按最低速时的负载转矩 T_{Zmax} 来选择电动机，使其 $T = T_Z$。在最低速时，电磁转矩达到额定，电枢电流也达到额定，即 $I_a = I_N$，电动机得到充分利用。但是，当转速调高以后，由于负载是恒功率的，高速时 T_Z 减小，这时 $T_Z < T_N$，电动机实际输出转矩和电枢电流相应减小，结果 $I_a < I_N$，电动机没得到充分利用。也就是说，高速时电动机的输出能力有所浪费。所以，恒转矩调速方式拖动恒功率负载是不匹配的。

3. 恒功率调速方式与负载的配合

（1）拖动恒功率负载

当采用恒功率调速方式拖动恒功率负载运行时，若使负载功率与电动机额定功率相等，即 $P_Z = P_N$，那么无论运行在什么转速上，电枢电流 $I_a = I_N$ 将维持不变，电动机将得到充分利用。所以，恒功率调速方式拖动恒功率负载时是匹配的。

（2）拖动恒转矩负载

基于弱磁调速的恒功率调速方式中，当转速达到最高速时对应的磁通 Φ 为最小值。但是对于恒转矩负载，其稳态运行对应的电磁转矩 $T = C_T \Phi I_a$ 不变，则磁通 Φ 最小时对应的电流 I_a 将为最大值。也就是说，对恒转矩负载若采用恒功率调速方式，高速时电枢电流最大，低速时电枢电流最小。为了使电动机得到充分利用而又不过热，只能使高速时电枢电流 I_a 等于额定电流 I_N（若低速时 $I_a = I_N$，则高速时 $I_a > I_N$）。这时，通过调节磁通，可使电动机在此额定电流下的电动机容许输出转矩等于负载转矩。当系统运行到低转速时，由于负载是恒转矩性质的，因此电动机的电磁转矩将维持上述值不变。但此时低速时的磁通比高速时的要大，根据 $T = C_T \Phi I_a$，电枢电流 I_a 就要变小。也就是说，在整个调速范围内，只有运行在最高速那点时电动机才能得到充分利用（即 $I_a = I_N$）。除此之外，其他点的 I_a 均小于 I_N，电动机得不到充分利用。因此，恒功率调速方式拖动恒转矩负载是不匹配的。

例 2-9 一台 Z_2-71 他励直流电动机，额定数据如下：$P_N = 17$ kW，$U_N = 200$ V，$I_N = 90$ A，$n_N = 1500$ r/min，额定励磁电压 $U_{fN} = 110$ V，电枢回路电阻 $R_a = 0.147$ Ω。该电动机在额定电压、额定磁通时拖动某负载运行的转速为 $n = 1550$ r/min，负载要求向下调速，最低转速 $n_{min} = 600$ r/min。现采用降压调速方法，试计算下述情况下电枢电流的变化范围：（1）该负载为恒转矩负载；（2）该负载为恒功率负载。

解 （1）负载为恒转矩负载时

额定运行点运行时的感应电势为
$$E_{aN} = U_N - I_N R_a = 220 - 90 \times 0.147 = 206.77 \text{ V}$$

$n = 1550$ r/min 的感应电势为
$$E_a = \frac{n}{n_N} E_{aN} = \frac{1550}{1500} \times 206.77 = 213.69 \text{ V}$$

此时的电枢电流为
$$I_a = \frac{U_N - E_a}{R_a} = \frac{220 - 213.69}{0.147} = 43.02 \text{ A}$$

因为负载为恒转矩负载，且降压调速时，$\Phi = \Phi_N$，$T = T_Z = C_T \Phi_N I_a = $ 常数，因此 I_a 维持不变，即调速前后均有 $I_a = 43.02$ A。

（2）负载为恒功率负载时

额定电压时负载功率为

$$P_Z = T_Z \Omega = T_Z \frac{2\pi n}{60}$$

降低电压时负载功率为

$$P_Z' = T_Z' \Omega_{min} = T_Z' \frac{2\pi n_{min}}{60}$$

由于是恒功率，则 $P_Z' = P_Z'$，因此，$T_Z \frac{2\pi n}{60} = T_Z' \frac{2\pi n_{min}}{60}$，即

$$T_Z' = \frac{n}{n_{min}} T_Z$$

降压调速时，$\Phi = \Phi_N$，$T = T_Z = C_T \Phi_N I_a$，因此，低速时电枢电流增大。对应于 n_{min} 的电枢电流 I_{amax} 为

$$I_{amax} = \frac{n}{n_{min}} I_a = \frac{1\ 550}{600} \times 43.02 = 111.14\ \text{A}$$

因此，电流变化范围是 $43.02 \sim 114.14$ A，低速时已超过了额定电流 $I_N = 90$ A。这说明降压调速的方法不适合拖动恒功率负载。

例 2 – 10 例 2 – 9 中的电动机拖动原负载不变，要求把转速升高到 $n_{max} = 1\ 850$ r/min。现采用弱磁升速的方法，试计算下述情况下调速时电枢电流的变化范围。（1）该负载为恒转矩负载;（2）该负载为恒功率负载。

解 （1）磁通减小到 Φ'，电枢电流变为 I_a'，负载为恒转矩负载时，有

$$T = C_T \Phi_N I_a = C_T \Phi' I_a' = T_Z = 常数$$

$$\frac{\Phi'}{\Phi_N} = \frac{I_a}{I_a'}$$

此外，还有

$$n = \frac{E_a}{C_e \Phi_N}$$

$$n_{max} = \frac{E_a'}{C_e \Phi_N'} = \frac{U_N - I_a' R_a}{C_e \Phi_N'}$$

所以

$$\frac{n}{n_{max}} = \frac{\dfrac{E_a}{C_e \Phi_N}}{\dfrac{U_N - I_a' R_a}{C_e \Phi_N'}}$$

将 $\dfrac{\Phi'}{\Phi_N} = \dfrac{I_a}{I_a'}$ 代入上式得

$$\frac{n}{n_{max}} = \frac{E_a}{U_N - I_a' R_a} \cdot \frac{I_a}{I_a'}$$

$$\frac{1\ 550}{1\ 850} = \frac{213.69}{220 - 0.147 I_a'} \times \frac{43.02}{I_a'}$$

$$0.147 I_a'^2 - 220 I_a' - 10\ 972 = 0$$

得

$$I'_{a1} = 51.65 \text{ A} \quad I'_{a2} = 1\,448.3\,A(不合理,舍去)$$

故

$$I'_a = 51.65 \text{ A}$$

因此,电枢电流的变化范围是 43.02 ~ 51.65 A。

(2)负载为恒功率负载时

$$I'_a = I_a = 43.02 \text{ A}$$

从本例可以看出,弱磁调速时,若拖动恒转矩负载,转速升高后电枢电流会增大;若拖动恒功率负载,电枢电流则维持不变。因此,弱磁调速方式适合于拖动恒功率负载。

2.5 他励直流电动机的过渡过程及其能量损耗

在电力拖动系统中,由于转矩平衡关系遭破坏,导致系统从一种稳态向另一种稳态过渡的过程,称为电力拖动系统的过渡过程。电动机在启动、制动、反转、调速或电气参量及负载转矩突变时都会引起过渡过程。与稳态运行相比较,过渡过程通常历时短暂,因此也称为暂态或瞬变过程。在过渡过程中,电动机的转速 n、电磁转矩 T 以及与之对应的电枢电势 E_a 和电枢电流 I_a 均在随时间变化。认识和掌握它们随时间变化的规律,有助于正确选择及合理使用电力拖动系统。对于经常处于启动、制动状态的生产机械,研究过渡过程的变化规律,从而找出缩短过渡过程时间和减少过渡过程中能量损耗的办法,对提高劳动生产率和电动机运行效率具有实际意义。

系统从一个稳态点进入另一个稳态点,之所以不能瞬间完成,需要有一个过程,是因为系统中存在着存储能量的惯性环节。正是由于这些惯性的存在,使一些物理量不能突变。

在电力拖动系统中,实际存在的惯性较多,如机械惯性、电枢回路电磁惯性、励磁回路电磁惯性及热惯性等。这些惯性对电动机在过渡过程中各参量变化的影响形式和程度不尽相同,在不同拖动系统中的表现也不相同。比如热惯性,它的直接反映是在电动机的等效热容量上,由于它的存在使电动机的温度不能突变。当温度变化时,会使电枢电阻 R_a 及励磁绕组电阻 R_f 的阻值发生变化,从而引起磁通 Φ、电枢电流 I_a、电磁转矩 T 及转速 n 的变化。但是,由于热惯性较大,这些变化相当缓慢,基本上不影响一般运行的过渡过程。又比如励磁回路的电磁惯性,是反映在励磁回路的电感 L_f 上的。由于它的存在,使励磁电流 I_f 及相应的磁通不能突变。但对于他励直流电动机,励磁通常已调好并保持不变。因此,除弱磁调速情况外,其他可不考虑励磁惯性的影响。其次是电枢回路的电磁惯性,其反映在电枢回路的电感 L_a 上。由于它的存在,使电枢电流 I_a 不能突变,相应的电磁转矩也不能突变。在他励直流电动机中,电动机本身的电感 L_a 通常很小,这种场合可以忽略它对过渡过程的影响。但是,机械惯性普遍存在于各种拖动系统中,是系统存储动能的反映,表现在系统的飞轮矩上。由于机械惯性的存在,致使转速 n 不能突变。因此,对过渡过程的分析,应具体情况具体分析。如上所述,对于一般的他励直流电动机拖动系统,只需考虑机械惯性引起的机械过渡过程。只有当电枢回路串入较大电感(例如晶闸管整流装置 – 电动机系统,简称 V – M 系统,需要串入平波电抗器)时,才同时考虑机械与电磁两种惯性。

2.5.1 机械过渡过程的一般规律

由于机械过渡过程只考虑机械惯性,所以这种情况下转速 n 不能突变,而电磁转矩 T

和电枢电流 I_a 可以突变。

从机械特性曲线上看,机械过渡过程表现为电动机的运行工作点从起始点开始,沿着电动机的机械特性曲线向稳态点运动的过程。起始点是机械特性曲线上的一个点,对应着过渡过程开始瞬间的转速和转矩;稳态点是过渡过程结束后的稳定工作点,一般是电动机机械特性与生产机械负载特性曲线的交点。

图 2-27 为某一机械特性曲线的过渡过程曲线。

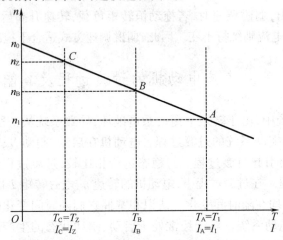

图 2-27　任一机械特性曲线的过渡过程曲线

以图 2-27 所示的机械特性曲线为例,从起始点 A 到稳态点 C 的机械过渡过程。为反映一般情况,图中画的是任一机械特性曲线(电枢回路已串联某一电阻 R_Ω)中的任一段:起始点 A 为任一点,C 点是任一机械负载的负载特性曲线与电动机机械特性曲线的交点。为突出主要的机电过程,假定电源电压 U、磁通 Φ 及负载转矩 T_Z 在这一过程中保持不变。如图 2-27 所示,过渡过程开始时的转速为 n_1,电磁转矩为 T_1。根据运动方程,系统转速将上升,工作点沿特性曲线向上运动,并在 C 点达到新的稳态。在稳态点 C,电磁转矩等于 T_Z,稳态转速为 n_Z。

1. 电磁转矩的变化规律 $T = f(t)$

分析动态过程的常规方法是建立和求解描述物理规律的微分方程。电磁转矩与转速的变化关系为

$$T - T_Z = \frac{GD^2}{375} \cdot \frac{\mathrm{d}n}{\mathrm{d}t}$$

方程中包含了两个相关的变量 T 和 n,为便于求解,需将运动方程化为单变量的形式。电动机的机械特性方程为

$$n = \frac{U}{C_e\Phi} - \frac{R_a + R_\Omega}{C_e C_T \Phi^2}T$$

其正好反映了这两个物理量之间的相互关系。由上式可得

$$\frac{\mathrm{d}n}{\mathrm{d}t} = -\frac{R_a + R_\Omega}{C_e C_T \Phi^2}\frac{\mathrm{d}T}{\mathrm{d}t}$$

将以上结果代入运动方程,经整理得

$$\frac{GD^2(R_a + R_\Omega)}{375C_eC_T\Phi^2} \cdot \frac{dT}{dt} + T = T_Z \tag{2-38}$$

上式为描述电磁转矩变化规律的常系数一阶线性微分方程。令

$$T_M = \frac{GD^2(R_a + R_\Omega)}{375C_eC_T\Phi^2} \tag{2-39}$$

从式(2-39)可以看出，T_M 由系统的机械惯性 GD^2 及其他一些电磁参量决定，影响着系统过渡过程进行的快慢，因此称为电动机传动系统的机电时间常数，单位为秒。将式(2-39)代入式(2-38)，则微分方程化简为

$$T_M \cdot \frac{dT}{dt} + T = T_Z \tag{2-40}$$

该微分方程通解形式为

$$T = T_Z + Ce^{-t/T_M} \tag{2-41}$$

式中　C——待定系数，可由初始条件定出。在 $t=0$ 时，$T=T_1$，代入式(2-41)求得

$$C = T_1 - T_Z$$

将上式再代入式(2-41)，得过渡过程中电磁转矩的变化规律为

$$T = T_Z + (T_1 - T_Z)e^{-t/T_M} \tag{2-42}$$

由式(2-42)可见，电磁转矩包含两个分量。前一项是强制分量，也就是过渡过程结束时的稳态值；后一项是自由分量，按指数函数规律衰减至零。总体看来，在整个过渡过程中，电磁转矩 T 是从起始值 T_1 开始，按指数曲线规律逐渐减小到稳态值 T_Z。根据式(2-42)画出的电磁转矩 T 随时间变化的曲线如图 2-28 所示。

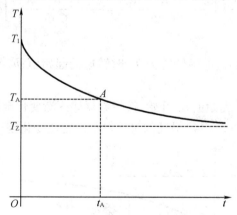

图 2-28　电磁转矩随时间变化曲线

2. 电枢电流的变化规律 $I_a = f(t)$

由于过渡过程中磁通 Φ 维持不变，因此电磁转矩与电枢电流成正比，所以只要将式(2-42)中每一项除以常量 $C_T\Phi$ 中便得到电流的变化规律，即

$$I_a = I_Z + (I_1 - I_Z)e^{-t/T_M} \tag{2-43}$$

式中　$I_1 = \dfrac{T_1}{C_T\Phi}$ ——与电磁转矩起始值 T_1 相对应的电枢电流的起始值；

$I_Z = \dfrac{T_Z}{C_T\Phi}$ ——与电磁转矩的稳态值 T_Z 相对应的电枢电流的稳态值。

显然，I_a 中也包含了两个分量，一个是稳态分量，另一个是按指数规律衰减的自由分量，其衰减时间常数也为 T_M。式（2-43）描述的过渡过程中电枢电流变化规律如图 2-29 所示。

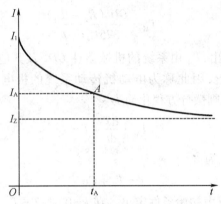

图 2-29　电枢电流随时间变化曲线

3. 转速变化规律 $n = f(t)$

直流电动机的转速方程为

$$n = \frac{U - I_a(R_a + R_\Omega)}{C_e \Phi}$$

将式（2-43）代入上式，得

$$n = \frac{U - I_Z(R_a - R_\Omega)}{C_e \Phi} + \left[\frac{U - I_1(R_a - R_\Omega)}{C_e \Phi} - \frac{U - I_Z(R_a - R_\Omega)}{C_e \Phi} \right] e^{\frac{-t}{T_M}} = n_Z - (n_1 - n_Z) e^{\frac{-t}{T_M}}$$

$$(2-44)$$

式中　n_1 对应于电流为 I_1、电磁转矩为 T_1 时转速的起始值；n_Z 对应于电流为 I_Z、电磁转矩为 T_Z 时转速的稳态值。

同样，转速 n 也是从起始值 n_1 开始，按指数规律逐渐变化至稳态值 n_Z，其自由分量衰减的时间常数也是 T_M。式（2-44）描述的过渡过程中转速变化规律如图 2-30 所示。

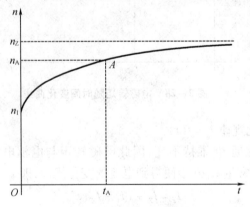

图 2-30　转速随时间变化曲线

通过以上对过渡过程中 $T = f(t)$，$I_a = f(t)$ 及 $n = f(t)$ 的分析可以看出，在只考虑机械惯性的机械过渡过程中，电动机的电磁转矩 T、电枢电流 I_a 及转速 n 都是按指数规律从起始值

变化到稳态值,变化的时间常数均为系统的机电时间常数 T_M。从数学角度看,一阶常系数微分方程解的形式是固定的,即

$$X(t) = X_{t=\infty} + (X_{t=0} - X_{t=\infty}) e^{\frac{-t}{T_M}} \qquad (2-45)$$

因此,以后在分析机械过渡过程时,可以不再列解微分方程,而采用"三要素"法,按式(2-45)给出的固定形式直接写出结果。其中稳态值 $X_{t=\infty}$ 和机电时间常数 T_M 由已知条件给出,起始值 $X_{t=0}$ 由初始条件定出。

从以上分析还可看出,式(2-42)、式(2-43)及式(2-44)是从分析任一段机械特性曲线上任意起始点到任一稳态点的过渡过程中推导出来的,因此,它适用于只计及机械惯性的机械过渡过程中的任意情况,即不仅适用于启动,也适用于制动及其他情况。

4. 过渡过程时间的计算

从理论上说,从一稳态点过渡到另一稳态点的过渡过程时间是无限长的,无法也无需具体计算,工程上常用 3~4 倍的时间常数来估算。但在过渡过程中,从某一起始点到某一终止点之间的时间则是有限的,是可以具体计算的,下面便介绍计算方法。

为了便于一般性分析,仍以图2-32所示的任一段机械特性曲线为例,分析其中从任一起点 A,到过渡到稳定运行点 C 之前的任一计算点 B 的过渡过程。其中,n_Z,T_Z 及 I_Z 分别为最终稳定运行点的转速、转矩和电流值,n_2,T_2 及 I_2 分别为过渡过程中计算点的转速、转矩和电流值。

设从 A 点到 B 点之间的过渡过程时间为 t_{AB},则由式(2-44)可得出过渡到 B 点时的转速 n_2 表达式为

$$n_2 = (n_1 - n_Z) e^{\frac{-t_{AB}}{T_M}} + n_Z$$

$$e^{\frac{-t_{AB}}{T_M}} = \frac{n_2 - n_Z}{n_1 - n_Z}$$

两边取对数,得

$$t_{AB} = T_M \ln \frac{n_1 - n_Z}{n_2 - n_Z} \qquad (2-46)$$

可见,若已知时间常数和初始、终止及稳态各转速的值,便可求得该段时间。

同理,可推导出已知初始、终止及稳态各转矩或各电流值时计算各段时间的公式为

$$t_{AB} = T_M \ln \frac{T_1 - T_Z}{T_2 - T_Z} \qquad (2-47)$$

$$t_{AB} = T_M \ln \frac{I_1 - I_Z}{I_2 - I_Z} \qquad (2-48)$$

如前所述,由于分析是从一般情况出发,计算任意机械特性曲线上任意两点之间的过渡过程时间,所以式(2-46)、式(2-47)和式(2-48)适用于任何过渡过程,包括启动、制动及负载突变等各种过渡过程时间的计算。

2.5.2 他励直流电动机启动的过渡过程

1. 各物理量的变化规律

图2-36所示为一台电枢回路串联电阻 R_Ω 的电动机启动的机械特性曲线,现欲从静止启动到其与负载特性曲线的交点 A 进行稳定运行(假设启动后电阻 R_Ω 仍不断开)。下面直接运用过渡过程解的一般形式,根据"三要素"原理写出解的结果。

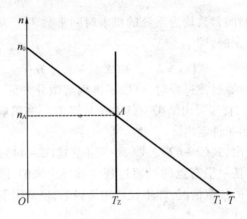

图2-31 电动机启动的机械特性曲线

此时 $n_1 = 0, n_Z = n_A$。根据式（2-42）、式（2-43）和式（2-44），得各物理量的解为

$$T = T_Z + (T_1 - T_Z) \mathrm{e}^{\frac{-t}{T_M}}$$

$$I_a = I_Z + (I_1 - I_Z) \mathrm{e}^{\frac{-t}{T_M}}$$

$$n = n_A - (0 - n_A) \mathrm{e}^{\frac{-t}{T_M}} = n_A (1 - \mathrm{e}^{\frac{-t}{T_M}})$$

$T = f(t)$、$I_a = f(t)$ 及 $n = f(t)$ 的变化曲线如图2-32所示。

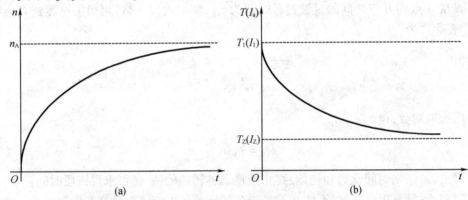

图2-32 从静止起始的过渡过程曲线

(a)转速；(b)电磁转矩、电流

如上所述，T, I_a, n 的过渡过程是按指数规律变化的，从理论上说，要经过无穷长时间才能达到稳态。不过，工程上一般认为经过 $3 \sim 4$ 倍 T_M 就基本达到稳态。但是，若系统的时间常数 T_M 较大，则系统进入稳态所需要的时间就很长，这势必影响系统的工作效率。

从 $T = f(t)$，$I_a = f(t)$ 及 $n = f(t)$ 的表达式可以看出，T, I_a, n 各物理量变化的时间常数均为系统的机电时间常数 T_M，而 T_M 又主要由系统的惯性矩 GD^2 决定，因此，减少 GD^2 是减少过渡过程所需时间的主要手段。对于一般的电力拖动系统（类似船舶推进的螺旋桨负载除外），飞轮矩主要由电动机本体的飞轮矩决定，而旋转物体的飞轮矩与该物体的半径平方成正比，因此，缩小电动机电枢半径，可大大减少电动机的飞轮矩，进而减少整个系统的飞轮矩，从而大大缩短启动时间。所以，在设计电动机拖动系统时，应尽量选取半径较小的电动机。在电动机容量较大，半径较大时，往往将一台大容量的电动机用多台容量较小的电动机来替代，即所谓多电动机拖动。采用这种电力拖动系统,可大大加快过渡过程,缩短所需时间。

2. 分级启动过程时间的计算

分级启动时,由于每一切换点并不是稳态点,因此,每一段电阻上的启动时间实际上是从某一起始值到某一终止值之间的时间,它们是有限的,是可以计算的。

前面推导得出的式(2-46)、式(2-47)及式(2-48)是从一般情况出发,计算任意两点之间的过渡过程时间,所以以上3式也适用于分段启动过渡过程的时间计算。

有两方面需要引起注意,其一是式中的时间常数 T_M 与电枢回路电阻有关,因此在分级启动过程中,每级启动过程中的时间常数各不相同。另外,在图2-33(b)中,从 g 点到 i 点的时间 t_{gi} 是不能用以上各式来计算的,因为 i 点已经是稳态运行点了。这时,可以用3~4倍的这段特性上的时间常数来估算这段特性上的过渡过程时间 t_{gi}。

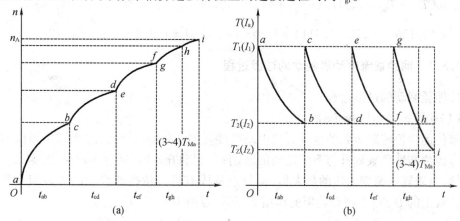

图2-33　他励直流电动机的三级启动过渡过程曲线
(a)转速;(b)电磁转矩、电流

但是,在分级启动中,各级特性具有相同的初始值、终止值和稳态值。因此,以根据电流求各段时间为例,可把如图2-33(b)所示的三级自 n 点到 i 点全部启动时间归结为一总表达式

$$t_{ai} = (T_{M1} + T_{M2} + T_{M3}) \ln \frac{I_1 - I_z}{I_2 - I_z} + (3 \sim 4) T_{Ma} \tag{2-49}$$

式中　T_{Ma}, T_{M1}, T_{M2} 和 T_{M3} 分别为对应固有特性、第一级、第二级和第三级启动特性时的时间常数。

以该三级启动为例,整个启动过程中的 $T = f(t)$, $I_a = f(t)$ 及 $n = f(t)$ 变化曲线如图2-33所示。

例2-11　例2-2中的他励直流电动机,设此时系统总惯性矩 $GD^2 = 64.7\ \text{N} \cdot \text{m}^2$,求系统的启动时间。

解　计算各段启动时间

$$C_e \Phi_N = \frac{U_N - I_N R_a}{n_N} = \frac{220 - 115 \times 0.163}{980} = 0.205\ \text{V} \cdot \text{min/r}$$

$$T_{Ma} = \frac{GD^2 R_a}{375 C_e C_T \Phi_N^2} = \frac{GD^2 R_a}{375 \times 9.55 C_e^2 \Phi_N^2} = \frac{64.7 \times 0.163}{375 \times 9.55 \times 0.205^2} = 0.07\ \text{s}$$

同理,

$$T_{M1} = \frac{GD^2(R_a + R_{st1})}{375 C_e C_T \Phi_N^2} = \frac{GD^2(R_a + R_{st1})}{375 \times 9.55 C_e^2 \Phi_N^2} = \frac{64.7 \times (0.163 + 0.131)}{375 \times 9.55 \times 0.205^2} = 0.126 \text{ s}$$

$$T_{M2} = \frac{GD^2(R_a + R_{st1} + R_{st2})}{375 \times 9.55 C_e^2 \Phi_N^2} = \frac{64.7 \times (0.163 + 0.131 + 0.236)}{375 \times 9.55 \times 0.205^2} = 0.228 \text{ s}$$

$$T_{M3} = \frac{GD^2(R_a + R_{st1} + R_{st2} + R_{st3})}{375 \times 9.55 C_e^2 \Phi_N^2} = \frac{64.7 \times (0.163 + 0.131 + 0.236 + 0.426)}{375 \times 9.55 \times 0.205^2} = 0.411 \text{ s}$$

$$\ln\left(\frac{I_1 - I_Z}{I_2 - I_Z}\right) = \ln\left(\frac{230 - 92}{127.5 - 92}\right) = 1.358$$

由式(2-49)得

$$t_{ai} = (T_{M1} + T_{M2} + T_{M3})\ln\frac{I_1 - I_Z}{I_2 - I_Z} + 4T_{Ma}$$

$$= (0.126 + 0.228 + 0.411) \times 1.358 + 4 \times 0.07 = 1.309 + 0.28 = 1.319 \text{ s}$$

2.5.3 他励直流电动机制动的过渡过程

1. 能耗制动的过渡过程

(1)带位能性恒转矩负载

带位能性恒转矩负载的他励直流电动机能耗制动时的机械特性如图2-34(a)所示(此处未考虑位能性负载提升与下降之间的区别)。制动开始时,转速不能突变,假设不考虑电磁惯性,电磁转矩突变为负的最大值,运行点从固有机械特性曲线上的 A 点跳到能耗制动特性曲线上的 D 点;在制动转矩的作用下,运行点由 D 点沿 DE 运动。

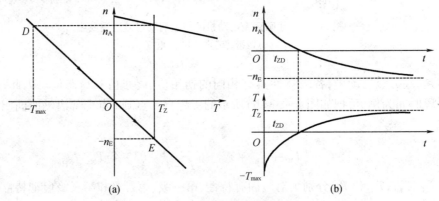

图2-34 带位能性恒转矩负载的能耗制动过渡过程的机械特性曲线

(a)转速;(b)电磁转矩、电流

结合"三要素"原理,只要确定初始值、最终稳态值和对应的时间常数就可以求解过渡过程的数学表达式。

初始转速为 n_A、最终稳态转速为 n_E,初始转矩为 $-T_{max}$、最终稳态转矩为 T_Z,初始电流为 $-I_{max}$、最终稳态电流为 I_Z,将其分别代入式(2-42)、式(2-43)和式(2-44),得

$$T = (-T_{max} - T_Z)e^{\frac{-t}{T_M}} + T_Z = T_Z(1 - e^{\frac{-t}{T_M}}) - T_{max}e^{\frac{-t}{T_M}}$$

$$I_a = (-I_{max} - I_Z)e^{\frac{-t}{T_M}} + I_Z = I_Z(1 - e^{\frac{-t}{T_M}}) - I_{max}e^{\frac{-t}{T_M}}$$

$$n = (n_A + n_E)e^{\frac{-t}{T_M}} - n_E = -n_E(1 - e^{\frac{-t}{T_M}}) + n_A e^{\frac{-t}{T_M}}$$

这便是带位能性恒转矩负载能耗制动过渡过程时各物理量的变化规律。式中的时间常数 T_M 与式(2-39)表示的形式相同，只是这时外接电阻 R_Ω 应为能耗制动时的串联制动电阻 R_b。上述过渡过程的机械特性曲线如图2-34(b)所示。

图2-34(b)中，t_{ZD} 为制动开始到完全停车的这段时间，称为制动时间。

（2）带反抗性恒转矩负载

带反抗性负载与带位能性负载不同，它不可能主动反转，系统经制动后就会停止在 $n=0$ 的原点上。从机械特性上看，如图2-35(a)所示，电动机的能耗制动与反转时的负载特性曲线没有交点。那么，若应用过渡过程解的一般形式求解此时的结果，各物理量的稳态值如何确定呢？以转速 n 为例，显然 $n=0$ 并不是该过程沿 DO 变化的最终稳定运行值，它只是该过程的终止值。只是因为到 O 点后，$n=0$，而负载又不具备主动反转的能力，因此系统运行点的运动就终止在该点上。而实际上，在 DO 段变化过程中，起作用的特性是 T_Z，如果能按该规律继续下去的话，系统的最终稳定点将是 DO 线与 T_Z 线的延长线的交点 E。从过渡过程的本质来看，对应于 E 点的 T_Z 是过程中的强迫分量，从 D 点到 O 点之间的过程始终受该强迫分量作用。这与带位能性负载的情形是一样的。因此，该过程中各物理量的稳态值仍均应取 E 点的值，只不过 OE 段的变化过程并不是系统的实际变化过程，E 点也并不是实际的最终稳定点，而是虚拟点，因此称为"虚稳态点"。

因此求带反抗性恒转矩负载能耗制动的过渡解形式的方法与求带位能性恒转矩负载的方法基本相同，只是它没有稳态值而用所谓"虚稳态点"值代入。由于其值大小与带位能性恒转矩负载时的稳态值相同，因此代入的结果 $T=f(t)$、$I_a=f(t)$ 及 $n=f(t)$ 的表达式均与位能性负载的形式一样，在此就不再重复。过渡过程曲线在过原点 O 后各物理量的变化均以虚线表示，如图2-35(b)所示，这是因为实际上这段过程是不存在的，系统到 $n=0$ 时过渡过程就终止了。

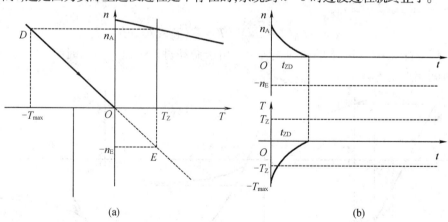

(a)　　　　　　　　　　　　(b)

图2-35　带反抗性恒转矩负载的能耗制动过渡过程的特性曲线
（a）机械特性；（b）转速、电磁转矩曲线

综上所述，对于带有像反抗性恒转矩负载这样的具有折线特性的负载的系统，在某一线性段起作用的范围内，可用延长线性段的方法求取虚拟稳态点，再代入通用公式，求解该段的过渡过程。

2. 反接制动的过渡过程

（1）带位能性恒转矩负载

带位能性恒转矩负载的直流拖动系统的机械特性如图2-36(a)所示。反接制动后最

终稳态点是 G,制动过程的起始点是 F,以初始转速为 n_A、最终稳态转速为 n_G,初始转矩为 $-T_{max}$,最终稳态转矩为 T_Z 代入式(2-44)、式(2-42)得

$$n = (n_A + n_G) e^{\frac{-t}{T_M}} - n_G$$

$$T = -(T_{max} + T_Z) e^{\frac{-t}{T_M}} + T_Z$$

机电时间常数 T_M 的形式仍然与式(2-39)相同,只是此处的电枢回路外接电阻为反接制动时串联的制动电阻 R_b。电流的过渡过程表达式与转矩表达式完全相同,在此不再赘述。$n = f(t)$ 及 $T = f(t)$ 的曲线如图 2-36(b)(c)中的曲线 1 所示。

若求从开始制动到 $n = 0$ 停转时的制动时间,只需将 $n_1 = n_A$,$n_Z = -n_G$,$n_2 = 0$ 代入式(2-46)或者将 $T_1 = -T_{max}$,T_Z,$T_{n=0}$(图中标注上与横坐标交点的转矩值)代入式(2-47)即可得

$$t_{ZD} = T_M \ln \frac{n_A - n_G}{n_G} = T_M \ln \frac{T_{max} - T_Z}{T_2 - T_Z}$$

(2)带反抗性恒转矩负载

带反抗性恒转矩负载进入反接制动过渡过程后,当 $n > 0$ 时,即从 F 点到 I 点与带位能性恒转矩负载时完全相同,过渡过程没有什么区别。因此,带反抗性恒转矩负载与带位能性恒转矩负载相比,其反接制动的停车时间是一样的,这时图 2-36(a)中的 G 点就是该过渡过程的"虚稳态点"。但是,若超过 $n = 0$ 的工点,系统将反向启动,进入反向电动状态。这时,反抗性负载转矩变为 $-T_Z$,它与电动机机械特性曲线的交点为 H,如图 2-36(a)所示,过渡过程出现了转折,因此应根据新的起始点和稳态点重新计算后一段过渡过程。这时,将转矩初始值 $-T_2$、转矩最终稳态值 $-T_Z$、转速初始值 0、转速最终稳态值 $-n_H$ 分别代入式(2-44)和式(2-42)得

$$n = -n_H (1 - e^{\frac{-t}{T_M}}) \qquad T = -(T_2 - T_Z) e^{\frac{-t}{T_M}} - T_Z$$

曲线如图 2-36(b)中的曲线 2 所示。由于制动过程是以 F 点为时间起点,因此上述两式的时间起点是 t_{ZD}。

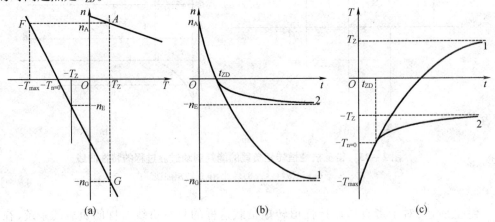

图 2-36 带恒转矩负载的反接制动过渡过程的特性曲线
(a)机械特性;(b)转速;(c)电磁转矩

例 2-12 一台他励直流电动机,额定数据为 $P_N = 5.6$ kW,$U_N = 220$ V,$I_N = 31$ A,$n_N = 1\ 000$ r/min,$R_a = 0.4\ \Omega$。如果系统总飞轮矩 $GD^2 = 9.8$ N·m^2,负载转矩为 $T_Z = 49$ N·m。

在电动运行时进行制动停车,制动的起始电流为 $2I_N$,试就反抗性恒转矩负载与位能性恒转矩负载两种情况,求:(1)能耗制动停车时间;(2)反接制动停车时间;(3)当转速制动到 $n = 0$ 时,若不采取其他停车措施,转速达到稳定值时整个过渡过程的时间。

解　(1)能耗制动停车,无论是反抗性恒转矩负载还是位能性恒转矩负载,制动停车时间都是一样的。

电动机的 $C_e\Phi_N$ 为

$$C_e\Phi_N = \frac{U_N - I_N R_a}{n_N} = \frac{220 - 31 \times 0.4}{1\,000} = 0.208 \text{ V} \cdot \text{min/r}$$

制动前的转速即制动初始转速为

$$n_{t=0} = \frac{U_N}{C_e\Phi_N} - \frac{R_a}{9.55(C_e\Phi_N)^2}T_Z$$

$$= \frac{220}{0.208} - \frac{0.4}{9.55 \times 0.208^2} \times 49 = 1\,010.3 \text{ r/min}$$

对应于初始转速的电枢感应电势为

$$E_a = C_e\Phi_N n_{t=0} = 0.208 \times 1\,010.3 = 210.1 \text{ V}$$

制动时电枢回路总电阻为

$$R_a + R_b = \frac{-E_a}{-2I_N} = \frac{210.1}{2 \times 31} = 3.39 \text{ } \Omega$$

稳态点(或虚拟稳态点)的转速为

$$n_{t=\infty} = \frac{U}{C_e\Phi_N} - \frac{R_a - R_b}{9.55(C_e\Phi_N)^2}T_Z$$

$$= \frac{0}{0.208} - \frac{3.39}{9.55 \times 0.208^2} \times 49 = -402 \text{ r/min}$$

制动时机电时间常数为

$$T_M = \frac{GD^2}{375} \cdot \frac{R_a + R_b}{9.55(C_e\Phi_N)^2} = \frac{9.8}{375} \times \frac{3.39}{9.55 \times 0.208^2} = 0.214 \text{ s}$$

制动停车时间为

$$t_{ZD} = T_M \ln \frac{n_{t=0} - n_{t=\infty}}{n_{t=t_{ZD}} - n_{t=0}} = 0.214 \times \ln \frac{1\,010.3 - (-402)}{0 - (-402)} = 0.269 \text{ s}$$

(2)反接制动时,无论反抗性恒转矩负载还是位能性恒转矩负载,停车的时间都是一样的,且制动起始点的转速和电势与能耗制动时的相同。

反接制动时电枢回路总电阻为

$$R_a + R_{b1} = \frac{-U_N - E_a}{-2I_N} = \frac{-220 - 210.1}{-2 \times 31} = 6.94 \text{ } \Omega$$

稳态点(或虚拟稳态点)的转速为

$$n'_{t=\infty} = \frac{-U}{C_e\Phi_N} - \frac{R_a + R_{b1}}{9.55(C_e\Phi_N)^2}T_z$$

$$= \frac{-220}{0.208} - \frac{6.94}{9.55 \times 0.208^2} \times 49 = -1\,880.7 \text{ r/min}$$

反接制动机电时间常数

$$T'_M = \frac{GD^2}{375} \cdot \frac{R_a + R_{b1}}{9.55(C_e\Phi_N)^2} = \frac{9.8}{375} \times \frac{6.94}{9.55 \times 0.208^2} = 0.439 \text{ s}$$

反接制动停车时间为

$$t'_{ZD} = T'_M \ln \frac{n_{t=0} - n_{t=\infty}}{n_{t=t_{ZD}} - n_{t=\infty}} = 0.439 \times \ln \frac{1\,010.3 - (-1\,880.7)}{0 - (-1\,880.7)} = 0.189 \text{ s}$$

（3）不采取其他停车措施，到达稳态转速时总的制动过程所用的时间对不同的制动方法及不同的负载是不同的。

①能耗制动带反抗性恒转矩负载时，电动机机械特性曲线与负载机械特性曲线没有交点，从制动开始到 $n=0$ 的过渡过程的终止点所用的时间就是总的制动过程所用的时间，故

$$t_1 = t_{ZD} = 0.269 \text{ s}$$

②能耗制动带位能性恒转矩负载时，电动机机械特性曲线与负载机械特性曲线有交点，即电动机最终能达到某一转速（负值）稳定运行。系统由 $n=0$ 到这一反转稳定运行点的时间只能用 4 倍的机电时间常数来估算，所以，总的制动过程所用的时间就是

$$t_2 = t_{ZD} + 4T_M = 0.269 + 4 \times 0.214 = 1.125 \text{ s}$$

③反接制动带反抗性恒转矩负载时，应先计算制动到 $n=0$ 时的电磁转矩 T 的大小，然后将它与反向负载转矩 $-T_Z$ 进行比较，判断电动机是否能反向启动。为此，将该点的有关数据代入反接制动机械特性方程中求解 T，则

$$n = \frac{-U}{C_e\Phi_N} - \frac{R_a + R_{b1}}{9.55(C_e\Phi_N)^2}T$$

将有关数据代入得

$$0 = \frac{-220}{0.208} - \frac{6.49}{9.55 \times 0.208^2}T$$

所以

$$T = -62.97 \text{ N} \cdot \text{m}$$

因为 $|T| > |-T_Z|$，所以电动机能反向启动到反向电动运行。与②同理，此时总的制动过程所用的时间也应包含两部分：一部分是从起始制动到 $n=0$ 停车终止，这段时间已经求出；另一部分是从 $n=0$ 反向启动到反向电动稳定运行在第三象限，即

$$t_3 = t'_{ZD} + 4T'_M = 0.189 + 4 \times 0.439 = 1.945 \text{ s}$$

④反接制动带位能性恒转矩负载时，总的制动过程所用的时间与③相同，即

$$t_4 = t_3 = 1.945 \text{ s}$$

从上例中可以看出，尽管都是从同一转速起始值开始制动到转速为零，但制动时间却不尽相同。能耗制动停车比反接制动停车要慢。此外，同样是从起始转速值开始制动，由于采用的制动方法不同，传动负载性质不同，因而进入稳定运行点的过程就不同，所经历的总的制动时间也不同。因此，应具体情况具体分析。

例 2—13 一台他励直流电动机，有关数据为 $P_N = 15\text{kW}$，$U_N = 220\text{V}$，$I_N = 80\text{A}$，$n_N = 1\,000$ r/min，$R_a = 0.2\ \Omega$。如果电动机飞轮矩 $GD_d^2 = 20$ N·m²，反抗性负载转矩 $T_Z = 0.8T_N$，运行点在固有特性曲线上。（1）停车时采用反接制动，制动转矩为 $2T_N$，求电枢回路需串联的电阻值；（2）当反接制动到转速为 $0.3n_N$ 时，为了使电动机不致反转，换成能耗制动，制动转矩仍为 $2T_N$，求电枢回路需串联的电阻值；（3）取系统总飞轮矩 $GD^2 = 1.25GD_d^2$，求制动停车所用的时间；（4）画出上述制动停车的机械特性曲线，简述制动过程；（5）画出上述制动停

车过程中的 $n=f(t)$ 的曲线,标出停车时间。

解 (1)制动前的电枢电流

$$I_a = \frac{T_1}{T_N}I_N = 0.8 \times 80 = 64 \text{ A}$$

制动前电枢电势为

$$E_a = U_a - I_a R_a = 220 - 64 \times 0.2 = 207.2 \text{ V}$$

反接制动开始时的电枢电流为

$$I'_a = \frac{-2T_N}{T_N}I_N = -2 \times 80 = -160 \text{ A}$$

反接制动电阻为

$$R_1 = \frac{-U_N - E_a}{I'_a} - R_a = \frac{-220 - 207.2}{-160} - 0.2 = 2.47 \text{ } \Omega$$

(2)电动机额定运行时感应电势为

$$E_{aN} = U_N - I_N R_a = 220 - 80 \times 0.2 = 204 \text{ V}$$

能耗制动起始时电枢感应电势为

$$E'_a = \frac{0.3n_N}{n_N}E_{aN} = 0.3 \times 204 = 61.2 \text{ V}$$

能耗制动电阻为

$$R_2 = \frac{-E'_a}{I'_a} - R_a = \frac{-61.2}{-160} - 0.2 = 0.183 \text{ } \Omega$$

(3)电动机的 $C_e\Phi_N$ 为

$$C_e\Phi_N = \frac{E_{aN}}{n_N} = \frac{204}{1\,000} = 0.204 \text{ V} \cdot \text{min/r}$$

反接制动时间常数为

$$T_{M1} = \frac{GD^2}{375} \cdot \frac{R_a + R_1}{9.55(C_e\Phi_N)^2} = \frac{1.25 \times 20}{375} \times \frac{0.2 + 2.47}{9.55 \times 0.204^2} = 0.448 \text{ s}$$

能耗制动时间常数为

$$T_{M2} = \frac{GD^2}{375} \cdot \frac{R_a + R_2}{9.55(C_e\Phi_N)^2} = \frac{1.25 \times 20}{375} \times \frac{0.2 + 0.183}{9.55 \times 0.204^2} = 0.064\,2 \text{ s}$$

反接制动为 $0.3n_N$ 时电枢电流为

$$I''_a = \frac{-U_N - E'_a}{R_a + R_1} = \frac{-220 - 61.2}{0.2 + 2.47} = -105.3 \text{ A}$$

反接制动为 $0.3n_N$ 时所用时间为

$$t_1 = T_{M1}\ln\frac{I'_a - I_a}{I''_a - I_a} = 0.448 \times \ln\frac{-160 - (-64)}{-105.3 - (-64)} = 0.13 \text{ s}$$

能耗制动从 $0.3n_N$ 到 $n=0$ 所用时间为

$$t_2 = T_{M2}\ln\frac{I'_a - I_a}{0 - I_a} = 0.064\,2 \times \ln\frac{-160 - (-64)}{-(-64)} = 0.08 \text{ s}$$

整个制动停车时间为

$$t_0 = t_1 + t_2 = 0.13 + 0.08 = 0.21 \text{ s}$$

(4)上述制动停车的机械特性曲线如图 2-37(a)所示。其中,反接制动起始转速为

$$n_1 = \frac{U_N}{C_e\Phi_N} - \frac{I_a R_a}{C_e\Phi_N} = \frac{220}{0.204} - \frac{64 \times 0.2}{0.204} = 1\,015 \text{ r/min}$$

反接制动稳态转速(虚稳态点 C)为

$$n_2 = \frac{-U_N}{C_e\Phi_N} - \frac{I_a(R_a + R_1)}{C_e\Phi_N} = \frac{-220}{0.204} - \frac{64 \times (0.2 + 2.47)}{0.204} = -1\,916 \text{ r/min}$$

能耗制动稳态转速(虚稳态点 F)为

$$n_3 = \frac{-I_a(R_a + R_1)}{C_e\Phi_N} = \frac{64 \times (0.2 + 2.47)}{0.204} = -120 \text{ r/min}$$

上述整个制动过程中,运行点的运动是 $B \rightarrow E \rightarrow D \rightarrow O$,分为两段进行。首先是沿 BEC 线运动到 E 点中断的反接制动过程,然后是沿 DOF 线运动的能耗制动过程,制动到 $n = 0$。

(5)过渡过程 $n = f(t)$ 曲线如图 2-37(b)所示。

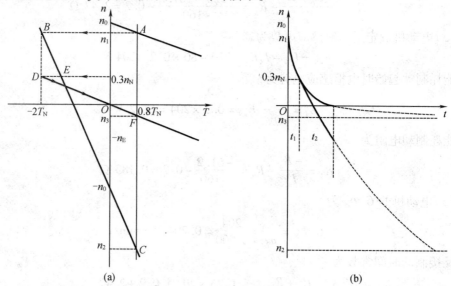

图 2-37 例 2-13 附图

(a)机械特性;(b)转速

2.5.4 他励直流电动机过渡过程中的能量损耗

电力拖动系统在启动、制动、调速或反转的过渡过程中,电动机内部将产生能量损耗。当过渡过程中的能量损耗过大时,电动机发热严重,会缩短电动机绝缘材料的使用寿命,甚至烧毁电动机。所以,当能量损耗过大时,为防止电动机过热,必须限制电动机的启动与制动频率,但这又将影响系统的运行效率。此外,能量损耗过大,则效率低,运行费用高。若为使电动机不致过热,不得不选用功率更大的电动机,这将又造成设备容量和投资的浪费。因此,研究电动机过渡过程中的能量损耗,进而找出减小能耗的方法,对于电力拖动系统的正确设计及合理运行具有重要的意义。

1. 过渡过程能量损耗的一般表达式

一般来说,过渡过程中的电动机内损耗应该包括铜耗、铁耗及机械损耗等。由于过渡过程中的电枢电流较大,加上电枢回路又往往串联了较大的电阻,因此,此时铜耗占的比例最大。为了突出主要问题,下面只讨论过渡过程中的铜耗。此外,为了简化分析计算,只讨论理想空载下的机械过渡过程。

在理想空载条件下，$T_Z = 0$，由式(1-1)可知，此时传动系统运动方程为

$$T = J \frac{\mathrm{d}\Omega}{\mathrm{d}t}$$

在过渡过程中，一段任意短的时间内的能量损耗等于该时间内电枢回路铜损耗，即等于该时间内电动机从电网吸收的功率与已转换成的电磁功率之差，即

$$\mathrm{d}A = I_a^2 (R_a + R_\Omega) \mathrm{d}t = (UI_a - E_a I_a) \mathrm{d}t \tag{2-50}$$

将上式中各量换算为机械量，则电动机从电网吸收的功率为

$$UI_a = C_e \Phi n_0 I_a = C_e \Phi \frac{60}{2\pi} \Omega_0 I_a = C_T \Phi I_a \Omega_0$$

式中　Ω_0 为理想空载转速 n_0 对应的机械角速度。

此外

$$E_a I_a = T\Omega$$

$$\mathrm{d}t = \frac{J}{T} \mathrm{d}\Omega$$

将以上公式代入式(2-50)，得

$$\mathrm{d}A = (T\Omega_0 - T\Omega) \frac{J}{T} \mathrm{d}\Omega = J(\Omega_0 - \Omega) \mathrm{d}\Omega$$

整个过渡过程中能量损耗为

$$\Delta A = \int_{\Omega_{t=0}}^{\Omega_{t=\infty}} J(\Omega_0 - \Omega) \mathrm{d}\Omega \tag{2-51}$$

若过渡过程在达到稳态前中断或被切换，则该过程中的能量损耗为

$$\Delta A = \int_{\Omega_{t=0}}^{\Omega_t} J(\Omega_0 - \Omega) \mathrm{d}\Omega \tag{2-52}$$

式中　$\Omega_{t=0} = \dfrac{2\pi n_{t=0}}{60}$ ——过渡过程中对应于起始点速度 $n_{t=0}$ 的角速度；

$\Omega_{t=\infty} = \dfrac{2\pi n_{t=\infty}}{60}$ ——过渡过程中对应于稳态点速度 $n_{t=\infty}$ 的角速度；

$\Omega_t = \dfrac{2\pi n_t}{60}$ ——过渡过程中对应于终止点速度 n_t 的角速度。

式(2-51)和式(2-52)就是过渡过程中能量损耗的一般表达式。结合不同的边界条件，便可分析各种具体的过渡过程的能量损耗。

显然，在过渡过程中，他励直流电动机从电网吸取的能量 A 的一般表达式为

$$A = \int_{t_0}^{t_\infty} UI_a \mathrm{d}t = \int_{\Omega_{t=0}}^{\Omega_{t=\infty}} J\Omega_0 \mathrm{d}\Omega \tag{2-53}$$

$$A = \int_{t_0}^{t} UI_a \mathrm{d}t = \int_{\Omega_{t=0}}^{\Omega_{t=\infty}} J\Omega_0 \mathrm{d}\Omega \tag{2-54}$$

式中　t_0——过渡过程起始时刻；

t——过渡过程终止时刻；

t_∞——过渡过程到达稳态点时刻。

由以上各式可以看出，在过渡过程中，直流电动机的能量损耗及由电网吸收的能量均与系统的转动惯量 J 和角速度 Ω 有关。

2.在恒定电压下各种过渡过程的能量损耗

(1)理想空载条件下启动

如图 2-38 所示,由于是理想空载条件,因此 T_Z(包括 T_0)为 0,启动后稳定运行点应是电动机串联电阻的人为机械特性曲线 1 与纵坐标的交点 A,也就是说,启动完毕后,$\Omega_{t=\infty}=\Omega_0$,加上 $\Omega_{t=0}=0$,即为此时的初始条件,将其代入式(2-51)和式(2-53),得

$$\Delta A = \int_0^{\Omega_0} J(\Omega_0 - \Omega)\,\mathrm{d}\Omega = \frac{1}{2}J\Omega_0^2$$

$$A = \int_0^{\Omega_0} J\Omega_0\,\mathrm{d}\Omega = J\Omega_0^2$$

从以上两式的结果可以看出,启动过程中的能量损耗在数值上等于系统获得的动能,而与电动机的电磁参数及启动时间等因素均无关。此外,能量损耗正好等于电动机从电网吸收的能量的一半。换句话说,电动机启动过程中,从电网吸收的能量有一半损耗在电动机内部,可见所占比例是相当大的。

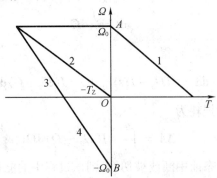

图 2-38   理想空载条件下的过渡过程曲线

(2)理想空载条件下能耗制动停车

此时所对应的机械特性曲线如图 2-38 中曲线 2 所示。能耗制动时,电动机已脱离电网,即 $U=0$,因此式(2-51)和式(2-53)中的 $\Omega_0=0$。这样,以上两式变为

$$\Delta A = \int_{\Omega_{t=0}}^{\Omega_{t=\infty}} -J\Omega\,\mathrm{d}\Omega \qquad (2-55)$$

$$A = \int_{\Omega_{t=0}}^{\Omega_{t=\infty}} 0\,\mathrm{d}\Omega = 0$$

可见,理想空载条件下能耗制动时,电动机从电网吸收的能量 A 为零。这与此时电动机已从电网脱离的实际情况是相吻合的。

再看能量损耗 ΔA。将 $\Omega_{t=0}=\Omega_0$,$\Omega_{t=\infty}=0$ 代入式(2-55),得

$$\Delta A = \int_{\Omega_0}^{0} -J\Omega\,\mathrm{d}\Omega = -\frac{1}{2}J\Omega^2\Big|_{\Omega_0}^{0} = \frac{1}{2}J\Omega_0^2$$

可见,理想空载条件下能耗制动停车时,过渡过程中的能量损耗正好等于系统储存的动能。

(3)理想空载条件下电压反接制动停车

此时机械特性曲线如图 2-38 中的曲线 3 所示,制动完毕后的停车点 C 应是过渡过程中的终止点,而不是稳态点。此外,电压反接制动时,电枢电压已反向,即 $U_a = -U_a$,因此式(2-51)和式(2-53)中的 Ω_0 应以($-\Omega_0$)代入。这样,以上两式结果为

$$\Delta A = \int_{\Omega_{t=0}}^{\Omega_{t=\infty}} -J(\Omega_0 + \Omega)\mathrm{d}\Omega$$

$$A = -J\Omega_0\mathrm{d}\Omega$$

再将初始条件 $\Omega_{t=0} = \Omega_0$，$\Omega_{t=\infty} = 0$ 代入上式，得

$$\Delta A = J\Omega_0\Omega + \frac{1}{2}J\Omega^2 \bigg|_0^{\Omega_0} = \frac{3}{2}J\Omega_0$$

$$A = J\Omega_0\Omega \bigg|_0^{\Omega_0} = J\Omega_0^2$$

可见，理想空载条件下反接制动停车时，过渡过程中电动机从电网吸收的能量为 $J\Omega_0^2$，而能量损耗为 $\frac{3}{2}J\Omega_0$。也就是说，电动机不仅将从电网吸收能量（$J\Omega_0^2$），而且还将系统所存储的动能（$\frac{3}{2}J\Omega_0$）全部损耗在过渡过程中。

（4）理想空载条件下电压反接制动接反转

此时的机械特性曲线如图 2-38 所示的曲线 3 和 4，整个过渡过程经反接制动到达 C 点后又反向启动并最终稳定运行在 B 点。与电压反接制动停车时的条件一样，将 $\Omega_0 - \Omega$ 代入式（2-51）和式（2-53），得

$$\Delta A = \int_{t=0}^{\Omega_{t=\infty}} -J(\Omega_0 + \Omega)\mathrm{d}\Omega$$

$$A = \int_{t=0}^{\Omega_{t=\infty}} -J\Omega_0\mathrm{d}\Omega$$

再将始条件 $\Omega_{t=0} = \Omega_0$，$\Omega_{t=\infty} = -\Omega_0$ 代入，得

$$\Delta A = \int_{\Omega_0}^{-\Omega_0} -J(\Omega_0 + \Omega)\mathrm{d}\Omega = -(J\Omega_0\Omega + \frac{1}{2}J\Omega^2) \bigg|_{-\Omega_0}^{\Omega_0} = 2J\Omega_0^2$$

$$A = \int_{\Omega_0}^{-\Omega_0} -J\Omega_0\mathrm{d}\Omega = -J\Omega_0\Omega\big|_{-\Omega_0}^{\Omega_0} = 2J\Omega_0^2$$

可见，在理想空载条件下反接制动接反转的过渡过程中，从电网吸收的能量为 $2J\Omega_0^2$，能量损耗为 $2J\Omega_0^2$。从总量上看，整个过程中，电动机从电网吸收的能量全部损耗在电动机内部；但从各部分分项来看，对应于曲线 3 的反接制动过程损耗有 $\frac{3}{2}J\Omega_0^2$，而吸收的能量只有 $J\Omega_0^2$，即在此过程中把系统原存储的动能 $\frac{1}{2}J\Omega_0^2$ 也损耗掉了。进入反转后（对应曲线 4）的过程中，吸收的能量有 $A = 2J\Omega_0^2 - J\Omega_0^2 = J\Omega_0^2$，而损耗的能量只有 $\Delta A = 2J\Omega_0^2 - \frac{3}{2}J\Omega_0^2 = \frac{1}{2}J\Omega_0^2$，可见在此过程系统又获得 $\frac{1}{2}J\Omega_0^2$ 的动能。这部分动能正好与整个过程开始时系统所具有的动能相等，也就是说，整个过程中，系统存储的动能有一个释放与吸收的过程，从而在总量上维持从电网吸收的能量与电动机内部能量损耗相平衡的结果。

3. 减少过渡过程中能量损失的方法

（1）选择合理的制动方式

如前所述，采用能耗制动停车时的能量损耗仅为反接制动时的 $\frac{1}{3}$。因此，从减少过渡过程能量损耗的角度考虑，应尽量采用能耗制动。

（2）在过渡过程中采取分级施加电压的方式

以分两级升压启动为例，先加 $\frac{1}{2}U_N$，待角速度达到 $\frac{1}{2}\Omega_0$ 时，再将电压升至 U_N，最后角速度将升至 Ω_0，这实际上变成了两个过程，一个是 $0 \to \frac{1}{2}\Omega_0$ 的启动过程，另一个是 $\frac{1}{2}\Omega_0 \to \Omega_0$ 的升速过程。使用计算启动时能量损耗的表达式，每个过程的能量损耗分别为

$$\Delta A_1 = \int_0^{\frac{1}{2}\Omega_0} J\left(\frac{1}{2}\Omega_0 - \Omega\right)\mathrm{d}\Omega = \frac{1}{8}J\Omega_0^2$$

$$\Delta A_2 = \int_{\frac{1}{2}\Omega_0}^{\Omega_0} J\left(\Omega_0 - \Omega\right)\mathrm{d}\Omega = \frac{1}{8}J\Omega_0^2$$

故整个过程能量损耗为

$$\Delta A = \Delta A_1 + \Delta A_2 = \frac{1}{4}J\Omega_0^2$$

可见，分两级施加启动电压（实际上是一种降压启动方法）启动时，能量损耗减少到施加恒定电压直接启动时的 $\frac{1}{2}$。同理可证，若分 m 级降压启动，启动过程中能量总损耗将减少到直接加全压启动的 $\frac{1}{m}$。分的级数越多，能量损耗越小。若采用可连续调压的电源连续升压供电，这时 $m \to \infty$，理论上理想空载启动时的能量损耗趋于零。因此，在电力拖动系统中，一般都采用连续升压的启动方法，其意义不仅在于可减小启动过程中的能量损耗，而且可限制启动电流及维持较大的启动转矩。

（3）减少传动系统的动能 $\frac{1}{2}J\Omega_0^2$

如前所述，过渡过程中的能量损耗与系统储存的动能有关，因此，减少系统的储能也可减少过渡过程中的能量损耗。减少系统的动能存储可从两方面人手：一是减少系统转动惯量 J，这就要求在设计需要频繁启动、制动的拖动系统时，应选用 GD^2 较小、转子较细长的电动机或采用双电动机拖动。采用双电动机拖动的效果是在总输出功率不变的前提下，增加了电枢转子的等效长度，减少了电动机的直径。二是适当选择电动机的额定转速和传动机构比，使所组成的电动机传动系统具有较小的储能。

2.6　他励直流电动机拖动系统的仿真

2.6.1　他励直流电动机启动过程的仿真

MATLAB 软件中的 Simulink 是常用的一种计算机数字仿真工具，在 Simulink 仿真环境下以对直流电动机电力拖动系统的运行进行仿真。MATLAB/Simulink 的 POWER SYSTEM 库提供的直流电动机仿真模块如图 2-39 所示。

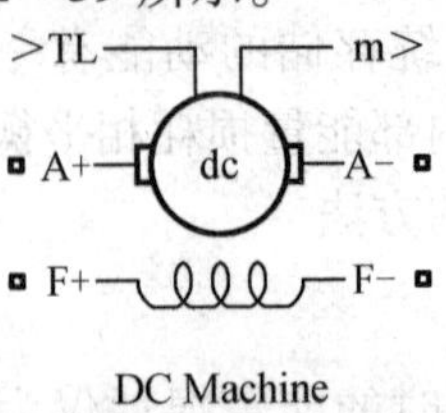

DC Machine

图 2-39　Simulink 提供的直流电动机仿真模块（DC Machine）

图2-39中,A+和A-为电枢绕组的接线端;F+和F-为励磁绕组的接线端;TL为负载转矩值输入端;m为直流电动机状态参数值输出端。双击模块可以打开参数设置菜单,如图2-40所示。

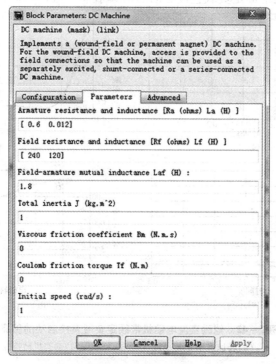

图2-40 直流电动机参数设置

需要注意的是,MATLAB/Simulink的直流电动机仿真模型既考虑了机械惯性(转动惯量)的运动方程式,也考虑了电磁惯性(电枢电感和励磁电感)的电枢和励磁回路电压方程,是一个3阶的直流电动机数学模型。

1. 直流电动机直接启动仿真

他励直流电动机带额定负载直接启动的仿真模型如图2-41所示。电动机参数:额定功率为14.7 kW,额定电枢电压为240 V,额定电枢电流为72.7 A,额定励磁电压为300 V,额定转速为1 750 r/min,电枢回路电阻为0.411 4 Ω,转动惯量为0.083 2 kg·m²。$C_e\Phi_N = 0.122$ V·min/r。额定输出转矩为

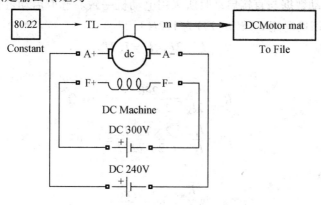

图2-41 他励直流电动机带额定负载直接启动的仿真模型

$$T_{2N} = 9\,550\frac{P_N}{n_N} = 9\,550\frac{14.7}{1\,750} = 80.22 \text{ N} \cdot \text{m}$$

他励直流电动机带额定负载直接启动的仿真结果如图2-42所示。

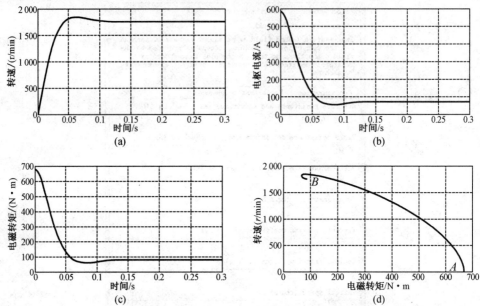

图2-42 他励直流电动机带额定负载直接启动的仿真结果
(a)转速;(b)电枢电流;(c)电磁转矩;(d)动态机械特性

根据图2-42(b),采用直接启动初期电流达到583.4 A,为额定电流的8倍。另外,额定电磁转矩为

$$T_N = 9.55C_e\Phi I_{aN} = 9.55 \times 0.122 \times 72.7 = 84.7 \text{ N} \cdot \text{m}$$

根据图2-42(c),直接启动时电磁转矩达到668 N·m,也为额定电磁转矩的8倍。显然,对于他励直流电动机,如果采用直接启动会导致过大的启动电流和启动转矩,是不合适的。图2-42(d)曲线描述了直接启动过程中体现的机械特性动态关系,其中,A点为初始平衡位置,B点对应了最终运行位置。

2.他励直流电动机分级启动仿真

他励直流电动数据与直接启动时所采用电动机一致。选取启动过程最大电流I_1(转矩T_1)为$2I(2T_N)$,切换电流I_2(转矩T_2)为$1.2I(1.2T_N)$。

$$I_1 = 2I_{aN}, I_2 = 1.2I_{aN}$$

则

$$R_m = \frac{U_N}{2I_N} = \frac{240}{2 \times 72.7} = 1.86 \ \Omega$$

$$\beta' = \frac{I_1}{I_2} = \frac{2 \times 72.7}{1.2 \times 72.7} = 1.667$$

计算启动级数为

$$m = \frac{\lg\frac{R_m}{R_a}}{\lg\beta'} = \frac{\lg\frac{1.86}{0.411\,4}}{\lg 1.667} = 2.95$$

取 $m = 3$，则

$$\beta = \sqrt[m]{\frac{R_m}{R_a}} = \sqrt[3]{\frac{1.86}{0.411\ 4}} = 1.654$$

此时

$$I_2 = \frac{I_1}{\beta} = \frac{2I_N}{\beta} = \frac{2I_N}{1.654} = 1.21I_N$$

满足启动要求。

根据启动电阻计算表达式可以确定各级启动电阻如下：

$$R_1 = \beta R_a = 0.681\ \Omega, R_2 = \beta^2 R_a = 1.126\ \Omega, R_3 = \beta^3 R_a = 1.862\ \Omega$$

各分段电阻如下：

$$R_{st3} = R_3 - R_2 = 0.736\ \Omega, R_{st2} = R_2 - R_1 = 0.445\ \Omega, R_{st1} = R_1 - R_a = 0.270\ \Omega$$

机电时间常数为 $T_{tM} = \dfrac{GD^2 R_i}{375 C_e C_T \Phi^2} = \dfrac{4gJD^2 R_i}{375 C_e C_T \Phi^2}$，所以有：

$$T_{tM3} = 0.113\ 2\ s, T_{tM2} = 0.068\ 6\ s, T_{tM1} = 0.041\ 6\ s, T_{tM} = 0.025\ 2\ s$$

各级启动运行时间为

$$t_3 = T_{tM3} \ln \frac{T_2 - T_Z}{T_1 - T_Z} = 0.176\ 7\ s, t_2 = T_{tM2} \ln \frac{T_2 - T_Z}{T_1 - T_Z} = 0.107\ 1\ s$$

$$t_1 = T_{tM1} \ln \frac{T_2 - T_Z}{T_1 - T_Z} = 0.064\ 9\ s, t_0 = (3 \sim 4) T_{tM} = 0.1\ s$$

在 MATLAB/Simulink 仿真环境下构建他励直流电动机分级启动仿真模型如图 2 - 43 所示。

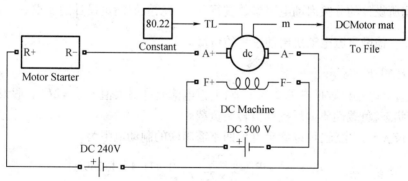

图 2 - 43　他励直流电动机分级启动的仿真模型

图中，Motor Starter 为分级启动装置的仿真模型，如图 2 - 44 所示。仿真参数根据所求取的各段切除的电阻值和切除时间设置。

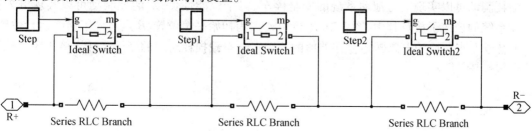

图 2 - 44　分级启动装置的仿真模型

仿真结果如图 2 - 45 所示。

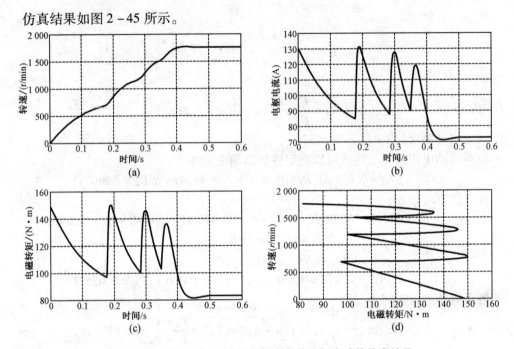

图 2 - 45 他励直流电动机带额定负载分级启动的仿真结果
(a)转速;(b)电枢电流;(c)电磁转矩;(d)动态机械特性

将图 2 - 45 与图 2 - 42 进行对比,采用分级启动后的电流和电磁转矩都有了明显的下降,且应用所设计的分级启动电阻参数进行分级启动能够满足设计的要求。

2.6.2 他励直流电动机制动过程的仿真

1. 能耗制动

他励直流电动机数据参见 2.6.1 节,电枢电流允许最大值 $I_{amax} = 2I_{aN}$。假设初始运行于额定运行状态,负载性质为反抗性恒转矩负载。

根据最大允许电流,可以确定电枢回路需串联的制动电阻为

$$R_b > \frac{U_N}{2I_N} - R_a = \frac{240}{2 \times 72.7} - 0.411\,4 = 1.239\ \Omega$$

取制动电阻为 1.25 Ω,结合 MATLAB/Simulink 构建仿真模型,如图 2 - 46 所示。

仿真结果如图 2 - 47 和图 2 - 48 所示。其中,图 2 - 47 为拖动反抗性负载时的能耗制动过程,图 2 - 48 为拖动位能性负载时的能耗制动过程。结合仿真曲线,对于反抗性负载,能耗制动可以实现电力拖动系统的安全停车;对于位能性负载,能耗制动可以实现电力拖动系统的稳速下放。其中,图 2 - 48(d)中 A 点为初始平衡位置,B 点对应了最终运行位置。A 点与 B 点对应的电磁转矩存在差值的原因在于空载损耗对应的摩擦阻转矩体现为反抗性负载性质。

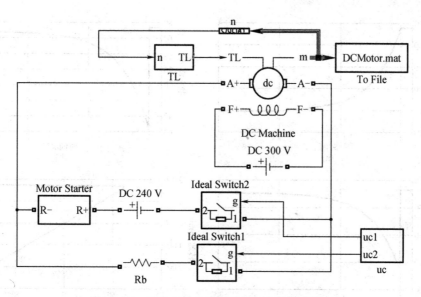

图 2-46　他励直流电动机能耗制动的仿真模型

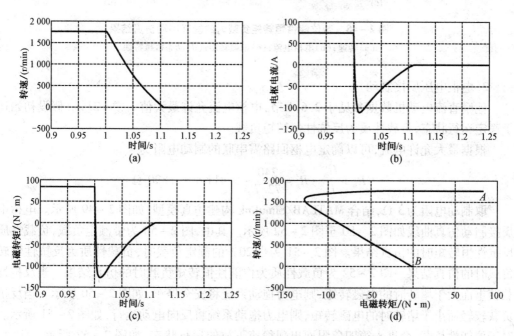

图 2-47　带反抗性恒转矩负载时的能耗制动仿真结果
（a）转速；（b）电枢电流；（c）电磁转矩；（d）动态机械特性

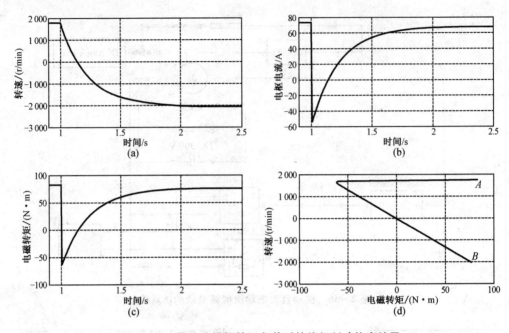

图 2 - 48 带位能性恒转矩负载时的能耗制动仿真结果

(a)转速;(b)电枢电流;(c)电磁转矩;(d)动态机械特性

2. 电枢电压反接制动

他励直流电动机数据参见于 2.6.1 节,电枢电流允许最大值 $I_{amax} = 2I_{aN}$。假设初始运行于额定运行状态,负载性质为反抗性恒转矩负载。

根据最大允许电流,可以确定电枢回路需串联的制动电阻为

$$R_b > \frac{U_N}{I_N} - R_a = \frac{240}{72.7} - 0.411\,4 = 2.890\ \Omega$$

取制动电阻为 3 Ω,结合 MATLAB/Simulink 构建仿真模型,如图 2 - 49 所示。电枢电压反接制动仿真曲线如图 2 - 50 至图 2 - 52 所示。其中,图 2 - 50 为带额定负载,负载性质为反抗性恒转矩时的仿真结果。图 2 - 51 为带 20% 的额定负载时,负载性质为反抗性恒转矩负载时的仿真结果。图 2 - 52 为负载性质为位能性恒转矩负载时的仿真结果。当反抗性负载较重而大于堵转时的电磁转矩,则电力拖动系统将安全停车,如图 2 - 50 所示。当反抗性负载较轻而小于堵转时的电磁转矩,则电力拖动系统将反向电动运行,如图 2 - 51 所示。而对于位能性负载,会进入第四象限而出现稳速下放的运行状态,如图 2 - 52 所示。此时,下放速度高于理想空载转速,为回馈制动状态。结合图 2 - 52 所示转速情况,如果不切除制动电阻的话,将会出现过高的转速值,这是一般电动机所不允许的。

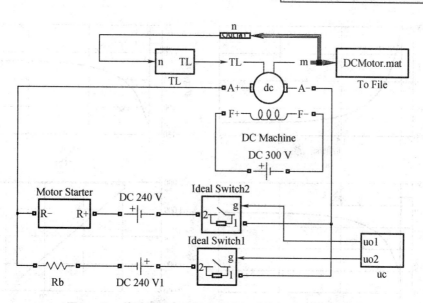

图2-49 他励直流电动机电枢电压反接制动的仿真模型

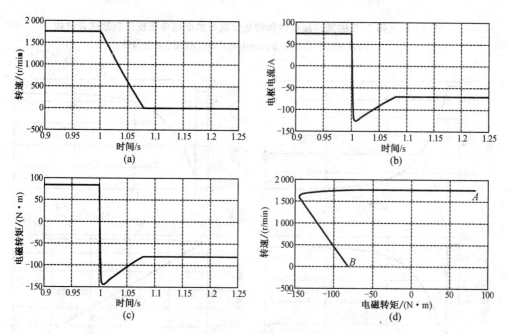

图2-50 带额定反抗性恒转矩负载时的电枢电压反接制动仿真结果
(a)转速;(b)电枢电流;(c)电磁转矩;(d)动态机械特性

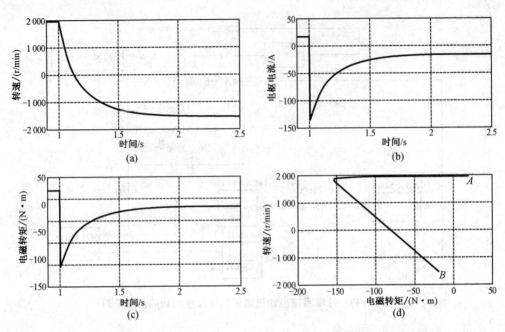

图 2-51 带 20% 的额定反抗性恒转矩负载时的电枢电压反接制动仿真结果
(a)转速;(b)电枢电流;(c)电磁转矩;(d)动态机械特性

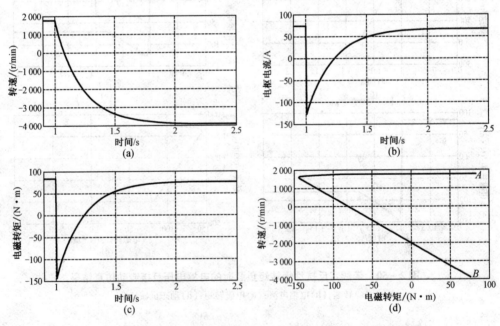

图 2-52 带位能性恒转矩负载时的电枢电压反接制动仿真结果
(a)转速;(b)电枢电流;(c)电磁转矩;(d)动态机械特性

3.电势反向反接制动

他励直流电动机数据参见 2.6.1 节。假设初始运行于额定运行状态,负载性质为位能性负载,稳定运行情况下电枢回路串接 3 Ω 电阻。结合 MATLAB/Simulink 构建仿真模型,如图 2-53 所示。

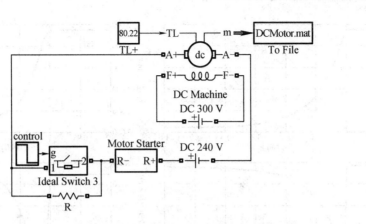

图 2 – 53 他励直流电动机电势反向反接制动的仿真模型

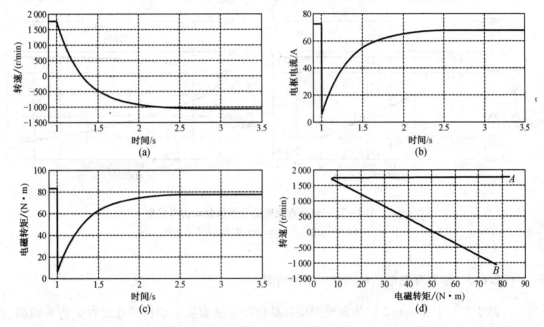

图 2 – 54 带位能性恒转矩负载时的电势反向反接制动仿真结果
(a)转速；(b)电枢电流；(c)电磁转矩；(d)动态机械特性

结合图 2 – 54，他励直流电动机电势反向反接制动能够实现稳速下放。图中 A 点为初始平衡位置，B 点对应了最终运行位置。与图 2 – 48 相同，A 点与 B 点对应的电磁转矩存在差值在于空载损耗对应的转矩为反抗性质。

4. 回馈制动

根据图 2 – 52 所示电枢电压反接制动仿真曲线，当带位能性负载时会进入第四象限，并呈现回馈制动。采用相同的电动机数据，对于不同的制动电阻，电力拖动系统会获得不同的下放速度，制动电阻为 1 Ω 和制动电阻为 0.1 Ω 的仿真曲线如图 2 – 55 所示。显然，制动电阻越大，下放速度越快。

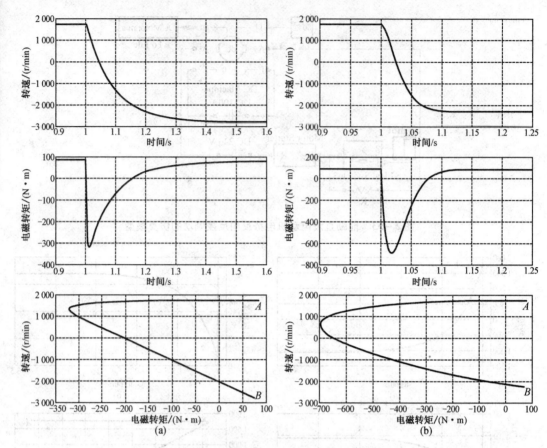

图 2-55 他励直流电动机回馈制动仿真结果
(a)制动电阻为 1 Ω;(b)制动电阻为 0.1 Ω

2.6.3 他励直流电动机调速过程的仿真

基于 2.6.1 和 2.6.2 的仿真模型很容易获得他励直流电动机调速过程的仿真模型,在此不做赘述,留给读者自行完成。采用与 2.6.1 相同数据的他励直流电动机进行的调速过程仿真曲线如图 2-56 所示,设置负载为额定负载。

根据图 2-56,串电阻调速和降压调速均能实现转速下降的调速;弱磁调速实现转速上升的调速。

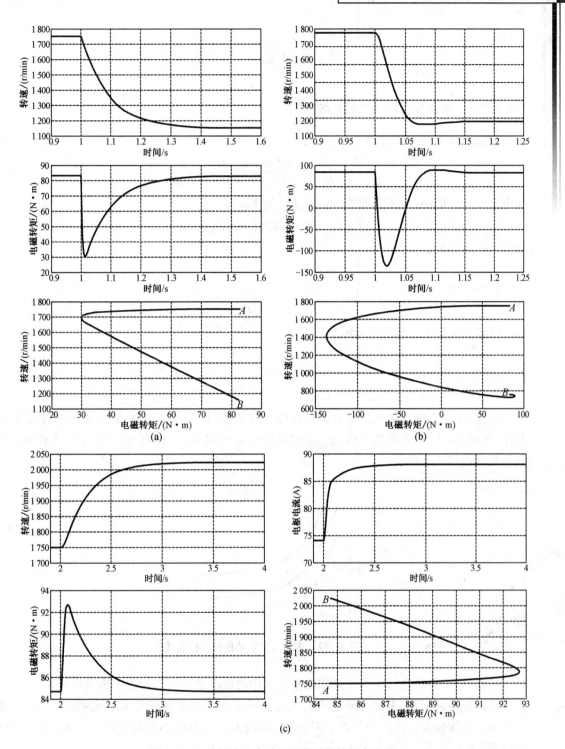

图 2 - 56　他励直流电动机调速过程的仿真结果

(a)采用串电枢电阻调速串 1 Ω 电阻;(b)降低电枢电压调速电枢电压降为 50% 额定电压;

(c)采用弱磁调速,励磁回路串入 20 Ω 电阻

2.7 串励、复励直流拖动系统的运行

2.7.1 串励直流电动机的机械特性

根据电压平衡方程和电势计算公式得

$$n = \frac{U - I_a R}{C_e \Phi} = \frac{U - I_a R}{C_e K_f I_a} = \frac{U - I_a R}{C_e' I_a} = \frac{U}{C_e' I_a} - \frac{R}{C_e'} \tag{2-56}$$

式中 $C_e' = C_e K_f$，K_f 为不考虑饱和情况下 I_a 的励磁系数。

$$T = C_T \Phi I_a = C_T K_f I_a I_a = C_T K_f I_a^2 = C_T' I_a^2$$

式中 $C_T' = C_T K_f$。

故

$$I_a = \sqrt{\frac{T}{C_T'}} \tag{2-57}$$

将式(2-57)代入式(2-56)，得

$$n = \frac{U}{C_e' \sqrt{\dfrac{T}{C_T'}}} - \frac{1}{C_e'} R = \frac{\sqrt{C_T'}}{C_e'} \cdot \frac{U}{\sqrt{T}} - \frac{1}{C_e'} R$$

可见，串励直流电动机的固有机械特性曲线 $n = f(T)$ 近似为双曲线，转速 n 大体与 T 成反比，如图 2-57 中的曲线 1 所示。电枢回路串联电阻 R_Ω 及降低电压的人为机械特性曲线分别如曲线 2，3 所示。

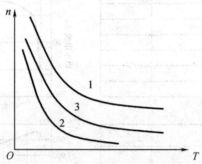

图 2-57 串励直流电动机械特性曲线

可见，串联直流电动机也可采用电枢回路串联电阻及改变电压的方法实现调速。

从机械特性上看，串励直流电动机实际上不存在理想空载转速 n_0，因为这时转速从理论上来说是无穷大。正因为如此，串励直流电动机拖动系统不允许空载或轻载运行，否则会引起"飞车"。

从机械特性曲线还可看出，串励直流电动机的特性是软特性。因此，当系统的负载增加时，转速自动下降，有自动过载保护作用；当负载减少时，系统的转速又自动升高，维持系统始终有较高的工作效率。所以，串励直流拖动系统特别适用于传输带运输及起重机械等。

同时，由于串励直流电动机的电磁转矩正比于电枢电流的平方，因此，串励直流电动机

有较大的启动转矩。

2.7.2 串励直流电动机拖动系统的各种运行状态

串励直流电动机既可以正向电动运行,也可反向电动运行。做反向电动运行时,不能简单地直接改换电源电压的极性,因为这样将会使电枢电流及磁通的方向同时改变,而电磁转矩方向仍然不变,不能实现反向运行的目的。只有单独改变电枢电流或磁通方向,才能奏效。在一般情况下为了避免改变电动机主极磁化方向,通常是采用改变流进电枢的电枢电流 I_a 方向的方法来实现反向电动运行。

其他情况与他励直流电动机运行状态情况相同,在此不再赘述。

串励直流电动机与他励直流电动机一样,也可以做制动运行,但是不能进入回馈制动状态。这是因为直流拖动系统要进入回馈制动状态,必须使其反电势 E_a 的值超过电网电压 U_N 的值。串励情况下,一方面反电势 E_a 有随着转速升高而逐渐增大的趋势;另一方面,随着反电势 E_a 的增大,电枢电流 I_a 相应减少,因此磁通 Φ 相应减小,磁通的减小又反过来促使 E_a 减少。这就使得反电势 E_a 随着转速 n 的上升而增大的趋势大大减缓。若要使反电势增大到与电网电压相等,电枢电流 I_a 及磁通 Φ 将趋近于零。从理论上说,只有当转速 n 趋近于无穷大时,才有可能。要使反电势 E_a 的值超出电网电压 U_N 进入回馈制动是不可能的。

1. 带位能性恒转矩负载的电势反接制动

如图 2–58 所示,串励直流电动机运行点在原固有机械特性曲线 1 上向上提升一重物,现欲以电势反接制动状态下放该重物。为此,在电枢回路中串联一外接电阻 R_Ω(将图 2–58(a)中的常闭触头 KM 断开)。这时,电动机的运行点从 A 点跳到串联该外接电阻 R_Ω 后的人为机械特性曲线 2 上,且与 A 点同转速的 B 点上(认为转速不能突变)。由于此时的电磁转矩 $T_B < T_Z$,系统提升重物的速度减慢,随着转速 n 的下降,反电势 E_a 减小,但电枢电流 I_a 增大,因而磁通 Φ 也增大,使反电势 E_a 的减小趋缓。但总的说来,还是 E_a 减小,I_a,T 增的。运行点从 B 点开始沿曲线向 C 点移动。当移动到 C 点时,转速 n 降为零。这时,T 较前虽增大,但仍小于 T_Z,因此电动机被负载拖至反转。从特性曲线上看,运行点自 C 点继续向下移动,进入第四象限的倒拉反转(即电势反转)制动运行区。此时,由于转速 n 改变了方向,因此电势 E_a 也随之改变了极性(磁通 Φ 方向未变)而与电源电压同方向。因为电枢电流 I_a 及磁通 Φ 方向没变,所以电磁转矩 T 方向也没变,仍为正值,但已与转速 n 方向相反,故起制动作用。在负载机械特性曲线与人为机械特性曲线 2 交于点 D 处,电磁转矩 T 与负载转矩 T_Z 相平衡,电动机以恒速 $-n_D$ 下放重物。

2. 带反抗性和转矩负载的电压反接制动

串励直流电动机电压反接制动时,只需将电枢两端接线对调,同时保持励磁绕组的接法不变,如图 2–59(a)所示。

电动机原正向电动运行,在第一象限固有特性曲线与负载特性曲线的交点 A 处,当电枢两端接线对调,同时串联外接电阻 R_Ω 时,运行点从 A 点跳到串联电阻后的电压反接制动机械特性曲线上与 A 点同转速的 B 点。这时电磁转矩为负值,转速为正值,电磁转矩为制动转矩,负载转矩也为制动转矩,转速下降。运行点自 B 点延该特性曲线移动,到 C 点时,转速为零,电磁转矩为负值且大于反抗性负载的负载转矩,如不采取外界制动措施,则反转运行,并使运行点继续移动到该特性曲线与反向负载特性曲线 $-T_Z$ 的交点 D 上,电动机在该点做电压反接制动的稳定运行,如图 2-59(b)所示。

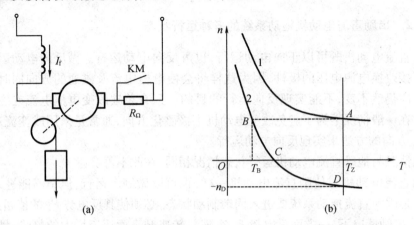

(a)　　　　　　　　　　　　　　(b)

图 2-58　串励直流电动机带位能性恒转矩负载的电势反接制动

(a)原理图;(b)机械特性

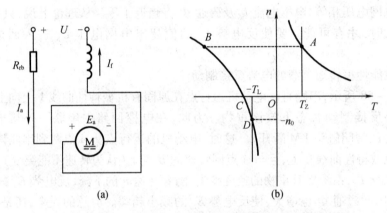

(a)　　　　　　　　　　　　　　(b)

图 2-59　串励直流电动机带反抗性恒转矩负载的电压反接制动

(a)原理图;(b)机械特性

3. 能耗制动

串励直流电动机的能耗制动与他励直流电动机的情况类似,如图 2-60 所示。

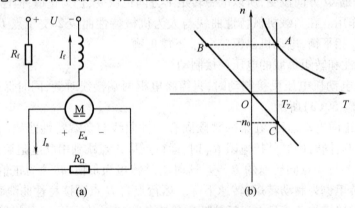

(a)　　　　　　　　　　　　　　(b)

图 2-60　串励直流电动机的能耗制动

(a)原理图;(b)机械特性

电动机运行点从原正向电动特性曲线上的 A 点跳到能耗制动特性曲线上与 A 点同转速的 B 点。若电动机带的是反抗性负载,则运行点自 B 点移动到 O 点,系统最后停转;若带的是位能性负载,则运行点继续移动到 C 点,电动机在该处做能耗制动的稳定运行。

应该指出的是,由于串励直流电动机是自励式电动机,当它进行能耗制动时,可采用他励形式。如图 $2-60(a)$ 所示,在电枢回路经一外接电阻 R_Ω 闭合的同时,将串励绕组自电枢回路断开,并联到一个专门设置的电流电源上。这时,没有自励式存在的自励建压问题,但需要一个特备的直流电源。若与电枢供电电源共用,则因励磁绕组电阻很小,需在励磁回路中串联一个较大值的降压电阻 R_f,否则励磁绕组很容易被烧坏。此外,也可以继续采用自励方法。但需要注意的是,当自电网脱离投向外接电阻端时,励磁绕组应改换接法以维持励磁电流与电动运行时的方向相同,保证产生的电势及电流方向对剩磁是助磁的。这一点与自励直流发电机的自励建压的道理是一样的,否则就建立不起较大的电势(仅为剩磁电势),产生不了电流,因而也就不会有制动转矩。

2.7.3 复励直流电动机拖动系统的运行

由于复励直流电动机既具有串励直流电动机过载能力和启动转矩大的优点,又有他励(并励)直流电动机可在空载及轻载下稳定运行的性能,因此,在要求较高的拖动系统中,常采用复励直流电动机的拖动方式。这种拖动系统的机械特性介于他励(并励)式与串励式中间,当串励绕组起主要作用时,特性接近于串励机;当他励(并励)绕组起主要作用时,特性接近于他励(并励)机。由于在复励直流电动机中接有他励(并励)绕组,因此与串励直流电动机不同,复励直流电动机可以进行回馈制动。对于正反向、反接、回馈及能耗制动运行的分析与前两种电动机分析方法类似,分析结果介于两者之间,性能特性兼而有之,在此不再赘述。

2.8 复励直流电动机稳态运行的工程计算方法

如前所述,工程上的定量计算是电力拖动系统运行分析的重要内容。对各部分内容有关计算问题的要求,分别在每部分内容里已一一说明,此外仅对求解这些问题中所用到的计算方法做一小结。

他励直流电动机稳态运行的计算方法,一般有如下 3 种。

1. 运用基本方程式求解

该方法在"电机学"中最常用,它是直接来源于电动机理论的最基本的方法。

2. 运用机械特性表达式求解

该方法在本门课程中最常用。这是因为在对电力拖动系统的分析中,人们最关心的是电动机的机械性能,也就是它对外表现出来的电磁转矩与转速之间的关系。而机械特性表达式则正是这种关系的体现。运用机械特性求解,对电力拖动系统的分析计算更为直接。

3. 比例法

这种方法是利用他励直流电动机机械特性曲线上某些量之间存在的比例关系进行计算,现将有关比例关系介绍如下:

(1)磁通 $\Phi = \Phi_N$ 不变时,理想空载转速 n_0 与电枢电压成正比;

(2)磁通 $\Phi = \Phi_N$ 不变,且电磁转矩 T 或电枢电流 I_a 不变时,转速降与电枢回路总电阻

成正比;

(3)磁通 $\Phi = \Phi_N$ 不变,电动机电磁转矩 T 与电枢电流 I_a 成正比;

(4)在同一条机械特性曲线上,转速降落与电磁转矩(稳态时等于负载转矩)成正比,或者说转速降与电枢电流成正比;

(5)改变磁通 Φ 而电源电压 $U = U_N$ 不变,理想空载转速与磁通成反比;

(6)改变磁通 Φ 而电源电压 $U = U_N$ 不变,电动机传动恒转矩负载时(即 T 不变),转速降与磁通 Φ 的平方成反比;电动机传动恒功率负载时(即 I_a 不变),转速降与磁通 Φ 成反比。

当然,还有其他一些比例关系,在此不一一列举。熟练掌握这些比例关系,不仅对解题很有好处,而且可对他励直流电动机的许多基本概念融会贯通,对内部各种物理量的关系也会有更深刻的理解。

以上介绍的 3 种方法,计算时可根据具体情况任意选择,或是将它们配合起来使用。经过一段实践后读者将会发现,以上的 3 种方法中,以最后一种为简便。

为了便于读者比较它们之间的异同处,下面用这 3 种方法求解同一道例题。

例 2 – 14 一台他励直流电动机,有关数据为:$P_N = 7.5$ kW,$U_N = 110$ V,$I_N = 79.84$ A,$n_N = 1\ 500$ r/min,$R_a = 0.101\ 4\ \Omega$。求:(1)$U = U_N$,$\Phi = \Phi_N$ 条件下,电枢电流 $I_a = 60$ A 时的转速 n;(2)$U = U_N$ 条件下,主磁通减少 15%,负载转矩为 T_N 不变时,不考虑换向与发热,电动机电枢电流与转速;(3)$U = U_N$,$\Phi = \Phi_N$ 条件下,负载转矩为 $0.8T_N$,电动机转速为 -800 r/min,电枢回路应串入的电阻。

解

1.用基本方程式计算

(1)额定运行时电枢感应电势为
$$E_{aN} = U_N - I_N R_a = 110 - 79.84 \times 0.1014 = 101.9 \text{ V}$$

$I_a = 60$ A 时的电枢感应电势为
$$E_a = U_N - I_a R_a = 110 - 60 \times 0.1014 = 103.9 \text{ V}$$

电动机转速为
$$n = \frac{E_a}{E_{aN}} n_N = \frac{103.9}{101.9} \times 1\ 500 = 1\ 529 \text{ r/min}$$

(2)主磁通减少后拖动帆负载的电枢电流为
$$I'_a = \frac{C_T \Phi_N}{(1 - 0.15) C_T \Phi_N} I_N = \frac{1}{1 - 0.15} \times 79.84 = 93.9 \text{ A}$$

电枢感应电势为
$$E'_a = U_N - I'_N R_a = 110 - 93.9 \times 0.1014 = 100.5 \text{ V}$$

由于
$$E'_a = C_e \Phi' n' = C_e (1 - 0.15) \Phi_N n'$$
$$E_{aN} = C_e \Phi_N n_N$$

故电动机转速为
$$n = \frac{E'_a}{E_{aN}(1 - 0.15)} \times n_N = \frac{100.5}{101.9} \times \frac{1}{1 - 0.15} \times 1\ 500 = 1\ 741 \text{ r/min}$$

(3)转速 $n'' = 800$ r/min 时电枢感应电势为
$$E''_a = \frac{n''}{n_N} E_{aN} = \frac{-800}{1\ 500} \times 101.9 = -54.35 \text{ V}$$

对应的电枢电流为

$$I''_a = \frac{0.8 T_N}{T_N} I_N = 0.8 \times 79.84 = 63.87 \text{ A}$$

电枢回路总电阻为

$$R_a + R = \frac{U_N - E''_a}{I''_a} = \frac{110 + 54.35}{63.87} = 2.5732 \text{ } \Omega$$

电枢回路串入电阻为

$$R = 2.5732 - R_a = 2.5732 - 0.1014 = 2.4718 \text{ } \Omega$$

2. 用机械特性表达式计算

(1)计算 $C_e \Phi_N$

$$C_e \Phi_N = \frac{U_N - I_N R_a}{n_N} = \frac{110 - 79.84 \times 0.1014}{1500} = 0.06794 \text{ V} \cdot \text{min/r}$$

电动机转速为

$$n = \frac{U_N}{C_e \Phi_N} - \frac{I_N R_a}{C_e \Phi_N} = \frac{110}{0.06794} - \frac{60 \times 0.1014}{0.06794} = 1529 \text{ r/min}$$

(2)计算 $C_e \Phi'$

$$C_e \Phi' = (1 - 0.15) C_e \Phi_N = 0.85 \times 0.06794 = 0.05775 \text{ V} \cdot \text{min/r}$$

电枢电流

$$I'_a = \frac{1}{1 - 0.15} I_N = \frac{1}{0.85} \times 79.84 = 93.9 \text{ A}$$

电动机的转速

$$n = \frac{U_N}{C_e \Phi'} - \frac{R_a}{C_e \Phi'} I'_a = \frac{110}{0.05775} - \frac{93.9 \times 0.1014}{0.05775} = 1740 \text{ r/min}$$

(3)转速挖 $n = -800$ r/min 时的电枢电流

$$I''_a = \frac{0.8 T_N}{T_N} I_N = 0.8 \times 79.84 = 63.87 \text{ A}$$

代入用 I''_a 表示的机械特性

$$n = \frac{U_N}{C_e \Phi_N} - \frac{R_a + R}{C_e \Phi_N} I''_a$$

$$-800 = \frac{110}{0.06794} - \frac{0.1014 + R}{0.06794} \times 63.87$$

解得电枢回路串入电阻为

$$R = 2.5731 - 0.1014 = 2.4717 \text{ } \Omega$$

3. 用比例法求解

(1)计算 $C_e \Phi_N$

$$C_e \Phi_N = \frac{U_N - I_N R_a}{n_N} = 0.06794 \text{ V} \cdot \text{min/r}$$

理想空载转速为

$$n_0 = \frac{U_N}{C_e \Phi_N} = \frac{110}{0.06794} = 1619 \text{ r/min}$$

额定转速降为

$$\Delta n = n_0 - n_N = 1\ 619 - 1\ 500 = 419 \text{ r/min}$$

$I_a = 60$ A 时转速为

$$\Delta n = n_0 - \frac{I_a}{I_N}\Delta n_N = 1\ 619 - \frac{60}{79.84} \times 1\ 530 = 1\ 905 \text{ r/min}$$

（2）此时的理想空载转速为

$$n_0' = \frac{\Phi_N}{(1-0.15)\Phi_N}n_0 = \frac{1}{0.85} \times 1\ 619 = 1\ 905 \text{ r/min}$$

恒转矩 T_N 时转速降为

$$n_0' = \frac{\Phi_N^2}{[(1-0.15)\Phi_N]^2}\Delta n_N = \frac{1}{0.85^2} \times 119 = 165 \text{ r/min}$$

电动机转速为

$$n = n_0' - \Delta n' = 1\ 905 - 165 = 1\ 740 \text{ r/min}$$

电枢电流为

$$I_a' = \frac{1}{1-0.15}I_N$$

（3）额定负载时转速降为

$$\Delta n'' = (n_0 - n)\frac{T_N}{0.8T_N} = (1\ 619 + 800) \times \frac{1}{0.8} = 3\ 024 \text{ r/min}$$

电枢回路总电阻为

$$R_a + R = \frac{\Delta n_N''}{\Delta n_N}R_a = \frac{3\ 024}{119} \times 0.101\ 4 = 2.576\ 8 \text{ } \Omega$$

电枢回路串入电阻为

$$R = 2.576\ 8 - R_a = 2.576\ 8 - 0.101\ 4 = 2.475\ 4 \text{ } \Omega$$

以上 3 种方法计算结果是一样的，其尾数不相同应视为计算误差。

小　结

本章主要讲述直流电动机电力拖动基础，包括直流电动机机械特性、启动、制动与调速。直流电动机根据励磁方式分为四种形式。本章重点围绕他励（并励）直流电动机进行介绍，并对串励和复励直流电动机的运行特点进行了简要的介绍。

直流电动机的机械特性可用统一的方程式表示，即

$$n = \frac{U}{C_e\Phi} - \frac{R_a + R_\Omega}{C_e C_T \Phi^2}T$$

当额定电压、额定励磁，且电枢回路不串接任何电阻的条件下获得的机械特性为固有机械特性，他励（并励）直流电动机的固有机械特性的转速降小，硬度大，是硬特性；人为改变电压、励磁或在电枢回路中串接电阻将获得三种人为机械特性。

直流电动机各种运行状态均可用上述机械特性表达式表示。

他励（并励）直流电动机启动时具有启动电流大的问题，可以采用的启动方法包括降压启动和串电阻启动。无论哪一种方法，启动过程都要保证电枢电流不超过允许值。降压启动需要具备连续可调的电源；串电阻启动一般采用分级启动的形式。

电动机电磁转矩与旋转方向相反,电动机呈现制动状态,对应了机械特性的第二和第四象限;他励(并励)直流电动机的制动分为有能耗制动、反接制动和回馈制动等形式。应着重理解各种制动产生的条件、机械特性、功率关系及制动电阻的计算。各种制动方式中,电势反接制动运行只能用于位能性负载中。采用能耗制动、电枢电压反接制动可加快停车过程;采用能耗制动、电势反接制动、回馈制动可以用于位能性负载稳速下放。

相对于交流电动机,直流电动机具有较好的调速性能。调速指标主要包括调速范围、静差率、平滑性等技术指标,以及设备投资、运行效率等经济指标。他励直流电动机的调速方法包括电枢回路串电阻、降低电源电压和弱磁三种调速方法。要掌握直流电动机各种调速方法的调速原理、机械特性、容许输出、调速特点及适用场合。电枢回路串电阻与降低电源电压调速用于降低转速调节,结合容许输出,这两种调速属于恒转矩调速;弱磁调速用于转速升高调节,且属于恒功率调速。

电动机运行时包括了机械惯性、电磁惯性和热惯性。一般的工业电动机,只需考虑机械惯性引起的机械过渡过程。电力拖动系统的运动方程式是分析直流电动机拖动系统过渡过程的基本依据。这时,电动机的转速、电枢电流和电磁转矩均按指数规律变化。根据"三要素"原理,决定过渡过程的主要参数为初始值、稳态值(终值)和机电时间常数。

串励直流电动机具有启动转矩大、过载能力强等优点,但是存在不能空载或轻载运行、特性较软、不能实现回馈制动等弱点。复励直流电动机兼有串励和并励(他励)的特点,其特性介于并励(他励)和串励之间。

习题与思考题

2-1 他励直流电动机的理想空载转速以及负载时的转速降与哪些因素有关?什么叫额定转速降?

2-2 什么叫固有机械特性?什么叫人为机械特性?他励直流电动机固有机械特性和各种人为机械特性有哪些特点?

2-3 一直流电动机拖动一台他励直流发电机,当电动机的外电压、励磁电流不变时,增加发电机的负载,则电枢电流和转速如何变化?

2-4 对于一台并励直流电动机,如果电源电压和励磁电流保持不变,制动转矩为恒定值。试分析在电枢回路串入电阻 R_1 后,对电动机的电枢电流、转速、输入功率、铜耗、铁耗及效率有何影响,为什么?

2-5 试分析直流电动机的电枢端电压减半,励磁电流和负载转矩不变情况下,电枢电流和转速有何变化。

2-6 他励直流电动机机械特性测取实验中,当负载转矩较大时出现了机械特性曲线上翘的现象,试分析其原因。

2-7 在他励直流电动机减弱磁通时的人为机械特性测取中,如果电机电刷偏离了几何中性线,对实验结果会有何影响?

2-8 某他励直流电动机的额定数据为 $P_N = 54$ kW,$U_N = 220$ V,$I_N = 270$ A,$n_N = 1\ 150$ r/min,求取并绘制固有机械特性和电枢电压为50%额定电压的人为机械特性。

2-9 工业用他励直流电动机为什么不能直接启动,有哪些启动方法?比较不同启动方法的优缺点。

2-10 他励直流电动机启动过程中对励磁回路有何要求,为什么?

2-11 一台他励直流电动机的铭牌数据为:型号 Z-290,额定功率 $P_N=29$ kW,额定电压 $U_N=440$ V,额定电流 $I_N=76$ A,额定转速 $n_N=1\ 000$ r/min,电枢回路电阻 $R_a=0.377$ Ω。满载情况下采用电枢回路串电阻分级启动。试用解析法计算分级启动时的各段切除的电阻值和总启动时间。

2-12 一台他励直流电动机的铭牌数据为:额定功率 $P_N=1.75$ kW,额定电压 $U_N=110$ V,额定电流 $I_N=20.1$ A,额定转速 $n_N=1\ 450$ r/min。如果采用电枢回路串电阻分级启动,试用解析法计算分级启动时的各段切除的电阻值和切除时的瞬时转速。

2-13 对于负载为恒转矩负载,画图说明电枢串电阻情况下的电枢反接制动可能出现的运行状态。

2-14 他励直流电动机电磁制动的方法有哪几种?比较几种制动方法在实现位能性负载稳速下放中的特点及优缺点。

2-15 结合功率表达式,分析他励直流电动机带位能性负载进行倒拉反接制动时的功率传递情况。

2-16 结合功率表达式和相量图证明他励直流电动机带位能性负载电枢电压反接达到稳态时为回馈制动。

2-17 他励直流电机并联于 200 V 电网上,已知支路对数为 1,极对数为 2,电枢总导体数为 372,转速 1 500 r/min,磁通 0.011 Wb,该直流电机处于什么运行状态?

2-18 有一台他励直流电动机:额定电压 $U_N=220$ V,额定电流 $I_N=12.5$ A,额定转速 $n_N=1\ 500$ r/min,$R_a=0.8$ Ω。试求:当 $\Phi=\Phi_N$,$n=1\ 000$ r/min 时,将电枢反接而使系统快速制动停车,要求起始制动电流为 $2I_N$,应在电枢回路中串入多大的制动电阻 R_T?设该机原来运行于额定运行状态,如将端电压突然降到 190 V,其起始电流为多少?

2-19 他励直流电动机数据同题 2-11,忽略空载损耗,(1)电动机带动一个位能负载,在固有特性上作回馈制动下放,$I_a=60$ A 时,求电动机反向下放转速。(2)电动机带动位能负载,作转速反向的反接制动下放,$I_a=50$ A 时,转速 -600 r/min,求串接在电枢电路中的电阻值和从轴上传递的功率大小及方向。(3)若与不可控直流电源构成电力拖动系统,试设计两种可以实现 500 r/min 下放 0.8 倍额定转矩负载的方法。

2-20 某卷扬机由一台他励直流电动机拖动,电动机数据:$P_N=11$ kW,$U_N=440$ V,$I_N=29.5$ A,$n_N=730$ r/min,$R_a=1.05$ Ω。下放某重物时负载转矩为 80% 额定转矩。(1)若电源电压反接、电枢回路不串电阻,求电动机的转速;(2)若用能耗制动运行下放重物,电动机转速绝对值最小是多少?(3)若下放重物要求转速为 -380 r/min,可采用哪些电磁制动的方法?并确定电枢回路里需串入电阻。

2-21 某降压直流调速系统,电动机额定功率 2.5 kW,额定电压 220 V,额定电流 12.5 A,电枢电阻 0.8 Ω,额定转速 1 500 r/min。试求:(1)调速时,磁通始终保持为额定值,满足静差率为 20% 时的调速范围是多少?(2)基于(1),该系统带额定负载时的最低转速是多少,此时电枢电压为多少?(3)如果既要满足(1),调速范围又要大于 10,则系统的最大转速降为多少。通过电机可调参数的改变能否实现,为什么?

2-22 某他励直流电机采用改变电源电压调速,其额定转速 900 r/min,高速机械特性的理想空载转速为 1 000 r/min,额定负载下最低转速为 100 r/min,请确定调速范围和静差率。若要求静差率为 20%,则调速范围为多少?

2-23 某他励直流电力拖动系统采用改变电源电压调速,其额定转速1 200 r/min,高速机械特性的理想空载转速为1 300 r/min,额定负载下最低转速为100 r/min,则调速范围和静差率为多少? 若要求静差率为20%,则调速范围为多少?

2-24 他励直流电动机空载启动出现飞车报警,可能的原因是什么?

2-25 正常运行的并励直流电动机,如果励磁绕组突然断线,会有什么情况发生,为什么?

2-26 什么是恒转矩调速方式? 什么是恒功率调速方式? 为什么要考虑调速方式与负载类型的配合?

2-27 一台他励直流电动机,额定负载运行,$U_N = 220$ V,$n = 900$ r/m,$I_N = 78.5$ A,电枢回路电阻 $R_a = 0.26$ Ω,欲在额定负载不变条件下,把转速降到700 r/min。(1)采用电枢回路串电阻调速,需串入多大电阻? (2)采用降压调速,需要的电压是多少?

2-28 某一生产机械采用他励直流电动机作其拖动电动机,该电动机采用弱磁调速,其数据为:$P_N = 18.5$ kW,$U_N = 220$ V,$I_N = 103$ A,$n_N = 500$ r/min,最大转速1 500 r/min。分别考虑转矩不变和功率不变两种情况,减弱磁通为额定值的三分之一,确定电动机的稳定转速和电枢电流并说明是否可以长期运行,为什么?

2-29 电力拖动系统一般存在哪几种惯性,是什么因素会引起这些惯性?

2-30 电磁时间常数和机申时间常数是如何定义的?

2-31 串励电动机为何不能空载运行?

2-32 串励直流电动机如何实现能耗制动和反接制动? 串励直流电动机能否实现回馈制动?

2-33 如何改变他励、并励、串励和复励直流电动机的旋转方向?

第3章　异步电动机的电力拖动基础

电动机的电磁转矩的大小决定了其拖动负载的能力,而异步电动机的电磁转矩的大小不仅与电动机本身的参数有关,也和其外加电源的电压有关。电力工业中广泛采用三相异步电动机,在这一章中将重点以三相异步电动机为研究对象,对三相异步电动机(本章中简称为异步电动机)的电磁转矩和其参数、外加电压的关系以及该类电动机的启动、制动、调速等运行状态进行分析。

3.1　异步电动机的机械特性

与直流电动机一样,机械特性是指电动机转速 n 与电磁转矩 T 之间的关系,一般也用曲线表示,异步电动机的机械特性要比直流电动机的机械特性复杂。欲求异步电动机的机械特性,可以先确定 T 与 n 的数学关系式,称为机械特性表达式,或称为电磁转矩的表达式。

3.1.1　机械特性(电磁转矩)的三种表达式

为了满足不同需要,异步电动机机械特性(电磁转矩)有三种不同的表达形式:物理表达式、参数表达式和实用表达式。

1. 物理表达式

关于异步电动机电磁转矩公式,也可以像直流电动机那样,根据电磁力定律,用积分方法导出。这种方法读者可参阅有关电机学的书籍。这里我们十分简单地从等效电路图和相量图来推导。由"电机学"可知,异步电动机的电磁转矩为

$$T = \frac{P_{em}}{\Omega_1} \tag{3-1}$$

式中　Ω_1——同步旋转机械角速度,$\Omega_1 = \dfrac{2\pi f_1}{p}$;$p$ 为极对数;f_1 为定子侧频率;

　　　P_{em}——异步电动机的电磁功率。

电磁功率可以写成

$$P_{em} = m_1 E_2' I_2' \cos\varphi_2' \tag{3-2}$$

式中　m_1——定子绕组相数;

　　　I_2'——折算到定子侧的转子电流;

　　　E_2'——折算到定子侧的转子感应电动势,其中 $E_2' = 4.44 f_1 N_1 k_{W_1} \Phi_m$,$f_1$ 为定子侧频率;N_1 为串联总匝数;k_{W_1} 为绕组系数;Φ_m 为每极下的磁通;

　　　$\cos\varphi_2'$——转子侧功率因数,$\varphi_2' = \varphi_2$。

所以,异步电动机电磁转矩的表达式为

$$T = C_{TJ}' \Phi_m I_2' \cos\varphi_2' \tag{3-3}$$

式中 C'_{TJ}——转矩常数, $C'_{TJ} = \dfrac{pm_1 N_1 k_{W_1}}{\sqrt{2}}$。

显然,异步电动机的电磁转矩与直流电动机的电磁转矩有相似的表达形式,它们都与电机结构(表现为转矩常数)和每极下磁通有关,只不过在异步电动机中不再是通过转子的全部电流,而是转子电流的有功分量。表达式(3-3)表明了异步电动机电磁转矩 T 的物理含义:异步电动机的电磁转矩为转子电流的有功分量在磁场中产生的转矩。所以,表达式(3-3)也称为异步电动机电磁转矩的物理表达式。

由异步电动机的等效电路图可知,转子电流和转子功率因数分别为

$$I'_2 = \frac{E'_2}{\sqrt{\left(\dfrac{R'_2}{s}\right)^2 + X'^2_2}} \tag{3-4}$$

$$\cos\varphi'_2 = \frac{\dfrac{R'_2}{s}}{\sqrt{\left(\dfrac{R'_2}{s}\right)^2 + (X'_2)^2}} = \frac{R_2}{\sqrt{(R_2)^2 + (sX_2)^2}} = \cos\varphi_2 \tag{3-5}$$

由式(3-5)可见, $\varphi'_2 = \varphi_2$,因此在本书中 φ_2 与 φ'_2 是通用的。

按照式(3-4)及式(3-5),并考虑到 $n = (1-s)n_1$,转差率-转子电流、转差率-转子功率因数曲线分别如图3-1(a)和图3-1(b)所示。

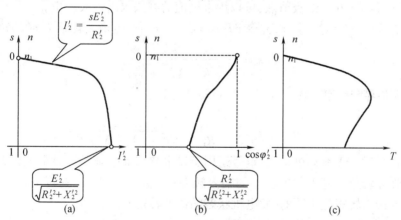

图3-1 异步电动机的机械特性

(a)转差率-电流关系;(b)转差率-功率因数关系;(c)机械特性

由式(3-4),当 $n = n_1$ 时, $s = 0$, $R'_2/s = \infty$,所以 $I'_2 = 0$;随着 n 从 n_1 减小, s 由零渐增时,当 s 较小时, $R'_2/s \gg X'_2$, X'_2 可忽略, I'_2 与 s 成正比增加;当 s 较大时, R'_2/s 相对变小, X'_2 就不能忽略,且逐步成为分母的主要部分,此时随着 n 的继续减小, s 继续上升, I'_2 的增加变得缓慢,当 n 减小为零时, $s = 1$, $I'_2 = E'_2/\sqrt{R'^2_2 + X'^2_2}$ 。

由式(3-5),当 $n = n_1$ 时, $s = 0$, $\cos\varphi'_2 = 1$;随着 n 从 n_1 减小, s 由零渐增时, $\cos\varphi'_2$ 将逐步下降。当 n 减小为零时, $s = 1$, $\cos\varphi'_2 = R'_2/\sqrt{R'^2_2 + X'^2_2}$ 。

将图3-1(a)和图3-1(b)与电磁转矩的物理表达式相结合,可获得机械特性曲线如图3-1(c)所示。

在分析异步电动机的运行状态时,应用电磁转矩的物理表达式是很不方便的。因为 C'_{TJ} 和 Φ_m 较难求得。而电动机的参数却可通过试验或计算得到,因而,常使用异步电动机电磁转矩的另一种表达式——参数表达式。

2. 参数表达式

根据"电机学",电磁功率除了可以写成表达式(3-2)的形式,也可以写成

$$P_{em} = m_1 I_2'^2 \frac{R_2'}{s} \tag{3-6}$$

由异步电动机的简化等效电路图可知,转子电流的折算值为

$$I_2' = \frac{U_1}{\sqrt{(R_1 + \frac{R_2'}{s})^2 + (X_1 + X_2')^2}} \tag{3-7}$$

所以,电磁转矩的表达式为

$$T = \frac{m_1}{\Omega_1} \frac{U_1^2}{(R_1 + \frac{R_2'}{s})^2 + (X_1 + X_2')^2} \frac{R_2'}{s} = \frac{m_1 p}{2\pi f_1} \frac{U_1^2}{(R_1 + \frac{R_2'}{s})^2 + (X_1 + X_2')^2} \frac{R_2'}{s} \tag{3-8}$$

式(3-8)即为异步电动机电磁转矩的参数表达式。按前述的分析方法同样可得如图3-1(c)所示的曲线。在式(3-8)中,定子相数 m_1、同步机械角速度 $\Omega_1 = 2\pi f_1/p$、定子电压 U_1 及定、转子每相绕组参数等都是常数,所以,电磁转矩是 T 转差率 s 的二次函数。转矩有最大值,是函数 $T = f(s)$ 的极值点,可以用求极值的办法求出最大转矩。

将表达式(3-8)对 s 求导,并令 $dT/ds = 0$,可求出产生最大转矩 T_m 时的转差率 s_m,即

$$s_m = \pm \frac{R_2'}{\sqrt{R_1^2 + (X_1 + X_2')^2}} \tag{3-9}$$

s_m 称为临界转差率。代入式(3-8)可得 T_m,即

$$T_m = \pm \frac{m_1}{\Omega_1} \frac{U_1^2}{2[\pm R_1 + \sqrt{R_1^2 + (X_1 + X_2')^2}]} \tag{3-10}$$

式中正号对应于电动机状态,负号适用于发电机状态。显然,对同一台异步电动机,电动状态的临界转差率等于发电状态的临界转差率。但是由于 R_1 的影响,电动状态下与发电状态下的最大转矩是不同的,发电机状态的最大转矩略大。

一般 $R_1 \ll (X_1 + X_2')$,忽略 R_1 可得近似公式为

$$s_m \approx \pm \frac{R_2'}{X_1 + X_2'} \tag{3-11}$$

$$T_m \approx \pm \frac{m_1}{2\Omega_1} \frac{U_1^2}{X_1 + X_2'} \tag{3-12}$$

由式(3-11)和式(3-12)可得:

(1)当电动机参数和电源频率不变时,$T_m \propto U_1^2$,而 s_m 与 U_1 无关;

(2)当电源电压和频率不变时,s_m 和 T_m 近似与 $(X_1 + X_2')$ 成反比;

(3)增大转子回路电阻 R_2',只能使 s_m 相应增大,而 T_m 保持不变;

(4)忽略 R_1 时,发电机状态的最大转矩等于电动机状态的最大转矩。

这几点在分析异步电动机时经常用到,应熟记。

应该注意,式(3-8)是在异步电动机简化等效电路的基础上推得的,因此,是电磁转矩

的近似计算公式。但是在工程中,应用参数表达式仍太烦琐,而且,电机参数在产品目录中又查不到,给公式的使用带来一定困难。因此,人们希望利用产品目录或铭牌中的数据就可得到机械特性或者电磁转矩表达式。这样,就需要机械特性的第三种表达式——实用表达式。

3. 实用表达式

将式(3-8)与式(3-10)相除,可得

$$\frac{T}{T_m} = \frac{2\frac{R_2'}{s}\left[R_1 + \sqrt{R_1^2 + (X_1 + X_2')^2}\right]}{(R_1 + \frac{R_2'}{s})^2 + (X_1 + X_2')^2} \tag{3-13}$$

考虑到式(3-9),则式(3-13)变为

$$T = \frac{2T_m(1 + s_m\frac{R_1}{R_2'})}{\frac{s}{s_m} + \frac{s_m}{s} + 2s_m\frac{R_1}{R_2'}} \tag{3-14}$$

若考虑到 $s_m\frac{R_1}{R_2'} \ll 1$ 且 $2s_m\frac{R_1}{R_2'} \ll (\frac{s}{s_m} + \frac{s_m}{s})$,得

$$T = \frac{2T_m}{\frac{s}{s_m} + \frac{s_m}{s}} \tag{3-15}$$

式(3-15)即为异步电动机电磁转矩的实用表达式。在已知 T_m 和 s_m 的情况下,任何一个 s 都可以求出对应的 T,这样,便可画出异步电动机机械特性。出于式(3-15)简单、实用的特点,在机械特性的获得上,该式应用十分广泛。特别是当 s 很小时,例如,$0 < s < s_N$,将有 $\frac{s_m}{s} \gg \frac{s}{s_m}$,式(3-13)可进一步简化为

$$T = \frac{2T_m}{s_m}s \tag{3-16}$$

显然,当 $0 < s < s_N$,T 与 s 呈线性关系。式(3-16)称为异步电动机电磁转矩的近似计算公式,使用更为方便。

最大电磁转矩 T_m 的大小象征着电动机过载的能力,常用产品目录中经常给出的过载倍数 K_m 来表示,过载倍数为最大转矩 T_m 与额定转矩 T_N 之比,也称过载能力,即

$$K_m = \frac{T_m}{T_N} \tag{3-17}$$

一般异步电动机 $K_m = 1.6 \sim 2.2$。对于起重冶金机械用的电动机,K_m 可达 $2.2 \sim 2.8$。

显然,此时临界转差率 s_m 可以写成

$$s_m = 2K_m s_N \tag{3-18}$$

上述电磁转矩的三种表达式,也称为机械特性的三种表达式,虽然都能用来表征异步电动机的运行性能,但应用场合各有不同。一般来说,物理表达式适用于定性分析 T 与 $\varPhi_m$ 及 $I_2'\cos\varphi_2'$ 之间的物理关系;参数表达式适用于分析各参数变化对电动机运行性能的影响;实用表达式适用于异步电动机机械特性的工程计算。

3.1.2 异步电动机的固有机械特性

异步电动机的固有机械特性是指在额定电压、额定频率下,按规定的接线方式接线,定、转子无外接电阻(电感或电容)时,电动机转速与电磁转矩的关系,如图 3-2 所示。其中,曲线 1 为旋转磁场正向旋转时固有机械特性;曲线 2 为旋转磁场反向旋转时固有机械特性。同时,异步电动机可以根据不同的要求工作在电动状态和制动状态下。类似于直流电动机机械特性四象限分析方法,可以用来分析异步电动机的机械特性。其中,制动运行状态的具体分类将在 3.3 中介绍。

(1)第一象限。以曲线 1 为例,旋转磁场的转向与转子转向一致,$0 < n < n_1$,转差率 $0 < s < 1$。电磁转矩 T 和转子转速 n 均为正,电动机处于正向电动运行状态。

(2)第二象限。以曲线 1 为例,旋转磁场的转向与转子转向一致,$n > n_1$,转差率 $s < 0$。电磁转矩 T 为负,转子转速 n 为正,电动机处于正向制动运行状态。

(3)第三象限。以曲线 2 为例,旋转磁场的转向与转子转向一致,$0 < |n| < |n_1|$,转差率 $0 < s < 1$。电磁转矩 T 和转子转速 n 均为负,电动机处于反向电动运行状态。

(4)第四象限。以曲线 1 为例,旋转磁场的转向与转子转向相反,$n_1 > 0$,$n < 0$,转差率 $s > 1$。电磁转矩 T 为正,转子转速 n 为负,电动机处于反向制动运行状态。

"电机学"中描述异步电动机有三个运行状态,电动机状态如上述第一象限、第三象限的情况;发电机(回馈制动)状态如上述曲线 1 在第二象限的情况;电磁制动状态如上述曲线 1 在第四象限的情况。

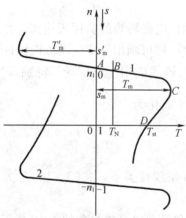

图 3-2 异步电动机的固有机械特性

显然,异步电动机机械特性不像直流电动机那样简单。为了深入了解异步电动机固有机械特性的特点,我们研究几种特殊情况。如图 3-2 所示异步电动机在第一象限的固有机械特性曲线中有 4 个对应电动机不同情况的特殊点 A,B,C,D。

(1)理想空载转速点 A

该点 $T = 0$ 与 $n = n_1 = 60f_1/p$,$s = 0$,是电动机状态与回馈制动状态的转折点。此时磁场与转子转速相同,电动机不进行机电能量转换。异步电动机没有外力作用不可能达到此状态。

(2)额定工作点 B

额定工作点 B 的转速、转矩、电流及功率等都为额定值。与额定转速对应的转差率 s_N 称为额定转差率,其值一般在 $0.01 \sim 0.05$ 范围内。机械特性曲线上的额定转矩是指额定电磁转矩,用 T_N 表示。由于工程计算中通常忽略 T_0,所以也可以认为是电动机的额定输出转矩 T_{2N}。

（3）临界点 C

该点 $T = T_m$ 为最大转矩,相应的转差率是临界转差率。在任何情况下,电动机的阻转矩都不能大于此,一旦发生阻转矩 $T_L > T_m$,电动机转速将急剧下降,致使电动机堵转运行。因此,这一点也称为临界转速点。

（4）启动点 D

该点 $s = 1,n = 0$,电磁转矩 T 为初始启动转矩 T_{st},对应了电动机的堵转运行状态,堵转状态参数表明了电动机直接启动的能力。

将 $n = 0, s = 1$,代入参数表达式,可得启动转矩的公式为

$$T_{st} = \frac{m_1}{\Omega_1} \frac{U_1^2 R_2'}{(R_1 + R_2')^2 + (X_1 + X_2')^2} \tag{3-19}$$

由式（3-19）可知,对绕线式异步电动机,转子回路串接适当大小的附加电阻,能加大启动转矩 T_{st},从而改善启动性能。对于鼠笼式电动机,不能用转子串电阻的方法改善启动转矩,在设计电动机时就要根据不同负载的启动要求来考虑启动转矩的大小。另外,启动转矩 T_{st} 与电压 U_1 的平方成正比。

从式（3-19）可见,在电源电压与频率一定的情况下,异步电动机的启动转矩仅与电机参数有关,而与负载无关。因此, T_{st} 是异步电动机的另一个重要参数,在产品目录中常用启动转矩倍数 K_T 给出,启动转矩倍数 K_T 为启动转矩 T_{st} 与额定转矩 T_N 之比

$$K_T = \frac{T_{st}}{T_N} \tag{3-20}$$

电动机启动时,启动转矩大于 $1.1 \sim 1.2$ 倍阻转矩就可以顺利启动,一般异步电动机的启动转矩倍数 $K_T = 0.8 \sim 1.2$。

3.1.3 异步电动机的人为机械特性

人为机械特性是人为地改变异步电动机的一个参数或电源参数,保持其他参数不变而得到的机械特性。由式（3-8）可见,可供改变的量有:电源电压 U_1、电源频率 f_1、极对数 p、定子电路电阻 R_1 或电抗 X_1 和转子电路电阻 R_2' 或电抗 X_2'。其中,改变电源频率 f_1 和极对数 p 的人为特性将在3.4节讲述,这里主要介绍其余几种情况的人为机械特性。

1. 降低定子电压 U_1 时的人为机械特性

当电源电压 U_1 降低时,由于 $n_1 = 60f_1/p$,与电压无关, n_1 不变。由式（3-10）知, T_m 与 U_1^2 成比例,当 U_1 下降时, T_m 与 U_1^2 成比例降低,而 s_m 与 U_1 无关, s_m 不变。同理,由式（3-19）可见,启动转矩 T_{st} 亦与 U_1^2 成比例降低。因此,电源电压降低时的人为机械特性是一组过同步转速 n_1、临界转差率 s_m 不变、最大转矩 T_m 和启动转矩 T_{st} 均与 U_1^2 成比例下降的线簇。如图3-3所示,图中绘出了 $U_1 = U_N$, $U_1 = 0.8U_N$, $U_1 = 0.5U_N$ 时的人为机械特性。

从图3-3所示曲线可见,降压后的人为机械特性曲线变软,转差率增大。降压后的机械特性曲线可在固有机械特性曲线的基础上绘制。在不同的转速或转差率处,固有机械特性曲线上的转矩值乘以电压变化百分数的平方就可以得到人为机械特性曲线对应的转矩值。

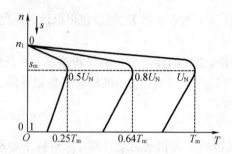

图 3 - 3　异步电动机降低定子电压时的人为机械特性

电源电压降低时,不仅使电动机启动能力和过载能力下降,对电动机的正常运行影响也很大。当电源电压降低时,电磁转矩 T 与 U_1^2 成比例下降。出现 $T < T_Z$,电机转速降低,s 增大,使 E_{2s}(或 sE_2')增加,I_{2s}(或 I_2')随之增大,T 亦增加,直到 $T = T_Z$ 时,电动机运行于新的平衡状态,其转速要低于原来的转速,即 s 比原来的增大,因而,I_{2s}(或 I_2')比原来大。倘若电动机原来运行于额定状态,这时的电流就要大于额定电流,出现了电流过载,使电机发热严重,影响电机寿命。同时,当电源容量较小时,电机电流增大,会使电源电压进一步下降(比如变压器的电压变化率的变化),后果严重。所以,异步电动机不允许低于额定电压带额定负载长期运行。

2. 转子回路串对称电阻时的人为机械特性

这种情况只对绕线式异步电动机才有意义。由于 $n_1 = 60f_1/p$,与转子电阻无关,当转子串电阻时,n_1 不变。由式(3 - 10)可知,最大转矩 T_m 与转子电阻无关,T_m 亦不变;而临界转差率 s_m 与转子电阻成比例变化。因此,转子电路串对称电阻的人为机械特性是一组过同步转速点、最大转矩 T_m 不变、临界转差率 s_m 随转子电阻增加而成比例增大的曲线簇,如图3 - 4 所示。

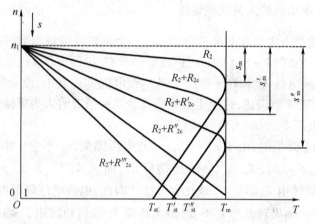

图 3 - 4　异步电动机转子回路串电阻时的人为机械特性

从图 3 - 4 所示曲线可见,当转子电阻刚开始增加时,启动转矩 T_{st} 随转子电阻增加而增加;当 $s = s_m = 1$ 时,$T_{st} = T_m$,即有最大启动转矩。这时,转子电路应串入的电阻值可由式(3 - 9)并令 $s_m = 1$ 计算。即令

$$s_m = \frac{R_2' + R_{2c}'}{\sqrt{R_1^2 + (X_1 + X_2')^2}} = 1$$

所以

$$R'_{2c} = \sqrt{R_1^2 + (X_1 + X'_2)^2} - R'_2$$

当转子电路所串电阻大于 R'_{2c} 时，启动转矩 T_{st} 反而随着转子电阻的增加而减小。由此可得，对于绕线式异步电动机，在一定范围内增加转子电阻，可以增加启动转矩，改善启动性能。

转子电路也可以接入并联阻抗，其人为机械特性将在异步电动机启动一节中讲述。

3. 定子电路串联对称电阻或对称电抗时的人为机械特性

这种情况主要用于鼠笼式异步电动机，用来限制其启动电流。由式（3－9）、式（3－10）、式（3－19）可知，定于电路串对称电阻或对称电抗后，T_m，s_m，T_{st} 亦均减小，但 n_1 不变，其人为机械特性如图 3－5 所示。

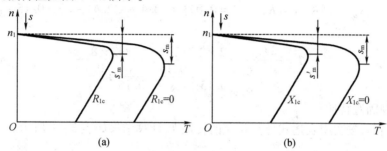

图 3－5　异步电动机定子电路串联对称电阻或对称电抗时的人为机械特性

（a）定子串电阻；（b）定子串电抗

3.1.4　异步电动机机械特性的绘制

在已知电机参数的情况下，可以根据式（3－9）绘制异步电动机机械特性。在工程实践中，往往在未得到电机参数时就须对电动机运行进行分析，因此，应根据铭牌数据或产品目录数据绘制机械特性，并按实用表达式绘制机械特性。

1. 固有机械特性的绘制

从产品目录或铭牌中查得 P_N，n_N，K_T 等数据，便可根据实用表达式绘制机械特性。从式（3－15）可见，只要知道 T_m 和 s_m 就可以知道机械特性。

（1）最大转矩 T_m 的求取

$$T_N = 9\,550 \frac{P_N}{n_N}$$

根据过载能力确定最大转矩 $T_m = K_m T_N$。

（2）临界转差率 s_m 的求取

$$s_N = \frac{n_1 - n_N}{n_1}$$

根据额定状态的实用表达式

$$T_N = \frac{2T_m}{\dfrac{s_N}{s_m} + \dfrac{s_m}{s_N}}$$

可得临界转差率 $s_m = s_N(K_m \pm \sqrt{K_m^2 - 1})$，其中一个解不符合实际情况舍去。

这样,便可绘制异步电动机固有机械特性了。

例 3-1 已知一台三相异步电动机,额定功率 $P_N = 70$ kW,额定电压 $U_N = 380$ V(Y 接法),额定转速 $n_N = 725$ r/min,过载系数 $K_m = 2.4$。(1)求其电磁转矩的实用表达式;(2)绘制固有机械特性。

解 (1)求实用表达式

$$T_N = 9\,550\,\frac{P_N}{n_N} = 9\,550 \times \frac{70}{725} = 922 \text{ N} \cdot \text{m}$$

$$T_m = K_m T_N = 2.4 \times 922 = 2\,212.9 \text{ N} \cdot \text{m}$$

$$s_N = \frac{n_1 - n_N}{n_1} = \frac{750 - 725}{750} = 0.033$$

$$s_m = s_N(K_m + \sqrt{K_m^2 - 1}) = 0.033 \times (2.4 + \sqrt{2.4^2 - 1}) = 0.15$$

所以

$$T = \frac{2T_{max}}{\dfrac{s}{s_m} + \dfrac{s_m}{s}} = \frac{2 \times 2\,212.9}{\dfrac{s}{0.15} + \dfrac{0.15}{s}} = \frac{4425.8}{\dfrac{s}{0.15} + \dfrac{0.15}{s}}$$

(2)绘制固有特性

给定一个 s,按实用表达式计算相应的转矩 T,计算结果如表 3-1 所示。

表 3-1 异步电动机机械特性

$n/(\text{r/min})$	750	720	675	637.5	525	375	187.5	0
s	0	0.04	0.10	0.15	0.30	0.50	0.75	1
$T/(\text{N} \cdot \text{m})$	0	1 101.9	2 042.7	2 212.9	1 770.3	1 218.1	851.1	649.3

将上述数据绘入 $T-n$ 坐标,即得该异步电动机固有机械特性。亦可利用 Matlab 软件绘制该异步电动机的机械特性曲线如图 3-6 所示,对应的 Matlab 程序如下:

```
>> s = [0:0.001:1];
>> T = 2 * 2212.9./(0.15./s + s./0.15);
>> n = (1 - s) * 750;
>> plot(T, n), grid
```

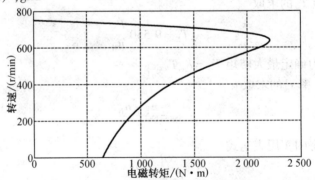

图 3-6 例 3-1 异步电动机机械特性曲线

2. 人为机械特性的绘制

异步电动机的人为机械特性有多种,用得最多的是降压人为机械特性和转子电路串对称电阻的人为机械特性。

(1)降压人为机械特性的绘制

设电源电压 $U_x < U_1$,由式(3-9)和式(3-10)知,电源电压降低时,s_m 不变,T_m 与 U_1^2 成比例降低。即

$$T_{mx} = T_m \frac{U_x^2}{U_1^2} \tag{3-21}$$

于是,得降压时人为机械特性表达式

$$T = \frac{2\left(\dfrac{U_x}{U_1}\right)^2 T_m}{\dfrac{s}{s_m} + \dfrac{s_m}{s}} \tag{3-22}$$

求出一组对应得 s 与 T,即可绘制降压时的人为机械特性。

结合 Matlab 软件,绘制例题 3-1 中异步电动机的降压人为机械特性曲线如图 3-7 所示。

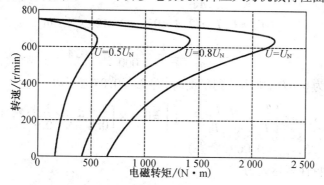

图 3-7 例 3-1 异步电动机降压人为机械特性曲线

(2)转子电路串对称电阻时人为机械特性的绘制

转子电路串对称电阻时,其最大转矩不变,临界转差率 s_m 随 R_2' 成比例增大。若所研究人为机械特性的临界转差率为 s_{mx},则该人为机械特性的实用表达式为

$$T = \frac{2T_m}{\dfrac{s}{s_{mx}} + \dfrac{s_{mx}}{s}} \tag{3-23}$$

设对应于某负载转矩的转速为 n_x,则有

$$s_x = \frac{n_1 - n_x}{n_1}$$

若此时电磁转矩为 T_x,则有

$$T_x = \frac{2T_m}{\dfrac{s_x}{s_{mx}} + \dfrac{s_{mx}}{s_x}}$$

解得

$$s_{mx} = s_x \left[\frac{T_m}{T_x} \pm \sqrt{\left(\frac{T_m}{T_x}\right)^2 - 1} \right] \tag{3-24}$$

则转子所串电阻为

$$R_{2C} = \frac{s_{mx}}{s_m}R_2 - R_2 = \left(\frac{s_{mx}}{s_m} - 1\right)R_2 \qquad (3-25)$$

其中,转子电阻可由下式估算,即

$$R_2 = \frac{s_N E_{2N}}{\sqrt{3}\,I_{2N}} \qquad (3-26)$$

式中 E_{2N}——转子静止时的转子额定线电势;

I_{2N}——转子额定电流;

s_N——额定转差率。

例 3 - 2 一台三相绕线式异步电动机,额定功率 $P_N = 70$ kW,额定电压 $U_N = 380$ V(Y 接法),额定转速 $n_N = 962$ r/min,过载系数 $K_m = 2.4$,$E_{2N} = 213$ V,$I_{2N} = 312$ A,若使其在 $0.8T_N$ 负载下工作在 600 r/min,求(1)人为机械特性表达式;(2)转子电路应串入多大电阻?

解 (1)人为机械特性表达式

$$T_N = 9\,550\frac{P_N}{n_N} = 9\,550 \times \frac{70}{725} = 922 \text{ N} \cdot \text{m}$$

$$T_m = K_m T_N = 2.4 \times 922 = 2\,212.9 \text{ N} \cdot \text{m}$$

$$s_x = \frac{n_1 - n_x}{n_1} = \frac{1\,000 - 600}{1\,000} = 0.4$$

该电机负载为 $0.8T_N$,则当达到平衡时,有 $T_x = 0.8T_N$,所以

$$s_{mx} = s_x\left[\frac{T_m}{T_x} \pm \sqrt{\left(\frac{T_m}{T_x}\right)^2 - 1}\right] = 0.4 \times \left[\frac{2.4}{0.8} \pm \sqrt{\left(\frac{2.4}{0.8}\right)^2 - 1}\right]$$

解得 $s_{mx1} = 2.33$,$s_{mx2} = 0.069$(舍去)

则人为机械特性表达式为

$$T_x = \frac{2T_m}{\dfrac{s}{s_{mx}} + \dfrac{s_{mx}}{s}} = \frac{4\,425.8}{\dfrac{s}{2.33} + \dfrac{2.33}{s}}$$

结合 Matlab 软件,绘制对应的人为机械特性如图 3 - 8 所示。

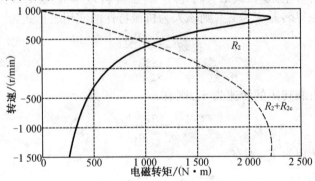

图 3 - 8 例 3 - 2 异步电动机转子串电阻的人为机械特性曲线

(2)转子电路所串电阻

$$R_2 = \frac{s_N E_{2N}}{\sqrt{3}\,I_{2N}} = \frac{0.033 \times 213}{\sqrt{3} \times 312} = 0.013\,2$$

转子电路应串电阻为

$$R_{2C} = \left(\frac{s_{mx}}{s_m} - 1\right)R_2 = \left(\frac{2.33}{0.15} - 1\right) \times 0.013\,2 = 0.19\ \Omega$$

3.2　异步电动机的启动

3.2.1　异步电动机对启动的要求及启动问题

正如直流电动机中所定义的,启动是指电动机从静止状态开始转动至某一转速稳定运行的过程。类似于直流电动机的启动,对启动性能的要求是希望启动过程具有足够大的启动转矩和较小的启动电流。而异步电动机的直接启动性能也较差,其表现主要包括三个方面。

1. 启动电流大

启动瞬间 $s = 1$,由式(3 - 7)得

$$I'_{2st} = \frac{U_1}{\sqrt{(R_1 + R'_2)^2 + (X_1 + X'_2)^2}}$$

由于 $R_1 + R'_2$ 和 $X_1 + X'_2$ 都比较小,因此 I'_{2st} 很大。异步电动机定子的启动电流 $I_{1st} \approx I'_{2st}$,所以定子的启动电流也很大。一般,启动电流 $I_{1st} = (4 \sim 7)I_N$,某些鼠笼式电动机甚至达到 $(8 \sim 12)I_N$。对于经常启动的电动机,过大的启动电流将使电动机过热,缩短使用寿命;同时电动机绕组的端部在电动力作用下会发生变形,可能造成短路而烧坏电机。当供电变压器的容量相对电动机容量不是很大时,会使其输出电压短时大幅度下降,这不仅令正在启动的电动机启动转矩下降很多,造成启动困难,同时也使同一电网上的其他用电设备不能正常工作。一般要求启动电流对电网造成的电压降不得超过10%。

2. 启动时功率因数低

启动时转子功率因数为

$$\cos\varphi_2 = \frac{R'_2}{\sqrt{{R'_2}^2 + {X'_2}^2}}$$

因 R'_2 比 X'_2 小得多,所以 $\cos\varphi_2$ 较小。这说明异步电动机在启动时将从电源吸收较大的无功电流,会使电源的功率因数下降,引起电源电压降低(比如变压器的电压变化率变大)。

3. 启动转矩小

由电磁转矩的物理表达式,异步电动机的电磁转矩 $T = C'_{TJ}\Phi_m I'_2 \cos\varphi_2$。尽管异步电动机的启动电流较大,但因功率因数较低,其有功分量较小。同时,过大的启动电流和较低的功率因数会引起电源电压降低,而过大的启动电流又会加大定子漏抗压降,它们都将使定子感应电势 E_1 降低。从 $E_1 = 4.44 f_1 N_1 k_{dp1} \Phi_m$ 看出,必引起 Φ_m 降低。因此,异步电动机的启动转矩较小,如前所述,一般异步电动机的启动转矩倍数 $K_T = 0.8 \sim 1.2$。

上述几点是异步电动机启动中存在的不足之处。在工程中,有时要设法加以弥补,尤其在电源容量较低的情况下需要限制异步电动机的启动电流。

3.2.2　鼠笼式异步电动机的启动

鼠笼式异步电动机在设计时已考虑到直接启动时的电磁力和发热对电动机的影响。

因此,只要负载对启动过程要求不高,而且供电电网容量允许的话,可以采用设备简单、操作方便的直接启动方法;如不满足要求,就要采用降压启动的方法。所以,鼠笼式异步电动机有直接启动和降压启动两种启动方法。

1. 鼠笼式异步电动机的直接启动

与直流电动机一致,直接启动是在固有参数的条件下,直接将额定电压加到定子绕组上启动异步电动机,所以也叫全压启动。这种启动方法简单,不需要专门的启动设备,这是鼠笼式异步电动机的最大优点之一。但是由于其启动电流大,所以只是小功率的鼠笼式异步电动机普遍采用的一种启动方法。一般小于 7.5 kW 的鼠笼式异步电动机是允许直接启动的。但如果电网容量较大,也可允许容量较大的异步电动机直接启动,可以根据式 (3 – 27) 初步确定可以直接启动的电动机容量。

$$K_{\mathrm{I}} = \frac{I_{1\mathrm{st}}}{I_{1\mathrm{N}}} \leq \frac{1}{4}\left[3 + \frac{\text{电源容量(kVA)}}{\text{启动电动机容量(kVA)}}\right] \tag{3 – 27}$$

式中 $K_{\mathrm{I}} = \dfrac{I_{1\mathrm{st}}}{I_{1\mathrm{N}}}$ ——异步电动机启动电流倍数,可由产品目录上查得。

当然,从供电系统电压降落和供电变压器容量角度考虑,亦可参考表 3 – 2 所示经验值确定鼠笼式异步电动机允许直接启动的功率。

表 3 – 2 鼠笼式异步电动机直接启动的经验数据

动力与照明混合	电动机的启动情况	供电网络允许压降	供电变压器容量/kVA					
			100	180	320	560	750	1000
			直接启动电动机的最大功率/kW					
动力与照明混合	经常启动	2%	4.2	7.5	13.3	23	31	42
	不经常启动	4%	8.4	15	27	47	62	84
动力专用		10%	21	37	66	116	155	210

直接启动因无需附加启动设备,且操作和控制简单、可靠,所以在条件允许的情况下应尽量采用,考虑到目前在大中型厂矿企业中,变压器容量已足够大,因此,绝大多数中小型鼠笼式异步电动机都采用直接启动。

如不满足直接启动的要求,应该采用限制启动电流的降压启动。

2. 鼠笼式异步电动机的降压启动

启动瞬间电流的表达式为

$$I_{1\mathrm{st}} \approx I'_{2\mathrm{st}} = \frac{U_1}{\sqrt{(R_1 + R'_2)^2 + (X_1 + X'_2)^2}}$$

显然可以找出限制启动电流的方法。由于鼠笼式异步电动机的转子电路已固定,所以不能再外接电阻。为限制启动电流,只能在定子电路中采取措施,即降压启动。启动时,设法降低加到定子上的电压,待电机转速上升到一定值之后,再加全电压,可以减小启动电流,但是由于启动转矩正比于电压的平方,所以启动过程中的电磁转矩也随之减小。

(1)串联电阻降压或电抗降压启动

以定子电路串对称电阻为例,定子电路串与对称电抗同理,其启动线路如图 3 – 9 所示。

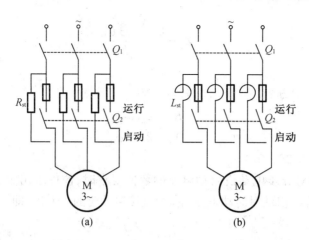

图 3 – 9　鼠笼式异步电动机定子电路串对称电阻或电抗降压启动

(a)串对称电阻;(b)串对称电抗

　　启动时先将选择开关 Q_2 投向"启动"位置,定子电路接入三相对称电阻。启动电流在串接的电阻器上产生压降,降低了加在定子绕组上的电压,从而减小了启动电流。待电机转速升高到一定值时,将选择开关 Q_2 转换到"运行"位置,除了启动电阻,额定电压全部加到定子绕组上,直到达到某一稳定转速,启动过程结束。

　　异步电动机电阻降压启动的简化等效电路如图 3 – 10 所示。

　　此时,启动电流为

$$I_{1st} = \frac{U_N}{\sqrt{(R_1 + R_2' + R_{1st})^2 + (X_1 + X_2')^2}} = \frac{U_N}{\sqrt{(R_k + R_{1st})^2 + X_k^2}} \tag{3 – 28}$$

式中　　$R_k = R_1 + R_2'$——异步电动机短路电阻;

　　　　$X_k = X_1 + X_2'$——异步电动机短路电抗。

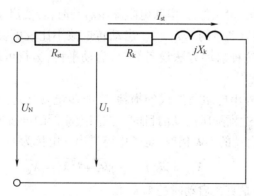

图 3 – 10　异步电动机定子电路串对称电阻的简化等效电路

　　根据简化等效电路图,R_k 和 X_k 可由异步电动机铭牌数据估算。

　　对于 Y 接的异步电动机,有

$$Z_k = \frac{U_{1N}}{\sqrt{3} I_{1st}} = \frac{U_{1N}}{\sqrt{3} K_i I_{1N}} \tag{3 – 29}$$

　　对于△接的异步电动机,有

$$Z_k = \frac{U_{1N}}{\frac{I_{1st}}{\sqrt{3}}} = \frac{\sqrt{3}\,U_{1N}}{K_I I_{1N}} \qquad (3-30)$$

若异步电动机启动时功率因数为 $\cos\varphi_{st}$，则

$$R_k = Z_k \cos\varphi_{st} \qquad (3-31)$$

$$X_k = Z_k \sin\varphi_{st} \qquad (3-32)$$

一般，$\cos\varphi_{st} = 0.25 \sim 0.4$。

这样，在已知对异步电动机启动电流的数值要求时，便可求出定子电路中应串入的电阻。如要求电阻降压启动时启动电流 I_{1stR} 为直接启动时的 $1/k$ 倍，即

$$I_{1stR} = \frac{1}{k} I_{1st}$$

或

$$\frac{1}{k} \frac{U_1}{\sqrt{R_k^2 + X_k^2}} = \frac{U_1}{\sqrt{(R_k + R_{1st})^2 + X_k^2}}$$

解得

$$R_{1st} = \sqrt{k^2 R_k^2 + (k^2-1) X_k^2} - R_k \qquad (3-33)$$

串联电阻降压启动时，降低了加在定子绕组上的电压，势必引起启动转矩 T_{st} 的减小，由于启动转矩 T_{st} 与定于电压 U_1 的平方成比例，所以有

$$\frac{T_{stR}}{T_{st}} = \frac{U_x^2}{U_{1N}^2} \qquad (3-34)$$

由于启动电流 I_{st} 与定子电压 U_1 成比例，即

$$\frac{I_{1stR}}{I_{1st}} = \frac{U_x}{U_{1N}} = \frac{1}{k} \qquad (3-35)$$

式(3-34)和式(3-35)说明，串联电阻降压启动时，若使启动电流是直接启动时的 $1/k$ 倍，其启动转矩是直接启动时的 $1/k^2$ 倍。启动转矩减小比较厉害，故这种方法仅适于空载或轻载启动的场合。这种启动方法设备简单，启动平稳，运行可靠，但启动时损耗较大，目前已较少采用。

为了减少启动时外串电阻所造成的损耗，在异步电动机定子回路中串入对称电抗，如图3-9(b)所示，亦能达到降压启动的目的。按与上相同的分析方法，当定子电路串对称电抗时启动电流为直接启动的 $1/k$ 倍时，定子电路需串入电抗为

$$X_{1st} = \sqrt{(k^2-1) R_k^2 + k^2 X_k^2} - X_k$$

同样，其启动转矩是直接启动时的 $1/k^2$ 倍。

图3-11为某异步电动机定子绕组串电阻降压启动控制线路图，该线路为自动短接启动电阻的降压启动控制。

图中 KM1 为启动接触器，KM2 为运行接触器，KT 为时间继电器。电路工作情况是：合上电源开关小，按下启动按钮 SB2，KM1 与 KT 线圈同时通电并自保，此时电动机定子绕组串接电阻 R 降压启动。当电动机转速接近额定转速时，时间继电器 KT 延时动作，其常开触点闭合，KM2 线圈通电并自保。其常闭触点断开，使 KM1 与 KT 线圈断电释放，KM2 主触点短接电阻，KM1 主触点已断开，于是电动机经 KM2 主触点在全压下进入正常运转。SB1 是

停止按钮。

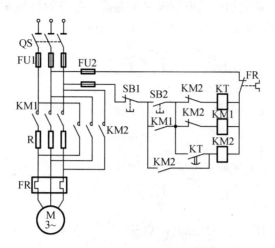

图 3 – 11 定子绕组串电阻降压启动控制线路

（2）自耦变压器降压启动

利用自耦变压器降低加到定子绕组电压,以减小启动电流的启动方法,称为自耦变压器降压启动。其线路如图3 – 12所示。

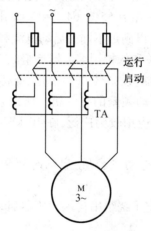

图 3 – 12 鼠笼式异步电动机自耦变压器降压启动

启动时,将选择开关投向"启动"位置,自耦变压器原边加上额定电压,由绕组抽头决定的副边电压加到定子绕组上,电机在低电压下启动。当转速接近额定值时,将选择开关投向"运行"位置,切除自耦变压器,全电压加到定子绕组上,直到电动机稳定运行于某一转速,启动过程结束。

设自耦变压器原边加上额定相电压 U_{1N},副边相电压为 U_x,则有自耦变压器的变比为

$$k = \frac{U_{1N}}{U_x} = \frac{I_x}{I_1}$$

若启动时将电压 U_x 加于定子绕组上,异步电动机的启动电流 I_{1stT} 即为自耦变压器的副边电流 I_x,自耦变压器的原边电流为

$$I_{T1st} = \frac{I_x}{k} = \frac{I_{1stT}}{k}$$

I_{T1st}即为自耦变压器启动时从电源吸收的电流。考虑到自耦变压器启动时加在定子绕组的电压为U_x,由于启动电流与定子电压成正比,因此有

$$\frac{I_{1stT}}{I_{1st}} = \frac{U_x}{U_{1N}} = \frac{1}{k}$$

式中　I_{1st}——直接启动时的异步电动机的启动电流。

所以,自耦变压器启动时从电源吸收的电流(启动电流)为

$$I_{T1st} = \frac{1}{k^2}I_{1st} \tag{3-36}$$

而启动转矩与定子电压的平方成正比,因此有

$$\frac{T_{stT}}{T_{st}} = \frac{U_x^2}{U_{1N}^2} = \frac{1}{k^2} \tag{3-37}$$

式中　T_{stT}——自耦变压器降压启动时的启动转矩;

　　　　T_{st}——直接启动的启动转矩。

根据式(3-36)和式(3-37),采用自耦变压器启动时,若电压降到额定电压的$1/k$,启动电流和启动转矩都是直接启动时的$1/k^2$倍。与电阻降压启动相比,在相同的启动电流下,自耦变压器启动可获得比较大的启动转矩。故这种启动方法可用于较大负载的启动,尤其适用于大容量、低电压电动机的降压启动。一般,用于降压启动的自耦变压器二次绕组设置三个抽头供选用。如 QJ2 型有55%、64%和73%电网电压三个抽头,QJ3 型有40%、60%和80%电网电压三个抽头,以满足不同的启动电流和启动转矩的要求。通常把自耦变压器的输出端抽头连同转换开关和保护用继电器等组成一个设备,称之为启动补偿器。

这种启动方法需自耦变压器,设备体积大,初投资高、维护麻烦,且启动时自耦变压器处于过电流状态,因此不适于启动频繁的电动机。所以它在启动不太频繁,要求启动转矩较大、容量较大的异步电动机上应用较为广泛,在 10 kW 以上的鼠笼式电动机启动中应用十分广泛。

自耦变压器的容量与启动电动机容量、启动时间和连续启动次数有关,请参考有关书籍。

图 3-13 为某异步电动机定子绕组串自耦变压器启动控制线路图,该线路是按时间控制的启动线路。

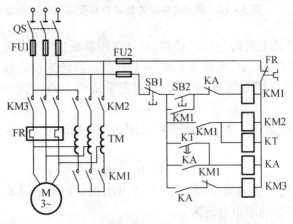

图 3-13　鼠笼式异步电动机自耦变压器降压启动线路

（3）星形－三角形（Y－D）启动

式（3－7）中进行电流的计算所采用的参数均为相值，而三相电路中连接成星形和三角形时，其相电压是不同的，星形联结时是三角形联结时的 $1/\sqrt{3}$，所以采用星形－三角形启动也是一种降压启动。显然，这种方法适于正常工作时定子绕组为三角形接法，即 D 连接，且有 6 个出线端的三相鼠笼式异步电动机的启动中。星形－三角形启动的原理线路如图 3－14 所示。

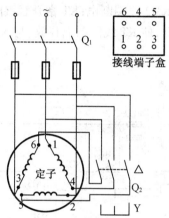

图 3－14 鼠笼式异步电动机星形－三角形启动

启动时将定子绕组接成 Y 形，每相定子绕组加上 $1/\sqrt{3}$ 线电压；待电动机接近稳定转速后，将定子绕组改接成 D 形，每相定子绕组加上线电压，直到电动机稳定运行，启动过程结束。

设电动机每相绕组的阻抗为 z，定子绕组接成 Y 形时，每相绕组加相电压，启动电流为

$$I_{\text{Yst}} = \frac{U_\phi}{z} = \frac{U_1}{\sqrt{3}z}$$

而直接启动时，定子绕组接成 D 形，每相绕组加线电压，启动电流为

$$I_{\Delta\text{st}} = \sqrt{3}\frac{U_1}{z}$$

因此，Y－D 启动时的启动电流和直接启动时启动电流的关系为

$$\frac{I_{\text{Yst}}}{I_{\Delta\text{st}}} = \frac{\frac{U_1}{\sqrt{3}z}}{\sqrt{3}\frac{U_1}{z}} = \frac{1}{3} \tag{3－38}$$

考虑到启动转矩与电源电压（相电压）的平方成比例，Y－D 启动时的启动转矩和直接启动时启动转矩的关系为

$$\frac{T_{\text{Yst}}}{T_{\Delta\text{st}}} = \left(\frac{U_\phi}{U_1}\right)^2 = \frac{1}{3} \tag{3－39}$$

式（3－38）和式（3－39）说明，Y－D 启动时的启动转矩和启动电流均是直接启动时的 1/3。因此，这种启动方法只适用于轻载或空载启动的场合，并且只有一种启动电压，启动转矩不能按实际需要调节。

Y－D 启动除了可以用接触器控制外，还有专用的 Y－D 启动器。Y－D 启动设备简

单,质量轻,体积小,价格便宜,运行可靠,维护简便。由于这种方法应用广泛,我国已专门生产有能采用 Y－D 换接启动的异步电动机,其定子额定电压为 380 V,连接方法为三角形。

图 3－15 为 Y－D 降压启动控制电路,其启动过程是:合上电源开关 QS 为启动作准备。按下启动按钮 SB2,KM1 和 KT 线圈同时通电吸合并自保,KM1 主触点闭合接入三相交流电源,KM2 线圈也通电,使电动机绕组接成 Y 形,电动机开始降压启动。KM2 的常闭触点打开,断开线圈 KM3 回路,实现联锁。延时一定时间后,当电动机转速接近额定转速时,时间继电器 KT 常闭触点断开,使 KM2 线圈断电,KT 常开触点闭合,KM3 线圈通电,使电动机绕组接成 D 形。其常闭触点断开,使 KT 线圈断电释放、与 KM2 实现联锁,电动机开始进入正常运行。

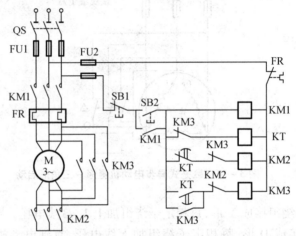

图 3－15　鼠笼式异步电动机星形－三角形启动

(4)延边三角形启动

延边三角形启动是利用电动机定子每相绕组多引出一个抽头,共引出 9 个出线端的联结法达到降压的目的,如图 3－16(a)所示。正常运行时,接成 D 形,即 1 与 6,2 与 4,3 与 5 相连,并接电源,7,8,9 空着;启动时,将 4 与 8,5 与 9,6 与 7 相连,1,2,3 接电源,如图 3－16(b)所示。从接线图形上看,好似三角形三条边的延长,故称延边三角形启动。

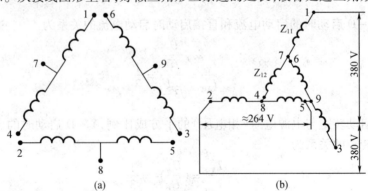

(a)　　　　　　　　　　　　(b)

图 3－16　延边三角形启动定子绕组接法

(a)端子图;(b)接线图

对于延边三角形启动的分析,可将 D 部分等效成 Y 电路。D－Y 变换已在"电工基础"

讲述。不过那时主要是以电流、电压的关系考虑。对于电机,还应考虑两种情况下的磁势不变,因此,还要考虑电流相位和匝数的等效。这就使分析变得较为复杂,感兴趣的读者请参考有关书籍。

一般,在定子绕组上可设置几种抽头,使两部分的匝比为2:1,1:1,1:2。每种匝比对应不同的启动电流和启动转矩,它们与 D 接直接启动的比较见表3-3。

表3-3 延边三角形启动性能与 D 接直接启动的比较

Y 接部分与 D 接部分的比例	每相绕组电压	启动电流	启动转矩
2:1	$0.66U_1$	$0.43I_{st}$	$0.43T_{st}$
1:1	$0.71U_1$	$0.50I_{st}$	$0.50T_{st}$
1:2	$0.78U_1$	$0.60I_{st}$	$0.60T_{st}$

注:U_1——D 接时线电压;I_{st},T_{st}——D 接直接启动时的启动电流、启动转矩。

从表3-3中可见,延边三角形启动时,启动转矩与启动电流降低同样的数值。可以通过选择具有不同匝比的电动机来满足不同负载的启动要求。

这种启动方法所用设备体积小,质量轻,能启动一般负载,且允许经常启动。但是,电机内部接线复杂,尤其对电压较高的电动机,难于做到引出 9 个出线端,所以实际应用不多。

(5)降压启动方法的比较

现将上述四种降压启动的有关数据列于表3-4中。

表3-4 降压启动性能比较

启动方法	U_{1x}/U_{1N}	I_{1stx}/I_{1st}	T_{stx}/T_{1st}	优缺点
直接启动	1	1	1	启动简单,启动电流大,启动转矩小,适于小容量电动机
电阻降压或电抗降压启动	$1/k$	$1/k$	$1/k^2$	启动设备简单,启动转矩小,适于轻载或空载启动
自耦变压器启动	$1/k$	$1/k^2$	$1/k^2$	启动转矩较大,有三种抽头可选,可启动较大负载,但设备复杂
Y-D 启动	$1/\sqrt{3}$	$1/3$	$1/3$	启动设备简单,启动转矩小,适于轻载或空载启动,只用于 D 接电动机
延边三角形启动(匝比1:1)	0.71	0.5	0.5	启动设备简单,启动转矩较大,内部接线复杂

注:U_{1x}/U_{1N} 为加于一相绕组的相电压之比。

例3-3 一台三相鼠笼式异步电动机,$P_N=75$ kW,$n_N=1\ 470$ r/min,$U_{1N}=380$ V,采用 D 接法,$I_{1N}=137.5$ A,$\eta_N=92\%$,$\cos\varphi_N=0.9$,启动电流倍数 $K_I=6$,启动转矩倍数 $K_T=1$,拟带半载启动,电源容量为 1 000 kW,请选择一种合适的降压启动方法:若能直接启动或采用 Y-D 启动,应予优先;若采用定子串电阻或电抗启动,要算出电阻或电抗值;若采用自耦变压器降压启动,需选定 55%、64% 及 73% 抽头中的一种。

解 (1)直接启动

$$\frac{1}{4}\Big[3+\frac{电源容量}{启动电动机容量}\Big]=\frac{1}{4}\Big[3+\frac{1\ 000}{75}\Big]=4.1<K_I$$

所以,不能采用直接启动,应采用降压启动。

(2)Y - D 启动

$$I_{1stY}=\frac{I_{1st}}{3}=\frac{6I_{1N}}{3}=2I_{1N}<4.1I_{1N}$$

满足启动时启动电流的要求。

$$T_{stY}=\frac{T_{st}}{3}=\frac{T_N}{3}<0.5T_N$$

所以,启动转矩不能满足带半载启动的要求,不能采用 Y - D 启动。

(3)电阻电抗降压启动

由上面计算可知,电源允许的启动电流为 $4.1I_{1N}$,取 $I_{1stR}=4I_{1N}$,则

$$k=\frac{I_{1st}}{I_{1stR}}=\frac{6I_{1N}}{4I_{1N}}=1.5$$

对应的启动转矩为

$$T_{stR}=\frac{1}{k^2}T_{st}=\frac{1}{1.5^2}\times1\times T_N=0.44T_N<0.5T_N$$

所以,启动转矩不能满足带半载启动的要求,不能采用电阻电抗降压启动。

(4)自耦变压器降压启动

选电压抽头为 64% 的挡,变比为

$$k=\frac{1}{0.64}=1.56$$

则

$$I_{1stT}=\frac{I_{1st}}{k^2}=\frac{6I_{1N}}{1.56^2}=2.46I_{1N}<4.1I_{1N}$$

满足电源对启动电流的要求。

$$T_{stT}=\frac{T_{st}}{k^2}=\frac{T_N}{1.56^2}=0.41T_N<0.5T_N$$

不能满足启动转矩要求。

置选 73% 一挡,变比为

$$k=\frac{1}{0.73}=1.37$$

则

$$I_{1stT}=\frac{I_{1st}}{k^2}=\frac{6I_{1N}}{1.37^2}=3.2I_{1N}<4.1I_{1N}$$

满足电源对启动电流的要求

$$T_{stT}=\frac{T_{st}}{k^2}=\frac{T_N}{1.37^2}=0.53T_N>0.5T_N$$

满足启动转矩要求。

故选择电压抽头为 73% 的自耦变压器启动较为合适。

3. 鼠笼式异步电动机的软启动方法

前面介绍的几种降压启动方法都属于有级启动方法,启动的平滑性不高。应用一些自动控制线路组成的软启动器可以实现三相鼠笼式异步电动机的无级平滑启动,这种启动称为软启动方法。软启动器可分为磁控式与电子式两种。磁控式软启动器应用一些磁性自动化元件(如磁放大器、饱和电抗器等)组成,由于它们的体积大、较笨重、故障率高,现已被先进的电子软启动器取代。

在本书中只简单介绍电子软启动器的 5 种启动方法,具体的软启动知识可参考"电力拖动自动控制系统"或"交流电机调速"相关书籍。

(1)限流或恒流启动方法　用电子软启动器实现启动时限制电动机启动电流或保持恒定的启动电流,主要用于轻载软启动。

(2)斜坡电压启动法　用电子软启动实现电动机启动时定子电压由小到大斜坡线性上升,主要用于重载软启动。

(3)转矩控制启动法　用电子软启动实现电动机启动时启动转矩由小到大线性上升,启动的平滑性好,能够降低启动时对电网的冲击,是较好的重载软启动方法。

(4)转矩加脉冲突跳控制启动法　此方法与转矩控制启动法类似,其差别在于启动瞬间加脉冲突跳转矩以克服电动机的负载转矩,然后转矩平滑上升。此法也适用于重载软启动。

(5)电压控制启动法　用电子软启动器控制电压以保证电动机启动时产生较大的启动转矩,是较好的轻载软启动方法。

目前,一些生产厂已经生产了各种类型的电子软启动装置,供不同类型的用户选用。

三相鼠笼式异步电动机的减压启动方式历经星形 – 三角形启动器以及自耦减压启动器,发展到磁控式软启动器,目前又发展到更先进的电子软启动器。在实际应用中,当三相鼠笼式异步电动机不能用直接启动方式时,应该首先考虑选用电子软启动方式。电子软启动方法也为进一步的智能控制打下良好的基础。

3.2.3　绕线式异步电动机的启动

根据表达式(3 – 7),绕线式异步电动机转子电路可以外串三相对称阻抗以减小启动电流;同时,根据转子串电阻的人为机械特性,绕线式异步电动机转子电路串一定的电阻可以增大启动转矩。所以绕线式电机采用转子电路串接阻抗启动可用于重载和频繁启动的生产机械上,启动结束后切除外串阻抗。绕线式异步电动机主要有转子串电阻和转子串并联阻抗两种启动方法。

1. 转子电路串电阻启动

绕线式异步电动机在转子电路串入电阻,既可以限制启动电流,又可以加大启动转矩,尤其适用于重载启动的场合。启动时,通过装于转子上的滑环和固定的电刷接入启动电阻,如图 3 – 17 所示。

由转子电路串电阻的人为机械特性可知,其很类似于直流电动机电枢电路串电阻的人为机械特性。因此,绕线式异步电动机亦可采用逐段切除所串电阻的分级串电阻启动的办法,待电动机转速稳定后,通过提刷短路装置将滑环短接,并抬起电刷,以减少摩擦。

转子电路串电阻分串对称电阻和串不对称电阻两种情况。前者同时切换对称电阻,以保持三相始终对称;后者则轮流切除各相启动电阻,以较少的换接元件,获得较多的加速级数。

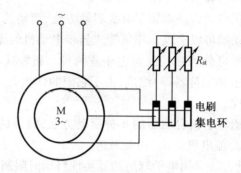

图 3 - 17　绕线式异步电动机转子串电阻启动

由于异步电动机机械特性为非线性,很难准确算出各级启动电阻值。为简化计算,在 $0 < s < s_m$ 范围的机械特性可视作直线,其误差并不大;而 $s > s_m$ 范围内一般没有运行点,一般情况下可不予考虑。于是异步电动机机械持性可用式(3 - 16)的简化实用表达式来表示,即

$$T = \frac{2T_m}{s_m}s = \frac{2T_m}{s_m} \cdot \frac{n_1 - n}{n_1}$$

所以

$$n = n_1 - \frac{s_m n_1}{2T_m}T \tag{3-40}$$

式(3 - 40)说明,绕线式异步电动机的简化实用机械持性是一条过同步转速 n_1、斜率为 $\frac{s_m n_1}{2T_m}$ 的下倾直线。由于临界转差率 s_m 与转子电阻成正比,当转子电路串电阻时,s_m 与转子电阻成比例增大,机械特性的斜率也与电阻成比例增大,而同步转速不变。因此,转子电路串对称电阻的异步电动机简化实用机械特性是一组过同步转速,斜率与转子电阻成比例增大的曲线族,与他励直流电动机电枢电路串电阻的机械特性十分相似。因此,其启动过程和启动电阻的计算与他励直流电动机完全一样。同理于直流电动机,在一般情况下的 m 级启动,有

$$\frac{R_m}{r_2} = \frac{R_{m-1}}{R_m} = \cdots = \frac{R_2}{R_3} = \frac{R_1}{R_2} = \frac{T_1}{T_2} = \beta \tag{3-41}$$

式中　T_1——最大启动转矩;

T_2——切换转矩;

β——启动转矩比。

为了便于理解,此处用 R_2 表示第二级电阻,而用 r_2 表示转子电阻。

值得注意的是,对于绕线式异步电动机。启动转矩与转子电流的有功分量成比例,而在启动过程中功率因数是变化的,因此,在计算启动电阻时,均取转矩作为最大值与切换值,而不像他励直流电动机中采用电流。一般,最大启动转矩取为

$$T_1 = 0.85T_m \tag{3-42}$$

式中,0.85 是考虑电源电压降低对最大转矩的影响。切换转矩取为

$$T_2 \geqslant (1.1 \sim 1.2)T_Z \tag{3-43}$$

由式(3 - 41)可得

—— 114 ——

$$R_m = \beta r_2$$
$$R_{m-1} = \beta R_m = \beta^2 r_2$$
$$\vdots$$
$$R_2 = \beta R_3 = \beta^{m-1} r_2$$
$$R_1 = \beta R_2 = \beta^m r_2$$
$$(3-44)$$

则每级的分段启动电阻为

$$R_{cm} = R_m - r_2 = (\beta-1)r_2$$
$$R_{c(m-1)} = R_{m-1} - R_m = \beta(\beta-1)r_2$$
$$\vdots$$
$$R_{c2} = R_2 - R_3 = \beta^{m-2}(\beta-1)r_2$$
$$R_{c1} = R_1 - R_2 = \beta^{m-1}(\beta-1)r_2$$
$$(3-45)$$

仿照式(3-26)，R_1 可按下式求出

$$R_1 = \frac{s_{st} E_{2N}}{\sqrt{3} I_{2st}} = \frac{E_{2N}}{\sqrt{3} I_1} \qquad (3-46)$$

式中　s_{st}——电动机启动动时的转差率；$s_{st}=1$；

　　　I_{2st}——转子启动电流，$I_{2st}=I_1$。

将式(3-26)、式(3-46)代入式(3-44)中的最后一个公式可得

$$\beta = \sqrt[m]{\frac{R_1}{r_2}} = \sqrt[m]{\frac{E_{2N}/(\sqrt{3} I_1)}{s_N E_{2N}/(\sqrt{3} I_{2N})}} = \sqrt[m]{\frac{I_{2N}}{s_N I_1}} = \sqrt[m]{\frac{T_N}{s_N T_1}} \qquad (3-47)$$

将 $T_1 = \beta T_2$ 代入式(3-47)，又得

$$\beta = \sqrt[m+1]{\frac{T_N}{s_N T_2}} \qquad (3-48)$$

对式(3-47)两边取对数，得

$$m = \frac{\ln\left(\dfrac{R_1}{r_2}\right)}{\ln\beta} = \frac{\ln\left(\dfrac{T_N}{s_N T_1}\right)}{\ln\beta} \qquad (3-49)$$

与他励直流电动机一样，启动级数 m 有已确定和待确定两种计算启动电阻方法，此处不再赘述。转子串不对称电阻的计算是在对称启动电阻计算的基础上进行的，请参考有关书籍。

绕线式异步电动机转子电路串电阻启动的优点是：可获得最大的启动转矩，启动时功率因数高，启动电阻可兼作调速电阻。但是须用开关元件，且电阻器较多，设备庞大，操作维修不便，尤其是功率大时，转子电流大，切换电阻时转矩变化大，对机械及传动机构冲击较大，这是该启动方法的缺点。

图3-18为某绕线式异步电动机定子绕组串电阻降压启动控制线路图，该线路是一种按照电流原则启动的控制线路。使用了能反映电流变化的电流继电器 KI1 和 KI2，按电动机启动过程中的电流变化规律来实现自动启动。

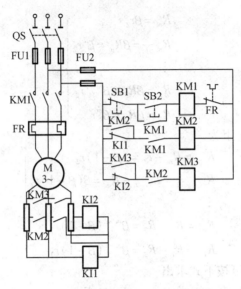

图 3 - 18 转子绕组串电阻降压启动控制线路

启动过程如下:按下启动按钮 SB2,KM1 线圈通电动作并自保,其主触点闭合,电动机串入启动电阻启动,瞬时启动电流较大,达到电流继电器 KI1 动作值,迫使串联在转子回路的电流继电器 KI1 先动作。随着转速的上升,转子电流逐渐下降,使 KI1 释放,其触点闭合,同时 KM2 线圈通电,切断第一段启动电阻,此瞬间转子电流又升到电流继电器 KI2 的动作值,使 KI2 动作,常闭触点打开,随着转速的升高,转子电流又下降到 KI2 的释放值,其常闭触点闭合,使 KM3 通电并自保,KM3 的常开触点闭合短接第二段启动电阻,转子电流上升,随着转速的上升,电流将下降,启动过程结束。

例 3 - 4 一台三相绕线式异步电动机,$P_N = 40$ kW,$n_N = 1\ 460$ r/min,转子额定线电动势为 $E_{2N} = 420$ V,额定线电流为 $I_{2N} = 61.5$ A,最大转矩倍数 $K_m = 2.6$,阻转矩 $T_Z = 0.75 T_N$。求转子串三级启动的电阻值。

解   额定转差率 $s_N = \dfrac{n_1 - n}{n_1} = \dfrac{1\ 500 - 1\ 460}{1\ 500} = 0.027$

$$转子每相电阻\ r_2 = \frac{s_N E_{2N}}{\sqrt{3}\,I_{2N}} = \frac{0.027 \times 420}{\sqrt{3} \times 61.5} = 0.106\ \Omega$$

$$最大启动转矩\ T_1 \leqslant 0.85 K_m T_N = 0.85 \times 2.6 T_N = 2.21 T_N$$

取 $T_1 = 2.21 T_N$,则启动转矩比为

$$\beta = \sqrt[m]{\frac{T_N}{s_N T_1}} = \sqrt[3]{\frac{T_N}{0.027 \times 2.21 T_N}} = 2.56$$

校验切换转矩为

$$T_2 = \frac{T_1}{\beta} = \frac{2.21 T_N}{2.56} = 0.863 T_N$$

$$1.1 T_Z = 1.1 \times 0.75 T_Z = 0.825 T_N$$

因此,$T_2 = 1.1 T_Z$,合适。

各级转子每相电路总电阻为

$$R_3 = \beta r_2 = 2.56 \times 0.106 = 0.271\ \Omega$$

$$R_2 = \beta^2 r_2 = 2.56^2 \times 0.106 = 0.695 \ \Omega$$
$$R_1 = \beta^3 r_2 = 2.56^3 \times 0.106 = 1.778 \ \Omega$$

转子每相电路各分段启动电阻为

$$R_{c3} = R_3 - r_2 = 0.271 - 0.106 = 0.165 \ \Omega$$
$$R_{c2} = R_2 - R_3 = 0.695 - 0.271 = 0.424 \ \Omega$$
$$R_{c1} = R_1 - R_3 = 1.778 - 0.695 = 1.083 \ \Omega$$

2. 转子电路串频敏变阻器启动

在实际应用中,采用频敏变阻器代替上述分级启动电阻可以克服转子电路串分级电阻启动的缺点。频敏变阻器可以理解成是一个铁损很大的三相电抗器,其结构如图 3 – 19(a) 所示。其铁心由较厚的(一般为 30 ~ 50 mm)钢板或铁板叠成,以增大铁损。每个铁心柱上只有一个绕组,三相绕组接成 Y 形,其一相等值电路如图 3 – 19(b) 所示。

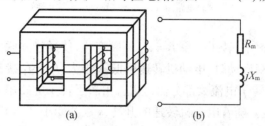

图 3 – 19　频敏变阻器的结构和等效电路
(a)结构;(b)等效电路

启动时,频敏变阻器经滑环和电刷接入转子电路。由于刚启动时电动机转速较低,转子频率 $f_2 = s f_1$ 较高,铁芯中的铁芯损耗较大,与其对应的表征铁损的电阻 R_m 较大。对于频敏变阻器的电抗,虽然转子频率较高,但过大的启动电流会使铁芯磁路饱和,磁导率 μ 减小,从而使电抗器电感(或电抗)减小。因而,相当于转子电路串入了对称电阻,既能限制启动电流,又能增大启动转矩。随着电动机转速上升,s 减小,$f_2 = s f_1$ 减小,铁心损耗减小,使对应的表征电阻 R_m 减小。对于电抗,虽然由于磁路不再饱和,电感较大,但由于转子频率变低,电抗也不会太大。所以,在整个启动过程中,电抗都没有太大的影响。不考虑电抗的影响,则相当于在转子电路中串入一个随转子频率可变的变阻器,因其等效电阻能随转子频率自动变化,故称为频敏变阻器。随着电动机转速升高,转子频率逐渐减小,变阻器电阻逐渐减小,使电机平稳加速。启动结束后,将滑环短接,切除频敏变阻器,并抬起电刷。

频敏变阻器的主要优点是具有自动平滑调节启动电流和启动转矩的良好启动特性,且结构简单,运行可靠,使用维护方便。它的缺点是:功率因数低(一般为 0.3 ~ 0.8),因而启动转矩的增大受到限制,且不能用作调速电阻。因此频敏变阻器主要在对调速没有什么要求、启动转矩要求不大、经常正反向运转的绕线式异步电动机启动中应用比较合适,目前已广泛应用于冶金、化工等传动设备上。

频敏变阻器可以通过调整铁芯柱与铁轭间设有的气隙和在绕组上留有的几个抽头,改变气隙大小和绕组匝数用以调整启动电流和启动转矩,当匝数少或气隙大时具有大的启动电流和启动转矩。

为了使单台频敏变阻器的体积、质量不要过大,当电动机容量较大时,可以采用多台频敏变阻器串联使用。

3.转子电路串并联阻抗启动

绕线式异步电动机转子电路接入并联的电抗 X_{st} 和电阻 R_{st},如图 3-20(a)所示。

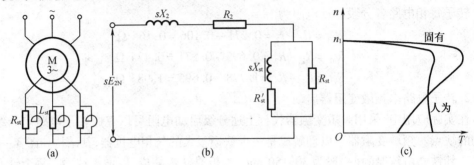

图 3-20 转子电路串入并联阻抗启动
(a)电路图;(b)等效电路;(c)机械特性

在电动机启动过程中,转子频率 $f_2 = sf_1$ 不断变化,使通过并联电阻 R_{st} 与电抗 X_{st} 上的电流比例不断变化。在刚启动时,电动机转速很低,s 很大,$f_2 = sf_1$ 接近定子频率,电抗器的电抗 $X_{st} = 2\pi f_2 L_{st}$ 较大。转子电流大部分流过 R_{st},相当于转子电路串入电阻,既限制了启动电流,又增大了启动转矩。随着电动机转速的升高,s 逐渐变小,$f_2 = sf_1$ 也逐渐变小,使 X_{st} 逐渐减小,转子电流中通过 X_{st} 的比例逐渐加大,直到启动结束,转子频率 f_2 很小,一般只有 $1\sim3$ Hz,X_{st} 的值已很小,几乎通过全部转子电流,相当于将 R_{st} 短路切除。

绕线式异步电动机转子电路串入并联阻抗的转子等效电路图如图 3-20(b)所示。如果并联阻抗的参数选得合适,就可以在电动机整个加速过程中,几乎获得恒定的转矩,即可获得如图 3-20(c)所示的人为特性。根据经验,电抗器的参数为

$$\left. \begin{array}{l} X_{st} = (3\sim4)X_2 \\ R'_{st} = R_2 \end{array} \right\} \tag{3-50}$$

式中　R'_{st}——电抗器线圈的电阻;

　　　R_2 和 X_2——电动机转子绕组的电阻及电抗。

与电抗器并联的电阻 R_{st} 则可采用下列参数,即

$$R_{st} = 16R_2 \tag{3-51}$$

3.2.4　改善启动性能的笼式异步电动机

普通鼠笼式异步电动机的启动电流很大,但启动转矩较小。为了限制启动电流而采取的降压措施,使启动转矩变得更小,基本上只能用于空载或轻载启动的场合。这样,便限制了鼠笼式异步电动机的应用,使其优点不能充分发挥。为了使其既具有较小的启动电流,又产生较大的启动转矩,从而改善其启动性能,从结构上改造了鼠笼式异步电动机。这种电动机从改造转子槽形入手,利用"集肤效应",使启动时转子电阻增大,正常运行时转子电阻又能够变小,既改善了电动机的启动性能,又具有普通异步电动机那样高的效率。

1.深槽式异步电动机

这种电机的转子槽形深且窄,其槽深与槽宽之比一般为 $10\sim12$(普通异步电动机槽深与槽宽之比一般小于5)。槽中嵌放转子导条。当导条中有电流通过时,该电流产生的漏磁通如图 3-21(a)所示。从图中可以看出,在沿槽高的方向上,与导条各部分相链的磁通是

不同的,与位于槽底部的导条部分相链的磁通比槽口导条部分要多。如果把导条看成由许多单元导条并联组成,则与每根单元导条相链的磁通从槽底向槽口逐渐减小。

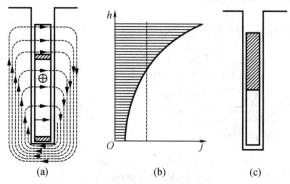

图 3－21　深槽导条中沿槽高方向电流的分布
(a)漏磁场;(b)沿槽高方向电流密度的分布;(c)电流等效路径

启动时,$n=0,s=1$,转子频率 $f_2=sf_1=f_1$ 较大,当转子电流以此频率变化时,在各单元导条中便产生不同的反电势,其大小与单元导条相链的磁通成正比,这样,在单元导条中便产生自槽底至槽口逐渐减小的反电势,从而,在相同的转子感应电势作用下,在单元导条中便产生自槽底至槽口逐渐增大的电流,使整个导条的电流密度沿槽高方向分布不均,如图 3－21(b)所示。这种现象称为“集肤效应”,其实际效果相当于导条截面减小,如图 3－21(c)所示。这样便增加了转子电阻,既限制了电动机的启动电流,又加大了启动转矩。

随着电动机转速的升高,s 减小,转子电流频率 $f_2=sf_1$ 减小,各单元导条产生的反电势比较小,且上下单元导条的反电势的差别逐渐减小,集肤效应越来越不明显。至启动结束时,f_2 很小,集肤效应消失,导条内电流为均匀分布,转子电阻为正常值,且比较小,保证了电动机有较高的运行效率。

深槽式异步电动机转子漏磁通较多,转子漏抗 X_2 较大,其过载能力和功率因数均比普通鼠笼式异步电动机低。

2. 双笼式异步电动机

这种电机的转子上装设两套导条,如图 3－22(a)所示。位于外层的称为外笼,处于内层的称为内笼。两个笼有各自的端环。两笼间有细缝沟通。当转子有电流流过时,与内笼相链的漏磁通比外笼多得多,如图 3－22(b)所示。启动时,转子电流以接近定子频率 f_1 的频率变化,在内笼感应出比外笼大得多的自感电势,因此,在相同的转子电势作用下,通过外笼的电流比内笼大得多(即集肤效应的作用)。由于外笼截面较小,并且采用电阻系数较大的黄铜或青铜制成,因而相当于在转子电路串入较大电阻,改善了启动性能。

随着转速升高,转子频率 $f_2=sf_1$ 逐渐减小,内外笼自感电势之差逐渐变小,由于内笼导条截面较大,且由电阻系数较小的紫铜制成,转子电流中通过内笼的比例逐渐加大,至启动结束时,转子电流绝大部分通过电阻较小的内笼。

从上面分析可见,外笼主要在启动时起作用,也称为启动笼;内笼主要在工作时起作用,也称为工作笼。内外笼及整个电机的机械特性如图 3－22(c)中曲线 T_2,T_1,T_3 所示。

这种电机结构及制造工艺复杂,用铜量较多,价格昂贵,且过载能力与功率因数比普通鼠笼式异步电动机低。

上述两种特殊的鼠笼式异步电动机都具有较好的启动性能,在工业上得到了广泛的应用。实际上,功率大于 100 kW 的鼠笼式电动机都做成双鼠笼式或深槽式。

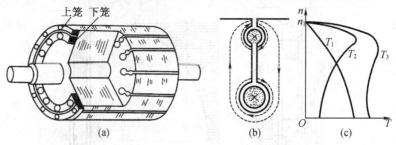

图 3 - 22　双笼式转子结构、漏磁场和机械特性

(a)转子结构;(b)漏磁场;(c)机械特性

3. 高转差率鼠笼式异步电动机

当转子导体电阻增大时,既可以限制启动电流,又可以在一定范围内增大启动转矩,对于改善异步电动机的启动性能来说,是一个比较有效的措施。据此,对于频繁启动的异步电动机,其转子导体不用普通的纯铝,而用电阻率高的 ZL - 14 铝合金,使得转子绕组电阻加大。根据人为机械特性,当转子导体电阻更大时,电动机稳态运行的转差率要更高一些,所以,这种电动机常被称为高转差率异步电动机。它适用于具有较大飞轮惯量和不均匀冲击负载及逆转次数较多的机械。

3.3　异步电动机的制动

与直流电动机一样,根据电磁转矩的方向与转速方向的关系,异步电动机也有两种运行状态:电动状态和制动状态。电动状态两者方向相同,电磁转矩呈现驱动性质的转矩;制动状态两者方向相反,电磁转矩呈现制动性质的转矩。电机处于电动状态时,从电源吸收电功率,输出机械功率,其机械特性位于第 I 象限和第 III 象限;处于制动状态时,从轴上输入机械功率,转换成电功率,其机械特性位于第 II 象限或第 IV 象限。

另外,和直流电动机的制动一样,异步电动机也有能耗制动、反接制动和回馈制动三种形式。

3.3.1　能耗制动

1. 能耗制动原理

异步电动机的能耗制动除了像直流电动机那样切断电源,并在转子回路接入电阻外,还必须在定子绕组中通入直流电流来建立磁场,如图 3 - 23 所示。由于异步电动机只有在定子绕组接上三相交流电源后,电机内部才产生旋转磁场,切掉电源后,电机内磁势也消失,虽然转子在机械惯性作用下仍在旋转,却不会产生制动转矩。为此,必须向定子绕组内通入直流电流,以便在气隙中形成恒定的磁场,旋转的转子导体与此磁场相互作用,产生感应电势和电流,该电流又与恒定磁场作用,产生电磁转矩。由左手定则判断,该电磁转矩与转向相反,是制动转矩,电机转速下降,电机处于制动状态。这种制动的实质是将转子中贮存的动能转换成电能,并消耗在电阻上,因而称为能耗制动。

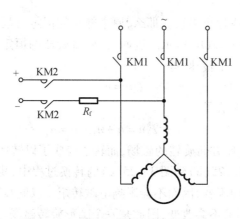

图 3 – 23　异步电动机的能耗制动线路图

定子绕组通入直流电流产生恒定磁场有许多办法,图 3 – 24(a)就是其中的一种办法。当 A、B 两相绕组通入直流电流时,将在 A、B 两相绕组的轴线上,分别建立恒定磁势,如图 3 – 24(b)所示,其合成磁势也是恒定磁势,如图 3 – 24(c)所示。其他办法请参考有关书籍。

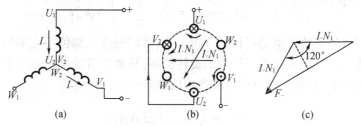

图 3 – 24　能耗制动时的恒定磁场

(a)接线图;(b)A,B 两相磁势;(c)合成磁势

2. 能耗制动的机械特性

能耗制动时的电磁转矩是因机械惯性而继续旋转的转子与恒定的定子磁场有相对运动产生的。该制动转矩的大小与方向仅决定于转子与恒定磁场相对运动的速度与方向,而与该固定磁场与定子本身是否有相对运动无关。这样,便可借助分析异步电动机电动运行的方法来分析能耗制动状态。

在能耗制动时,异步电动机仍以转速 n 按原转动方向旋转,电机的气隙磁场是不动的,如图 3 – 25(a)所示。

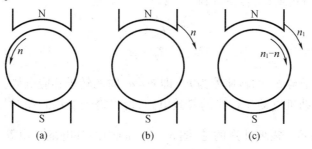

图 3 – 25　异步电动机能耗制动过程

(a)转子转速为 n;(b)转子等效为静止;(c)磁场等效为同步 n_1 转速

如果我们把转子看成静止不动。那么,原来静止的恒定磁场便成为逆着电机旋转方向以转速 n 旋转的,如图 3 - 25(b)所示。进而,我们将旋转的恒定磁场和静止的转子同时顺着磁场的旋转方向增加一个转速,即

$$\triangle n = n_1 - n$$

则旋转磁场的转速变成了

$$n + \triangle n = n + n_1 - n = n_1$$

即变成了以同步转速 n_1 反方向旋转的磁场;而转子变成了以转速 $\triangle n$ 反方向旋转,如图 3 - 25(c)所示。由于在图 3 - 25(a)到图 3 - 25(c)的转换过程中,我们始终保持转子与恒定磁场相对运动的速度与方向不变,因而不会影响电磁转矩。以同步转速 n_1 旋转的恒定磁场是由直流电流产生的,其幅值不会改变,因此是一个圆形旋转磁场。以图 3 - 24 所示的恒定磁场为例,A、B 两相绕组通入直流电流 I_- 时产生的磁势为

$$F_A = F_B = \frac{4}{\pi} \cdot \frac{1}{2} N_1 k_{w1} I_- \tag{3 - 52}$$

其合成磁势为

$$F_- = 2F_A \cos 30° = \sqrt{3} \cdot \frac{4}{\pi} \cdot \frac{1}{2} N_1 k_{w1} I_-$$

为了应用异步电动机电动运行的分析方法,我们把这个幅值不变的旋转磁场看成是由对称三相电流通入三相对称绕组产生的旋转磁场,只要两者的幅值相等就可以了。若每相电流的有效值为 I_1,则该三相对称电流产生的旋转磁场的幅值为

$$F_\sim = \frac{3}{2} \cdot \frac{4}{\pi} \cdot \frac{\sqrt{2}}{2} N_1 k_{w1} I_1$$

使 $F_\sim = F_-$ 得

$$I_1 = \sqrt{\frac{2}{3}} I_- \tag{3 - 53}$$

此时,转子的转速为 $-\Delta n$,转差率为

$$\frac{-n_1 - (-\Delta n)}{-n_1} = \frac{-n_1 + n_1 - n}{-n_1} = \frac{n}{n_1}$$

为了区别于电动状态,能耗制动状态的转差率以 γ 表示,即

$$\gamma = \frac{n}{n_1}$$

由电动状态分析结果,容易得到

$$\dot{E}_{2\gamma} = \gamma \dot{E}_2$$
$$f_2 = \gamma f_1$$

式中　$\dot{E}_2$——转子与 F_- 的转速差为 n_1,即 $n = n_1$ 时的转子感应电势。

参照异步电动机电动运行时的等效电路,可以得到能耗制动时异步电动机等效电路,如图 3 - 26(a)所示。需要注意的是,图 3 - 26(a)中的各电量是由等效交流电流 $\dot{I}_1$ 产生的旋转磁势作用的结果,不同于电动运行时的各量。

异步电动机在能耗制动时,通入直流励磁电流,电机内产生的铁损很小,可以忽略 R_m,即认为等效的励磁电流主要是磁化电流。图 3 - 23(b)为对应的相量图。根据余弦定理,有

$$I_1^2 = I_2^2 + I_0^2 + 2I_2'I_0\cos(90+\varphi_2) = I_2'^2 + I_0^2 + 2I_2'I_0\sin\varphi_2 \tag{3-54}$$

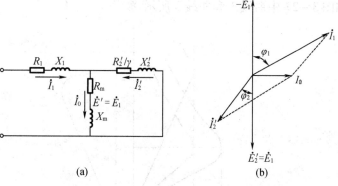

图 3-26 异步电动机能耗制动等效电路与相量图

(a)等效电路图;(b)相量图

由图 3-23(a),当忽略铁损(即 $R_m = 0$)时,有

$$I_0 = \frac{E_2'}{X_m} = \frac{I_2'\sqrt{(\frac{R_2'}{\gamma})^2 + X_2'^2}}{X_m} \tag{3-55}$$

$$\sin\varphi_2 = \frac{X_2'}{\sqrt{(\frac{R_2'}{\gamma})^2 + X_2'^2}} \tag{3-56}$$

将式(3-55)、式(3-56)代入式(3-54),经整理得

$$I_2'^2 = \frac{I_1^2 X_m^2}{(\frac{R_2'}{\gamma})^2 + (X_m + X_2')^2} \tag{3-57}$$

则

$$P_{em} = m_1 I_2'^2 \frac{R_2'}{\gamma} = m_1 \frac{I_1^2 X_m^2}{(\frac{R_2'}{\gamma})^2 + (X_m + X_2')^2} \frac{R_2'}{\gamma} \tag{3-58}$$

$$T = \frac{P_{em}}{\Omega_1} = \frac{m_1}{\Omega_1} \cdot \frac{I_1^2 X_m^2 \cdot \frac{R_2'}{\gamma}}{(\frac{R_2'}{\gamma})^2 + (X_m + X_2')^2} \tag{3-59}$$

式(3-59)即为异步电动机能耗制动的机械特性表达式。

将式(3-59)两边对 γ 求导,并令 $\frac{dT}{d\gamma}=0$,可得到最大制动转矩及其对应的转差率,即

$$T_{m\gamma} = \frac{m_1}{\Omega_1} \cdot \frac{I_1^2 X_m^2}{2(X_m + X_2')} \tag{3-60}$$

$$\gamma_m = \frac{R_2'}{X_m + X_2'} \tag{3-61}$$

由式(3-60)和式(3-61)不难看出,最大制动转矩 $T_{m\gamma}$ 与等效电流 I_1(或直流励磁电流 I_-)的平方成正比,因此,改变直流励磁电流的大小,即可改变最大制动转矩,如图 3-27 中

的曲线 1 和曲线 2 所示;γ_m 与转子电路电阻成正比,改变转子电路所串电阻,亦可改变制动转矩的大小,如图 3 - 27 中曲线 1 和曲线 3 所示。

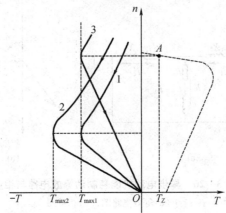

图 3 - 27 异步电动机能耗制动机械特性

将式(3 - 59)除以式(3 - 60),整理后得到异步电动机能耗制动机械特性的实用表达式为

$$T = \frac{2T_{m\gamma}}{\dfrac{\gamma}{\gamma_m} + \dfrac{\gamma_m}{\gamma}} \qquad (3 - 62)$$

当采用能耗制动时,既要有较大的制动转矩,又不致使定、转子电流过大。根据经验,对于图 3 - 23 所示的接线,若采用鼠笼式异步电动机(转子电路不能串电阻),直流励磁电流一般为

$$I_- = (4 \sim 5)I_0 \qquad (3 - 63)$$

若采用绕线式异步电动机时,直流励磁电流和转子所串电阻一般取为

$$\left. \begin{array}{l} I_- = (2 \sim 3)I_0 \\[2mm] R_{CT} = (0.2 \sim 0.4)\dfrac{E_{2N}}{\sqrt{3}\,I_{2N}} - R_2 \end{array} \right\} \qquad (3 - 64)$$

式中,I_0 为异步电动机空载电流,一般 $I_0 = (0.2 \sim 0.5)I_{1N}$;$E_{2N}$ 为定子绕组加上额定电压、转子静止时的转子感应电势,可由产品目录查得;I_{2N} 为转子额定电流,由产品目录查得;R_2 为转子每相电阻,可以由式(3 - 26)估算。这时,最大制动转矩 $T_m = (1.25 \sim 2.2)T_N$。

和直流电动机能耗制动一样,对于反抗性负载,能耗制动可实现准确停车。对于位能负载,如欲停车,必在 $n = 0$ 时采用机械刹车,否则,电机将在位能负载作用下反向启动并加速,直至电磁转矩与负载特矩相等时,获得稳定下放速度。这时,其机械特性是能耗制动机械特性向第四象限的延伸部分。

3.3.2 反接制动

异步电动机有转速反向和相序反接两种反接制动。

1. 转速反向的反接制动

这种制动只适用于位能负载,是在保持旋转磁场旋转方向不变的情况下,使转子电路串入较大电阻实现的。借助于位能负载的作用,倒拉电机反转,获得稳定下放速度。

由异步电动机转子串电阻的人为特性知,当转子电阻增加时,最大转矩 T_m 不变,临界转

差率 s_m 与转子电阻成比例变化。对于位能负载 T_Z，当转子串入较大电阻时，若启动转矩 $T_{st} < T_Z$，已无力使电动机正向旋转，相反，在位能负载作用下，倒拉电机反转，直到 $T = T_Z$，重物稳定下降。这时，旋转磁场的旋转方向并未改变，转差率为

$$s = \frac{n_1 - (-n)}{n_1} = \frac{n_1 + n}{n_1} > 1$$

由 $I_2 = \dfrac{s \dot{E}_2}{R_2 + jsX_2}$ 可见，转子电流方向未变，所以，电磁转矩 T 方向也未变，T 与 n 方向相反，电动机处于制动状态。转速反向反接制动机械特性如图 3-28(b)所示。显然，改变转子所串电阻，可获得不同的转速反向反接制动的机械特性。

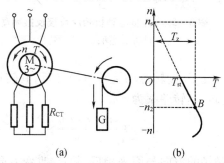

(a)　　　　　　(b)

图 3-28　异步电动机转速反向反接制动
(a)制动原理图；(b)机械特性

由于转速反向反接制动时 $s > 1$，轴上总机械功功率为

$$P_\Omega = m_1 I_2'^2 \frac{(1-s)}{s}(R_2' + R_{CT}') < 0$$

说明轴上总机械功率 P_Ω 不再是输出功率，而变成了输入功率，即功率的传递方向是从轴端的机械功率转换为转子的电功率。

电磁功率为

$$P_{em} = m_1 I_2'^2 \frac{r_2' + R_{CT}'}{s} > 0$$

由于电磁功率大于零，说明从定子向转子传递功率。也就是定子从电源吸收电功率，扣除掉必要的定子电阻损耗和铁耗后，将电功率传递到转子。

显然，转子电路总电阻的铜耗为

$$p_{cm2} = m_1 I_2'^2 (R_2' + R_{CT}') = m_1 I_2'^2 \frac{R_2' + R_{CT}'}{s} - m_1 I_2'^2 \frac{1-s}{s}(R_2' + R_{CT}') = P_{em} + P_\Omega \quad (3-65)$$

式(3-65)说明异步电动在转速反向反接制动时，由定子传递到转子的电功率和由位能负载提供的机械功率而转换到转子的电功率全部消耗在转子电路的电阻中。其中一部分消耗在转子本身的电阻 R_2 上，另一部分消耗在外串电阻 R_{CT} 上。

2. 定子相序反接的反接制动

如果异步电动机拖动系统在电动状态下稳定运行，如图 3-29(b)中 A 点所示。现要使其停止或反转，可将定子三相电源任意两相对调，如图 3-29(a)所示。

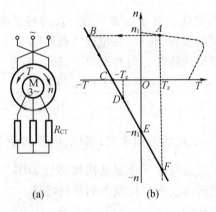

图 3 – 29 异步电动机相序反接反接制动

(a)制动原理图;(b)机械特性

这时,定子电压的相序反了,旋转磁场旋转方向变反,其转速为 $-n_1$。由于电机在机械惯性作用下仍以原转速旋转,其转差率为

$$s = \frac{-n_1 - n}{-n_1} = \frac{n_1 + n}{n_1} > 1$$

这时,转子绕组切割磁场的方向与原来相反,故 $\dot{E}_2$ 改变方向,使 $s\dot{E}_2$,$\dot{I}_2$,T 都改变了方向。因此,T 与 n 方向相反,电动机处于制动状态。

在改变两相接线的瞬间,由于电机有惯性,从图 3 – 29(b)中 A 点突跳到 B 点,在制动转矩作用下,电机转速下降。如果制动的目的是为了停车,则必须在转速接近零时切断电源,否则,电动机有可能反转。若电动机拖动的是反抗性负载,电动机能否反转决定于电机制动到 $n = 0$ 时的转矩(反向启动转矩)。如果该转矩的绝对值大于负载转矩,则电动机将反向启动并加速,至 $T = T_z$ 时,电动机稳定工作在某一转速上,如图 3 – 29(b)中 D 点,这时电动机工作在反向电动状态;如果该转矩的绝对值小于负载转矩,电动机只能堵转运行,使电动机发热厉害。

若电动机拖动的是位能负载,电动机在位能负载作用下,反向启动并加速,直到 $T = T_z$ 时,电动机稳定运行,其转速已高于反向同步转速,如图 3 – 29(b)中 F 点的制动运行状态。这时,电动机已工作在第四象限了,运行状态属于 3.3.3 节所述的回馈制动。

从上面分析可以得出,相序反接制动的机械特性实际上是电动机反向电动机械特性位于第二象限的部分,如图 3 – 29(b)中 BC 段。

改变转子电路电阻的大小,可获得不同的制动转矩。在这种制动中,$s > 1$,其能量关系与转速反向反接制动相同,即由转子输入机械功率而转换的电功率和从电源输入的电功率都消耗在转子电路的电阻上。

这种制动方法具有强烈的制动效果,但损耗较大,停车时须采用自动转速控制和切除电源装置。

3.3.3 回馈制动

当异步电动机由于某种原因,例如位能负载的作用,使电动机转速高于同步转速,即 $n > n_1$,这时,转差率 $s = \frac{n_1 - n}{n_1} < 0$,使 $s\dot{E}_2$ 反向,转子电流有功分量为

$$I'_{2a} = I'_2\cos\varphi'_2 = \frac{sE'_2}{\sqrt{r'^2_2 + (sx'_2)^2}} \times \frac{r'_2}{\sqrt{r'^2_2 + (sx'_2)^2}} = \frac{sE'_2 r'_2}{r'^2_2 + (sx'_2)^2} < 0 \qquad (3-66)$$

转子电流的无功分量为

$$I'_{2r} = I'_2\sin\varphi'_2 = \frac{sE_2}{\sqrt{r'^2_2 + (sx'_2)^2}} \times \frac{sx'_2}{\sqrt{r'^2_2 + (sx'_2)^2}} = \frac{s^2 E_2 x'_2}{r'^2_2 + (sx'_2)^2} > 0 \qquad (3-67)$$

这就是说,当电动机转速 n 高于同步转速 n_1, 转差率 s 变负以后,转子电流的有功分量改变了方向,无功分量方向没有改变。因此,电磁转矩 $T = C'_{TJ}\Phi_m I'_2\cos\varphi_2$ 改变了方向,使得 T 与 n 方向相反,电动机处于制动状态。

一般情况下, s 的绝对值很小,转子的功率因数变化不大,这样,便可应用式(3-66)和式(3-67)在电动状态相量图的基础上画出制动状态的相量图(只须将有功分量反向),如图3-30所示。由图3-30, $\dot{U}_1$ 与 $\dot{I}_1$ 的夹角 $\varphi_1 > 90°$。电源输入的电功率 $P_1 = m_1 U_1 I_1\cos\varphi_1 < 0$,说明将功率的传递方向是由异步电动机的定子到电源,异步电动机将电功率回馈给电源。因此,这种制动称为回馈制动。

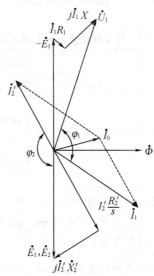

图3-30 异步电动机在回馈制动时的相量图

在回馈制动中,因电磁转矩变负,轴上总机械功率 $P_\Omega = T\Omega$ 亦变负,说明将轴上的机械功率变为电功率,并将其反馈给电源。但是,转子电流的无功分量不变,仍从电源吸收无功功率来建立旋转磁场。

回馈制动的机械特性是正转电动状态或反转电动状态机械特性向第Ⅱ象限或第四象限的延伸部分,如图3-31(b)所示。在转子回路中串入不同电阻,可得不同的回馈制动机械特性。

异步电动机回馈制动发生在如下两种情况:

(1)下放重物时,如3.3.2中图3-29所述的 F 点就是回馈制动运行状态。但须注意,为了使所获得的稳定下放速度不致太高,在回馈制动开始时,要切除转子电路所串电阻。

(2)在下一节中所介绍的变极调速中极对数增多或变频调速中频率突然降低时,由于同步转速突然变化,而电机转速因机械惯性而来不及改变,出现了 $n > n_1$ 的情况,电机也会处于回馈制动过程。

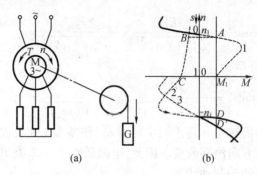

图3-31 异步电动机回馈制动的机械特性

(a)制动原理图；(b)机械特性

3.3.4 三种制动方法的比较

三种制动的实现方法、能量关系、优缺点及应用场合列于表3-5。

表3-5 异步电动机三种制动方法的比较

性能 ＼ 方法	能耗制动	反接制动		回馈制动
		转速反向	相序反接	
方法（条件）	断开定子交流电源，将任两相定子绕组通入直流电流，转子串电阻	下放位能负载，转子串入较大电阻	将定子电源任两相对调，转子串入电阻	$n > n_1$
能量关系	将转子贮存的机械能转换成电能，消耗在转子电路电阻上	将轴上输入的机械能转换成电能，连同从电源输入的电功率一起，都消耗在转子电路电阻上		将轴上输入的机械功率转换成电功率，反馈给电源
优点	制动平稳，便于实现反抗负载准确停车	能使位能负载获得稳定下放速度	制动强烈，迅速减速	能向电源回馈电能，比较经济
缺点	制动较慢，需增设一套直流电源	能量损耗大	能量损耗大，控制较复杂，不易实现准确停车	在 $n > n_1$ 时才能实现回馈制动
应用场合	反抗负载要求平稳、准确停车的场合；位能负载稳定下放	位能负载稳定下放	迅速停车或反转时	在 $n > n_1$ 情况下稳定下放位能负载

例3-5 一台三相绕线式异步电动机，$P_N = 60$ kW，$n_N = 577$ r/min，$I_{1N} = 133$ A，$I_{2N} = 160$ A，$E_{2N} = 253$ V，$K_m = 2.9$，$\eta_N = 89\%$，$\cos\varphi_N = 0.77$，求（1）当电动机以转速300 r/min 提升 $T_Z = 0.8T_N$ 的重物时，转子电路应串入多大电阻？（2）当电动机以转速300 r/min 下放 $T_Z = 0.8T_N$ 的重物时，转子电路应串入多大电阻？（3）当电动机以额定转速稳定运行时，突然将定子电源两相反接，要求反接瞬间制动转矩不超过 $2T_N$，转子电路应串入多大电阻？

（4）在（3）的情况下，如负载转矩 $T_Z = 0.8T_N$，要求下放速度为 660 r/min，电路应串入多大电阻？请画出对应以上各种情况的机械特性。

解
$$T_N = 9\ 550\ \frac{P_N}{n_N} = 9\ 550 \times \frac{60}{577} = 993\ \text{N} \cdot \text{m}$$

$$s_N = \frac{n_1 - n}{n_1} = \frac{600 - 577}{600} = 0.038$$

$$s_m = s_N\left(K_m \pm \sqrt{K_m^2 - 1}\right) = 0.038 \times \left(2.9 \pm \sqrt{2.9^2 - 1}\right) = 0.214\ \text{或}\ 0.007（舍去）$$

$$R_2 = \frac{s_N E_{2N}}{\sqrt{3}\,I_{2N}} = \frac{0.038 \times 253}{\sqrt{3} \times 160} = 0.035\ \Omega$$

（1）以 300 r/min 提升 $T_L = 0.8T_N$ 的重物时，

$$s_1 = \frac{n_1 - n}{n_1} = \frac{600 - 300}{600} = 0.5$$

$$s_{m1} = s_1\left[\frac{T_m}{T_z} \pm \sqrt{\left(\frac{T_m}{T_z}\right)^2 - 1}\right] = 0.5 \times \left[\frac{2.9T_N}{0.8T_N} + \sqrt{\left(\frac{2.9T_N}{0.8T_N}\right)^2 - 1}\right] = 3.55\ \text{或}\ 0.07（舍去）$$

在转子电路串入的电阻值为

$$R_{CT} = \left(\frac{s_{m1}}{s_m} - 1\right)R_2 = \left(\frac{3.55}{0.214} - 1\right) \times 0.035 = 0.55\ \Omega$$

（2）以 300 r/min 下放 $T_Z = 0.8T_N$ 的重物时，

$$s_2 = \frac{n_1 - n}{n_1} = \frac{600 - (-300)}{600} = 1.5$$

$$s_{m2} = s_2\left[\frac{T_m}{T_z} \pm \sqrt{\left(\frac{T_m}{T_z}\right)^2 - 1}\right] = 1.5 \times \left[\frac{2.9T_N}{0.8T_N} \pm \sqrt{\left(\frac{2.9T_N}{0.8T_N}\right)^2 - 1}\right] = 10.66\ \text{或}\ 0.21（舍去）$$

在转子电路串入的电阻值为

$$R_{CT} = \left(\frac{s_{m2}}{s_m} - 1\right)R_2 = \left(\frac{10.66}{0.214} - 1\right) \times 0.035 = 1.71\ \Omega$$

（3）在 $n_N = 577$ r/min 下，突然两相反接时

$$s_3 = \frac{-n_1 - n}{-n_1} = \frac{-600 - 577}{-600} = 1.96$$

当反接瞬间制动转矩不超过 $2T_N$ 时

$$s_{m3} = s_3\left[\frac{T_m}{T_z} \pm \sqrt{\left(\frac{T_m}{T_z}\right)^2 - 1}\right] = 1.96 \times \left[\frac{2.9T_N}{2T_N} \pm \sqrt{\left(\frac{2.9T_N}{2T_N}\right)^2 - 1}\right] = 4.9\ \text{或}\ 0.78$$

在转子电路串入的电阻值为

$$R_{CT1} = \left(\frac{s_{m31}}{s_m} - 1\right)R_2 = \left(\frac{4.9}{0.214} - 1\right) \times 0.035 = 0.77\ \Omega$$

$$R_{CT2} = \left(\frac{s_{m32}}{s_m} - 1\right)R_2 = \left(\frac{0.78}{0.214} - 1\right) \times 0.035 = 0.09\ \Omega$$

（4）以 600 r/min 下放 $T_Z = 0.8T_N$ 的重物时，

$$s_4 = \frac{n_1 - n}{n_1} = \frac{-600 - (-660)}{-600} = -0.1$$

$$s_{m4} = s_4\left[\frac{T_m}{T_z} \pm \sqrt{\left(\frac{T_m}{T_z}\right)^2 - 1}\right] = -0.1 \times \left[\frac{2.9T_N}{0.8T_N} \pm \sqrt{\left(\frac{2.9T_N}{0.8T_N}\right)^2 - 1}\right] = -0.71\ \text{或}\ -0.014（舍去）$$

转子应串入的电阻值为

$$R_{CT4} = \left(\frac{s_{m4}}{s_m} - 1 \right) R_2 = \left(\frac{0.71}{0.214} - 1 \right) \times 0.035 = 0.081 \ \Omega$$

对应以上各种情况的机械特性如图 3—29 所示。

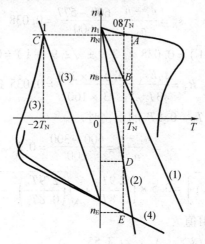

图 3－32　例 3－4 各种情况的机械特性

3.4　异步电动机的调速

　　长期以来,一直认为异步电动机调速比较困难,常作为它的一个缺点提出。然而,由于近些年电力电子器件和计算机技术的发展,交流电动机调速已取得很大进展。交流电动机调速已不再成为难题,以变频技术为基础的交流电动机变频调速已取得令人满意的调速效果,并逐步在工农业调速场合发挥重要作用。

　　由异步电动机转速表达式

$$n = n_1 (1 - s) = \frac{60 f_1}{p} (1 - s)$$

可以看出,有三种办法可以调节异步电动机转速。

(1)改变定子极对数——变极调速;

(2)改变定子电源频率——变频调速;

(3)改变电动机转差率——改变定子电压调速、转子回路串电阻调速、电磁离合器调速和串级调速等。

3.4.1　变极调速

　　由 $n_1 = \dfrac{60 f_1}{p}$ 可知,改变定子极对数 p,可以改变异步电动机的同步转速,从而改变某一负载下的稳定运行的转速,达到调速的目的。

　　由于只有定、转子极对数相同时,定、转子磁势才能在空间相互作用产生电磁转矩,实现能量转换。因此,变极调速要求定、转子磁极数同时改变。这一点对绕线式异步电动机是十分困难的,而鼠笼式异步电动机能自动地使定、转子极对数保持相同。所以,变极调速只适用于鼠笼式异步电动机。

1. 变极原理

异步电动机极对数的改变是靠改变定子绕组的接线实现的。以单相绕组为例,若每相绕组由两个半绕组1和2组成,当将两个半绕组首尾顺次相接,即两个半绕组顺次串联,再通入电流,如图3-33(a)所示,由右手定则判断,将得到$2p=4$的磁场分布。如果将两个半绕组的尾尾相接,即将其反向串联再通入电流,如图3-33(b)所示,将产生$2p=2$的磁场分布。如果将两个半绕组首尾两两相接,即两个半绕组反向并联再通入电流。如图3-33(c)所示,也产生$2p=2$的磁场分布。由此可知,改变定子绕线的接法,即可成倍地改变定子极对数,同步转速也将成倍改变,达到了调速的目的。

需要注意的是,变极调速时,由于极对数改变,绕组在空间位置的电角度也发生了改变。比如说,当初始为$2p=2$,A相某一个有效边如果定义为0°位置;与之三相对称的B相对应有效边处于120度位置;C相对应有效边处于240度位置。ABC三相为正相序排列。但是当变极调速使$2p=4$时,上述三个空间位置分别对应的是0°、240°、480°(120°),ABC三相为反相序排列了。而三相绕组通入正反相序的电流会产生正反方向的旋转磁场,进而引起转速方向的变化。所以,为了避免在变极调速时出现转速方向的改变,应该在对应的情况下考虑相序的变化,即将三相线的引出端任意两相进行对调。

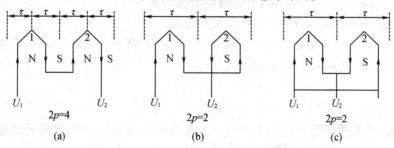

图3-33　定子绕组改接改变极对数

(a)首尾顺次串联;(b)尾尾相接串联;(c)反向并联

将上述单相绕组的改接推广到三相绕组,即得到异步电动机变极调速的方法。单星接变双星接(Y-YY),如图3-34(a)所示;三角形接变双星接(△-YY),如图3-34(b)所示。

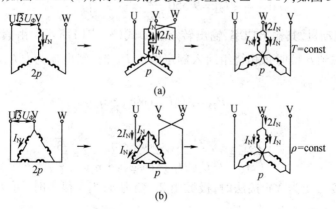

图3-34　常用变极调速接线方式

(a)Y-YY;(b)△-YY

2. 功率输出

变极调速时的输出功率对电机调速的一项基本要求是,在各种转速下电动机都能得到充分利用。所谓充分利用是指在各种转速下电动机均通入额定电流。下面根据这一原则分析上述三种接法变极调速的功率输出。

(1) Y - YY 变极调速

设电源电压 U_1 不变,变极前后电动机功率因数和效率不变,Y 接电动机的输出功率和输出转矩为

$$\left.\begin{array}{l} P_{2Y} = \sqrt{3}\,U_1 I_1 \cos\varphi_Y \cdot \eta_Y = \sqrt{3}\,U_1 I_{1N} \cos\varphi_Y \cdot \eta_Y \\[2mm] T_{2Y} = 9\,550\,\dfrac{P_{2Y}}{n_{NY}} \end{array}\right\} \tag{3-68}$$

若变极后定、转子每个绕组仍通入额定电流,则 YY 接电动机的输出功率与输出转矩为

$$\left.\begin{array}{l} P_{2YY} = \sqrt{3}\,U_1 I_1 \cos\varphi_{YY} \cdot \eta_{YY} = \sqrt{3}\,U_1 (2I_{1N}) \cos\varphi_{YY} \cdot \eta_{YY} \\[2mm] T_{2YY} = 9\,550\,\dfrac{P_{2YY}}{n_{NYY}} \end{array}\right\} \tag{3-69}$$

式中 U_1、I_1——定子绕组的线电压和线电流;

$\cos\varphi_Y$、$\cos\varphi_{YY}$——Y 接与 YY 接时电动机功率因数;

η_Y、η_{YY}——Y 接与 YY 接时电动机的效率。

由假设知,$\cos\varphi_Y = \cos\varphi_{YY}$,$\eta_Y = \eta_{YY}$,当 Y 接变为 YY 接时,极数由 $2p$ 变为 p,因电动机转差率 s 很小,可认为 $n_{NYY} = 2n_{NY}$,因此有

$$\left.\begin{array}{l} P_{2YY} = 2P_{2Y} \\[2mm] T_{2YY} = T_{2Y} \end{array}\right\} \tag{3-70}$$

这说明,当 Y 接变为 YY 接时,由于极对数降低为原来的一半,同步转速提高一倍,输出功率亦增加一倍,输出转矩不变。因此,Y - YY 变极调速属恒转矩调速。

(2) △ - YY 变极调速

对 △ 接电动机,其输出功率及输出转矩为

$$\left.\begin{array}{l} P_{2\triangle} = \sqrt{3}\,U_1 I_{1N} \cos\varphi_{\triangle} \cdot \eta_{\triangle} \\[2mm] T_{2\triangle} = 9\,550\,\dfrac{P_{2\triangle}}{n_{N\triangle}} \end{array}\right\} \tag{3-71}$$

对 YY 接电动机,其输出功率、输出转矩仍如式(3-71)所示。由假设 $\cos\varphi_{\triangle} = \cos\varphi_{YY}$,$\eta_{\triangle} = \eta_{YY}$,并考虑到 △ 接时每相绕组通入额定电流 $I_{1N\phi}$ 时,线电流为 $\sqrt{3}\,I_{1N\phi}$,则 △ 接时输出功率亦可写成

$$P_{2\triangle} = 3U_1 I_{1N\phi} \cos\varphi_{\triangle} \cdot \eta_{\triangle}$$

因此有

$$\frac{P_{2\triangle}}{P_{2YY}} = \frac{3U_1 I_{1N\phi} \cos\varphi_{\triangle} \cdot \eta_{\triangle}}{\sqrt{3}\,U_1 (2I_{1N\phi}) \cos\varphi_{YY} \cdot \eta_{YY}} = \frac{\sqrt{3}}{2}$$

又因当 △ 接法变为 YY 接法时,极数由 $2p$ 变为 p,当 s 很小时,可认为 $n_{N\triangle} = 2n_{NYY}$,因此有

$$\left.\begin{array}{l} P_{2\triangle} = 0.866P_{2YY} \\[2mm] T_{2\triangle} = 1.732T_{2YY} \end{array}\right\} \tag{3-72}$$

这说明,当△接法变为 YY 接法时,由于极对数降低为原来的一半,同步转速提高一倍,输出功率近似保持不变(误差为13.4%),输出转矩是原来的 0.58 倍。因此,△－YY 变极调速可近似地认为是恒功率调速。

(3)顺串 Y 变反串 Y 变极调速

由于这种改接只改变半绕组中电流的方向,通过定子绕组的电流大小不变。因此,两种接法的输出功率不变。但是,极对数降低为原来的一半,同步转速提高一倍,使输出转矩降为原来的一半。因此,顺串 Y 变反串 Y 变极调速属于恒功率调速。

3. 变极调速时的机械特性

在讨论机械特性时,同样只讨论几个特殊点。已知异步电动机的最大转矩 T_m、临界转差率 s_m 和启动转矩 T_{st} 分别为

$$\left.\begin{array}{l} T_m = \dfrac{m_1 p}{2\pi f_1} \cdot \dfrac{U_1^2}{2[R_1 + \sqrt{R_1^2 + (X_1 + X_2')^2}]} \\[4mm] s_m = \dfrac{R_2'}{\sqrt{R_1^2 + (X_1 + X_2')^2}} \\[4mm] T_{st} = \dfrac{m_1 p}{2\pi f_1} \cdot \dfrac{U_1^2 R_2'}{(R_1 + R_2')^2 + (X_1 + X_2')^2} \end{array}\right\} \quad (3-73)$$

(1) Y－YY 变极调速的机械特性

当 Y 接变 YY 接变极调速时,每相的两个半绕组并联,定、转子的阻抗分别是原来的 $\dfrac{1}{4}$,极数由 $2p$ 变为 p,相电压 U_1 不变,将它们代入式(3－73)中得

$$\left.\begin{array}{l} T_{mYY} = \dfrac{m_1 \times p/2}{2\pi f_1} \cdot \dfrac{U_1^2}{2\left[\dfrac{R_1}{4} + \sqrt{(\dfrac{R_1}{4})^2 + (\dfrac{X_1}{4} + \dfrac{X_2'}{4})^2}\right]} = 2T_{mY} \\[6mm] s_{mYY} = \dfrac{\dfrac{R_2'}{4}}{\sqrt{(\dfrac{R_1}{4})^2 + (\dfrac{X_1^2}{4} + \dfrac{X_2'}{4})^2}} = s_{mY} \\[6mm] T_{stYY} = \dfrac{m_1 p/2}{2\pi f_1} \cdot \dfrac{U_1^2 \dfrac{R_2'}{4}}{(\dfrac{R_1}{4} + \dfrac{R_2'}{4})^2 + (\dfrac{X_1}{4} + \dfrac{X_2'}{4})^2} = 2T_{stY} \end{array}\right\} \quad (3-74)$$

式(3－74)说明,当 Y 接变 YY 接变极调速时,极对数降低为原来的一半,同步转速提高一倍,临界转差率 s_m 不变,最大转矩 T_m 与启动转矩 T_{st} 增加一倍,提高了过载能力与启动能力,其机械特性如图 3－35(a)所示。

(2)△－YY 变极调速的机械特性

由于式(3－73)给出的公式是在一相等值电路的基础上得到的。对△接电动机,必须先将△接变成 Y 接,得到一相等值电路后,才能应用式(3－73)。由△－Y 变换知,变换后的每相阻抗是△接每相阻抗的 1/3,每相电压为 $U_1/\sqrt{3}$,极数仍为 $2p$,将它们代入式(3－73)可得

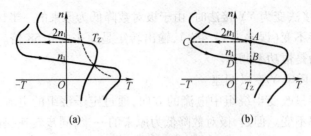

图 3 – 35　变频调速的机械特性

(a) Y – YY;(b) △ – YY

$$T_{m\Delta} = T_{Yeq} = \frac{m_1 p}{2\pi f_1} \cdot \frac{(\frac{U_1}{\sqrt{3}})^2}{2\left[\frac{R_1}{3} + \sqrt{(\frac{R_1}{3})^2 + (\frac{X_1}{3} + \frac{X_2'}{3})^2}\right]} = \frac{m_1 p}{2\pi f_1} \cdot \frac{(\frac{U_1}{\sqrt{3}})^2}{2\left[R_1 + \sqrt{R_1^2 + (X_1 + X_2')^2}\right]} \times 3 = 3T_{mY}$$

$$s_{m\Delta} = s_{Yeq} = \frac{R_2'/3}{\sqrt{(\frac{R_1}{3})^2 + (\frac{X_1}{3} + \frac{X_2'}{3})^2}} = \frac{R_2'}{\sqrt{R_1^2 + (X_1 + X_2')^2}}$$

$$T_{st\Delta} = T_{steq} = \frac{m_1 p}{2\pi f_1} \cdot \frac{(\frac{U_1}{\sqrt{3}})^2 \frac{R_2'}{3}}{(\frac{R_1}{3} + \frac{R_2'}{3})^2 + (\frac{X_1}{3} + \frac{X_2'}{3})^2} = \frac{m_1 p}{2\pi f_1} \cdot \frac{(\frac{U_1}{\sqrt{3}})^2 r_2' \times 3}{(R_1 + R_2')^2 + (X_1 + X_2')^2} = 3T_{stY}$$

这样,我们可以把 △ – YY 等效成 Y – YY 了。对于 YY 接法,仍满足式(3 – 74),于是可得

$$\left. \begin{array}{l} T_{mYY} = \dfrac{2}{3}T_{m\Delta} \\ s_{mYY} = s_{m\Delta} \\ T_{stYY} = \dfrac{2}{3}T_{st\Delta} \end{array} \right\} \tag{3 – 75}$$

式(3 – 75)说明,△接法变 YY 接法变极调速时,极对数降低为原来的一半,同步转速提高一倍,临界转差率 s_m 不变,最大转矩 T_m 和启动转矩 T_{st} 是原来的 $\dfrac{2}{3}$,过载能力和启动能力都下降了。其机械特性如图 3 – 35(b)所示。

变极调速具有操作简便、效率高、机械特性硬等优点,但极对数只能整数变化,属于有级调速,调速范围也不大。除上述改变定子绕组接线变极外,还有在定子上装有两套或三套极对数不同的定子绕组,即所谓多速异步电动机。这种电机结构复杂,成本高。

3.4.2　变频调速

异步电动机的转速 $n = \dfrac{60f_1}{p}(1 - s)$,当转差率 s 变化不大时,电动机转速基本正比于电源频率 f_1,因此,结合"电力电子技术"中的变频装置连续地改变电源频率,即可平滑地改变异步电动机的转速。

1.变频调速的基本控制规律

定义额定频率作为基频,对应的转速作为基速。频率降低时,可以实现基速以下的调速控制。当忽略定子绕组漏抗压降时,加在定子绕组上的电源电压 $U_1 \approx E_1 = 4.44 f_1 N_1 k_{w1} \Phi_m$。对于已选定的电动机,$N_1 k_{w1}$ 是常数,当外加定子电压 U_1 不变时,降低电源频率 f_1,必使电机气隙磁通 Φ_m 跟着变化。如果 f_1 变低,将使 Φ_m 升高。由于电动机在额定状态下工作时,磁路已接近饱和,现在增加磁通,势必使磁路过度饱和,励磁电流大幅增加,由于异步电动机的励磁电流主要体现为无功性质,还使电机功率因数大大降低。因此,变频调速中不允许磁通增加,一般要保持气隙磁通 Φ_m 基本不变或低于额定磁通。为了避免基速以下变频调速时出现励磁电流过大和功率因数过低的问题,电源电压 U_1 必须跟电源频率 f_1 一起改变。

当升高频率作基速以上的调速控制时,由于对应额定频率的电压为额定电压,如果还要保持磁通基本不变,势必要升高电压而超过额定电压,这显然是不合适的。为此,在基速以上的调速控制中,一般是保证电压为额定电压不变。根据 $U_1 \approx E_1 = 4.44 f_1 N_1 k_{w1} \Phi_m$,随着频率升高,磁通 Φ_m 会出现下降的情况,称为异步电动机的弱磁调速。本节将重点介绍基速以下变频调速问题。

降低频率的变频调速过程中,电源电压 U_1 是如何随电源频率 f_1 一起变化呢?在变频调速时,除了考虑气隙磁通之外,还要考虑电力拖动系统的负载性质,一般希望电机的过载能力也不变。若 T_m,T_N 分别表示额定频率 f_{1N} 时的最大转矩和额定转矩;T_{mx}、T_{Nx} 表示频率为 f_{1x} 时的最大转矩和"额定"转矩,则有

$$K_m = \frac{T_m}{T_N} = \frac{T_{mx}}{T_{Nx}} \tag{3-76}$$

已知

$$T_m = \frac{m_1 p}{2\pi f_1} \cdot \frac{U_1^2}{2\left(R_1 + \sqrt{R_1^2 + (X_1 + X_2')^2}\right)}$$

为使分析简化,当 f_1 较高时,$x_1 + x_2' \gg r_1$,所以有

$$T_m = \frac{m_1 p}{2\pi f_1} \cdot \frac{U_1^2}{2(X_1 + X_2')} = \frac{m_1 p U_1^2}{8\pi^2 f_1^2 (L_1 + L_2')} = C\left(\frac{U_1}{f_1}\right)^2$$

式中 $C = \dfrac{m_1 p}{8\pi^2 (L_1 + L_2')}$ 为一常数;

L_1,L_2'——定子自感系数、转子自感系数的折算值。

由式(3-76)有

$$\frac{T_{Nx}}{T_N} = \frac{T_{mx}}{T_m} = \frac{\left(\dfrac{U_{1x}}{f_{1x}}\right)^2}{\left(\dfrac{U_{1N}}{f_{1N}}\right)^2} = \left(\frac{U_{1x}}{f_{1x}}\right)^2 \left(\frac{f_{1N}}{U_{1N}}\right)^2 \tag{3-77}$$

或

$$\frac{U_{1x}}{f_{1x}} = \frac{U_{1N}}{f_{1N}} \sqrt{\frac{T_{Nx}}{T_N}} \tag{3-78}$$

式(3-78)说明,变频调速时,电源电压 U_1 随频率 f_1 变化的规律,还与对电磁转矩的要求即负载转矩的性质有关。

(1)恒转矩负载

对恒转矩负载,在调速过程中要求 $T_{Nx} = T_N$。式(3-78)变为

$$\frac{U_{1x}}{f_{1x}} = \frac{U_{1N}}{f_{1N}} = 常数 \tag{3-79}$$

这说明,对于恒转矩负载,只要使电源电压与频率成比例调节,就能使电机在调速过程中保持气隙磁通和过载能力不变,称为压频恒比控制规律。

(2)恒功率负载

对恒功率负载,调速过程中要求输出功率不变,即

$$P_2 = \frac{T_N n_N}{9\,550} = \frac{T_{Nx} n_x}{9\,550} = 常数 \tag{3-80}$$

由于异步电动机的转速与电源频率成正比,式(3-80)可变为

$$\frac{T_{Nx}}{T_N} = \frac{n_N}{n_x} = \frac{f_{1N}}{f_{1x}} \tag{3-81}$$

将式(3-81)代入式(3-78)得

$$\frac{U_{1x}}{f_{1x}} = \frac{U_{1N}}{f_{1N}} \sqrt{\frac{f_{1N}}{f_{1x}}}$$

整理得

$$\frac{U_{1x}}{\sqrt{f_{1x}}} = \frac{U_{1N}}{\sqrt{f_{1N}}} = 常数 \tag{3-82}$$

式(3-82)说明,对恒功率负载,当电源电压与频率的平方根成正比调节时,就能使电机在调速过程中保持过载能力不变,称为压根频恒比控制规律。压根频恒比控制过程中,根据 $U_1 \approx E_1 = 4.44 f_1 N_1 k_{w1} \Phi_m$,随着频率的降低,$\Phi_m$ 将会降低。

2.频率降低时的机械特性

已知异步电动机的同步转速为

$$n_1 = \frac{60 f_1}{p} \propto f_1 \tag{3-83}$$

当忽略 r_1 时,临界转差率为

$$s_m = \frac{R_2'}{X_1 + X_2'} = \frac{R_2'}{2\pi f_1 (L_2 + L_2')} \propto \frac{1}{f_1} \tag{3-84}$$

对应于 s_m 的转速降 $\triangle n_m$ 为

$$\Delta n_m = s_m n_1 = \frac{R_2'}{2\pi f_1 (L_1 + L_2')} \cdot \frac{60 f_1}{p} = 常数 \tag{3-85}$$

最大转矩 T_m 为

$$T_m \approx \frac{m_1 p}{2\pi f_1} \cdot \frac{U_1^2}{2(X_1 + X_2')} = \frac{m_1 p U_1^2}{8\pi^2 f_1^2 (L_1 + L_2')} \tag{3-86}$$

当按 $\frac{U_1}{f_1}$ 为常数的规律变频调速时,T_m 是常数。由此可得,对于恒转矩负载,当按 $\frac{U_1}{f_1}$ 为常数的规律变频调速时,同步转速与频率成比例变化,最大转矩 T_m 及其对应的转速降 $\triangle n_m$ 均不变。因此,其机械特性是一组同步转速随频率成正比变化,且相互平行的曲线簇,如图3-36所示。这种机械特性与直流电动机改变电压时的人为特性十分相似。

应当注意,上述机械特性是在忽略 R_1 的情况下得出的,当 f_1 较高时,$X_1 + X_2' \gg R_1$ 成立。但当 f_1 较低时,$X_1 + X_2'$ 减小许多,R_1 的影响不能忽略。此时即使保持 $\frac{U_1}{f_1} =$ 常数,也因 R_1 的

影响,使 T_m 减小,f_1 越低,R_1 影响越大,T_m 降低越多,使低频时过载能力变差。为弥补这一不足,必须适当提高定子电压,以增大最大转矩,如图 3 – 36 中虚线所示。

从图 3 – 36 所示机械特性可见,对于恒转矩负载,只要采用压频恒比控制规律,连续地改变电源的频率即可得连续平滑的调速,且调速范围较宽。

对于恒功率负载,需按压根频恒比控制规律调速。其对应的机械特性也可按上述方法讨论,本书不再赘述。

变频调速需用电压随着频率按规律变化的专用电源,技术较为复杂,使用、维护也需一定技术水平。这部分内容在"电力电子技术""电力拖动自动控制系统"课程中讲述。随着电力电子器件和变流技术的发展,异步电动机变频调速一定会更加发展。

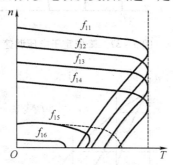

图 3 – 36　异步电动机变频调速时机械特性

3.4.3　改变转差率调速

改变转差率调速过程中将产生大量转差功率 sP_{em},除了串级调速外,转差功率均要消耗在转子电路的电阻上,使转子发热,调速的经济性较差。常用的改变转差率调速的方法有改变定子电压调速、转子电路串电阻调速、电磁滑差离合器调速和串级调速。

1. 改变定子电压调速

由 3.1.3 节中降低电源电压的人为机械特性可知,改变定子电压时异步电动机的人为机械特性是一组过同步转速,临界转差率 s_m 不变,最大转矩 T_m 与电源电压平方成比例变化的曲线簇。

图 3 – 37 所示为采用降低电源电压实现调速的机械特性。

对于恒转矩负载,结合图 3 – 37,电源电压降低时,转速从原来的转速 n_1 变到转速 n_2,继续降低电源电压,转速进一步降低到 n_3。但是,转速只能降到临界转差率对应的转速 n_m,也就是说,负载特性为机械特性的切线。在此基础上,如果继续降低电源电压,则负载特性与机械特性没有交点,电动机将不能稳定运行,所以,只能在机械特性直线部分($0 < s < s_m$ 对应的部分)调节。所以,这种调速方法调速范围很小,很多电力拖动场合无法满足调速指标的要求。结合图 3 – 37 进行同样的分析,风机类负载时理论上可以实现在 $0 < s < 1$ 调节转速。

实践中可以通过配合其他方法扩大带恒转矩负载的电力拖动系统的调速范围。比如说,对于绕线式异步电动机,可在改变定子电压的同时,在转子电路中串入较大电阻,相应的机械特性如图 3 – 38 所示。增大转子电阻,临界转差率变大,相应的速度可调范围变大。但是,转子串入电阻,会导致机械特性变软,又很难满足静差率的要求。

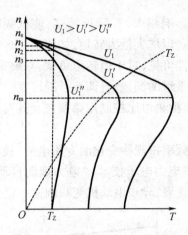

图 3-37　降低定子电压调速

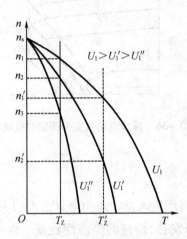

图 3-38　转子电路串较大电阻时改变定子电压调速

另外,电磁转矩正比于电压的平方,在低压运行时过载能力差,运行的稳定性差;当负载较大时,又会产生过大的定、转子电流。所以,降低电源电压的调速方法实用性较差。

对于鼠笼式异步电动机,为了进一步改善降低电源电压调速的性能,还可将降压调速与变极调速结合起来,其机械特性如图 3-39 所示。这时,可将变极调速作为"粗调",而将降压调速作为"细调"。当降压调速使转速低于多极对数的同步转速时,即利用自动换极装置,换接到多极对数下工作,再进行降压调速,以此类推。这样,既可获得连续、平滑调速,又可扩大调速范围,而且,由于降低了同步转速,相应地降低了转差率,使转子损耗减少,也使动态过程损耗减小,从而提高了运行效率。这种方法的缺点是控制装置与定子接线复杂。

从允许输出角度看,为了电动机能够充分利用,则令调速过程中 I'_2 为额定值不变,电磁转矩为

$$T = \frac{m_1}{\Omega_1} I'^2_2 \frac{R'_2}{s}$$

调速过程中有

$$T \propto \frac{1}{s}$$

或

$$T \propto n \qquad\qquad (3-87)$$

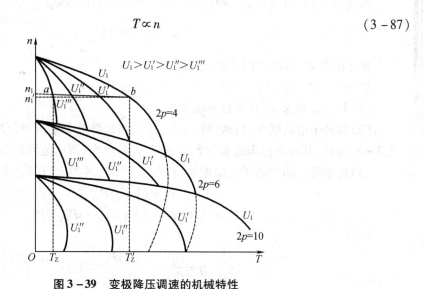

图 3 - 39 变极降压调速的机械特性

式(3-87)说明这种调速方法使电磁转矩 T 与转速 n 成正比,既不属于恒转矩调速,也不属于恒功率调速。这种调速方法最适于风机类负载(转矩随转速的降低而降低),最不能用于恒功率负载(转矩随转速的降低而升高),勉强用于恒转矩负载(转矩不随转速变化)。

2. 转子电路串电阻调速

由 3.1.3 节中转子电路串电阻的人为机械特性可知,转子电路串电阻的人为特性是一组过同步转速 n_1,最大转矩 T_m 不变,临界转差率 s_m 与转子电阻成比例增大的曲线簇。显然,对恒转矩负载,当转子电路电阻不同时,将运行在不同转速,且转子电阻大者,转速低。因此,改变转子电路的电阻值,就可达到调速的目的,如图 3-40 所示。

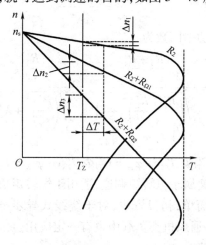

图 3 - 40 异步电动机转子电路串电阻调速

根据所需的转速很容易求出转子电路应串的电阻值。如要求电动机转速为 n_x,对应的转差率为

$$s_x = \frac{n_1 - n_x}{n_1}$$

由式(3-24)可求出 s_{mx}，则转子电路所串电阻值可由式(3-25)求出，则

$$R_C = \left(\frac{s_{mx}}{s_m} - 1 \right) R_2$$

转子电阻 R_2 可由式(3-26)估算。

从图3-40可见，转子回路串电阻调速有如下特点：

(1)是有级调速，而且级数不能太多。

(2)随转子电阻增大，机械特性变软，难以满足静差率要求，所以调速范围不大，一般仅为 2～3，而且，其调速范围随负载大小而变，负载愈小，调速范围愈小。

(3)效率低。随着转子电阻增加，转差功率 sP_{em} 增加。当忽略机械损耗时，有

$$P_2 = (1-s)P_{em}$$

$$P_1 = P_2 + \Delta p = (1-s)P_{em} + sP_{em} = P_{em}$$

所以

$$\eta = \frac{P_2}{P_1} = \frac{(1-s)P_{em}}{P_{em}} = 1-s \tag{3-88}$$

这说明，随着 s 增加，η 下降。当 $n = \frac{1}{2} n_1$ 时，$\eta = 0.5$，效率太低。

(4)是恒转矩调速，调速过程中，定子电压 U_1 不变，说明气隙磁通 Φ_m 近似不变，而当转子电流都为额定值时，电动机得到充分利用。因此，调速时转子电流应满足

$$\frac{E_2'}{\sqrt{\left(\dfrac{R_2'}{s_N} \right)^2 + X_2'^2}} = \frac{E_2'}{\sqrt{\left(\dfrac{R_2' + R_C'}{s_x} \right)^2 + X_2'^2}}$$

必有

$$\frac{R_2'}{s_N} = \frac{R_2' + R_C'}{s_x} \tag{3-89}$$

转子串电阻后转子侧功率因数为

$$\cos\varphi_{2x} = \frac{\dfrac{R_2' + R_C'}{s_x}}{\sqrt{\left(\dfrac{R_2' + R_C'}{s_x} \right)^2 + X_2'^2}} = \frac{\dfrac{R_2'}{s_N}}{\sqrt{\left(\dfrac{R_2'}{s_N} \right)^2 + X_2'^2}} = \cos\varphi_{2N} \tag{3-90}$$

所以，

$$T = C_{TJ}' \Phi_m I_{2N}' \cos\varphi_{2x} = C_{TJ}' \Phi_m I_{2N}' \cos\varphi_{2N} = T_N = 常数$$

故转子电路串电阻调速属于恒转矩调速，适用于恒转矩负载。

转子串电阻调速方法简单，初投资少，对于绕线式异步电动机适用。常用于拖动起重机类恒转矩负载中，在一些通风机类负载中也有一定应用。

3. 电磁滑差离合器调速

电磁滑差离合器调速实际上是由一台鼠笼式异步电动机，其轴上安装的电磁滑差离合器及其控制装置组成的机电结合式调速系统，亦称为滑差电动机，或电磁调速异步电动机。

(1)电磁滑差离合器的基本结构

电磁滑差离合器有许多种形式，但其基本的部分是电枢和感应子。图3-41所示是一种电磁滑差离合器的结构示意图。电枢是由铁磁材料制成的圆筒，与异步电动机轴刚性连

接,随异步电动机旋转,为主动部分。感应子包括了磁极与励磁绕组两部分,磁极是由铁磁材料制成的凸极结构,磁极上装有励磁绕组,励磁绕组通过滑环、电刷由外接电源(控制装置)供电。

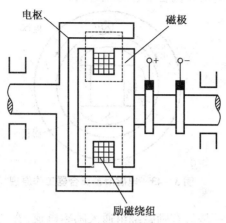

图 3 – 41　电磁滑差离合器结构示意图

图 3 – 41 所示电磁滑差离合器有滑环和电刷,工作可靠性不高。现已有多种结构的滑差离合器,如图 3 – 42 所示。图 3 – 42(a)为双电枢无滑环滑差离合器,其主要特点是有内、外电枢(双电枢)安装在从动轴上,磁极装在主动轴上,励磁绕组固定不动,励磁电流可直接引入,形成如图中虚线所示的磁通。这种滑差离合器结构简单,但尺寸较大,机械特性较软,广泛用于小功率大范围调速的场合。图 3 – 42(b)为杯形电枢电磁滑差离合器,其主要特点是电枢由非导磁材料(铝合金)制成,形状如杯,置于磁极与固定磁轭之间,一般,磁极与异步电动机相连,杯形电枢与负载相连,励磁绕组固定不动。这种结构适于小功率调速系统。图 3 – 42(c)为爪式无滑环滑差离合器。其特点是电枢与异步电动机相连,磁极为爪式结构,与输出轴相连,绕组安放在固定的托架上。这种结构多用于较大功率调速系统中。

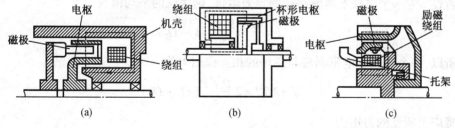

图 3 – 42　其他结构形式的滑差离合器
(a)双电枢无滑环结构;(b)杯型电枢结构;(c)爪式无滑环结构

(2)电磁滑差离合器工作原理

在图 3 – 41 中,直流电源通过电刷与滑环给励磁绕组供电,形成 N,S 相间的磁极。当电枢随异步电动机旋转时,电枢便因与静止的磁极有相对运动而产生感应电势。由于电枢为整块结构,可认为由无数单元条并联组成。考虑其中的一根导条,如图 3 – 43 所示,由右手定则可判断出感应电势的方向为指向纸面。该电势在电枢内形成电流,其方向亦指向纸面。这个电流又和磁场相互作用,产生电磁力,其方向由左手定则判断。该转矩与异步电机转向相反,对电动机是制动力矩。由于电枢与异步电机轴相连,不可能使其停转或反转。而滑差离合器磁极却没有约束,将在电枢的反作用力矩作用下跟随电枢旋转,从而带动负载旋转。改变励磁电流的大小,即可改变这个电磁转矩的大小,达到调速的目的。如果改变异步电动机的转向,滑差离合器也将跟着反转。

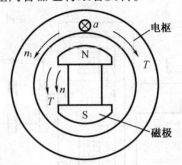

图 3 – 43　电磁滑差离合器工作原理

这里需要说明两点:一是只有励磁绕组通入励磁电流,在气隙才能建立磁场,电枢中才能产生感应电势和电流,才能产生转矩,使感应子跟随电枢旋转。通过励磁电流的有无实现了主动部分和从动部分的分离与结合,好似离合器一样;二是磁极与电枢必然会有转差(滑差),只有电枢与磁极有相对运动,才能电磁感应出电势和电流,也才能产生电磁转矩。因此,该装置被称为电磁滑差离合器。

(3)电磁滑差离合器的机械特性

电磁滑差离合器的机械特性是指电磁转矩与从动轴转速之间的关系。

设电枢转速为 Ω_1,感应子(从动轴)转速为 Ω_2,则一个磁极下电枢的感应电势为

$$E = Blv = BlR(\Omega_1 - \Omega_2) \tag{3-91}$$

式中　l——电枢有效长度;

R——电枢有效半径。

若设 z 为一个磁极下涡流路径的等效阻抗,则涡流的平均值为

$$I = \frac{E}{z} = \frac{BlR}{z}(\Omega_1 - \Omega_2) \tag{3-92}$$

所以,一个磁极下电枢涡流与磁场的相互作用力为

$$f = 2BlI = 2\frac{B^2 l^2 R}{z}(\Omega_1 - \Omega_2) \tag{3-93}$$

感应子所受的力矩为

$$T = 2pfR = 4p\frac{B^2 l^2 R^2}{z}(\Omega_1 - \Omega_2) = \frac{8\pi p}{60} \cdot \frac{B^2 l^2 R^2}{z}(n_1 - n_2) \tag{3-94}$$

式中　p——极对数。

式(3-94)可以改写成

$$n_2 = n_1 - \frac{T}{\dfrac{8\pi p}{60} \cdot \dfrac{B^2 l^2 R^2}{z}} \tag{3-95}$$

当磁路不饱和时,$B \propto I_f$,并将各常数用一个常数 K 表示,式(3-95)变为

$$n_2 = n_1 - K\frac{T}{I_f^2} \tag{3-96}$$

根据式(3-96)可以画出电磁滑差离合器的机械特性曲线,如图3-44所示。对于某一固定的励磁电流,从动轴转速 n_2 随负载转矩加大而减小,所以是一条下倾特性。当励磁电流 I_f 变化时,机械特性的斜率变化,结合一定的负载特性,可以实现电力拖动系统的速度调节。需要注意的是,当 I_f 减小时,机械特性变软,负载能力下降,很难满足静差率要求,所以该调速方法的调速范围不可能大。

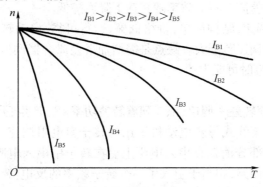

图3-44 电磁滑差离合器的机械特性曲线

(4)电磁滑差离合器的调速性质

调速过程中,如果使转速降低,转差将增大,转差功率 sP_{em} 将增大,使损耗增加,离合器发热严重。因此,电磁滑差离合器输出受其最大允许温升的限制。一般都采用限制损耗的办法,即在保持损耗(转差功率)一定的情况下,确定滑差离合器的输出。当忽略机械损耗时,转差功率为

$$\Delta p = P_1 - P_2 \qquad (3-97)$$

而

$$P_1 = \frac{T_1 n_1}{9\,550}$$

$$P_2 = \frac{T_2 n_2}{9\,550}$$

考虑到 $T_1 = T_2 = T$,则有

$$\Delta p = \frac{T(n_1 - n_2)}{9\,550} \qquad (3-98)$$

或

$$n_2 = n_1 - \frac{9\,550\Delta p}{T} \qquad (3-99)$$

式(3-99)说明在转差功率一定的情况下,电磁滑差离合器输出轴的转速随 T 增大而增大,故这种调速既不是恒转矩调速,也不是恒功率调速。比较适合通风机类负载,也可以应用于恒转矩负载,不适合恒功率负载,使用时需要注意负载的性质。

(5)电磁滑差离合器的效率

电磁滑差离合器的效率为

$$\eta' = \frac{P_2}{P_1} = \frac{P_1 - \Delta p}{P_1}$$

$$= 1 - \frac{T(n_1 - n_2)/9\,550}{Mn_1/9\,550} = 1 - s \tag{3-100}$$

由于电磁滑差离合器总和异步电动机组合在一起,还要考虑电动机的效率 η_M,故总效率为

$$\eta = \eta'\eta_M = \eta_M(1 - s) \tag{3-101}$$

由此可见,电磁滑差离合器的效率随转速下降而降低。

电磁滑差离合器调速,结构简单,价格低廉,运行可靠,启动转矩大,能实现平滑调速,采用闭环调速系统时,调速范围大。缺点是需增加滑差离合器调速设备、调速效率低,尤其在低负载($T_L < 10\% T_N$)时可能失控。

4. 串级调速

上面讲的几种改变转差率调速,都伴随着转差功率 sP_{em} 产生,并将其消耗掉,而且,转速愈低,损耗愈大。对于绕线式异步电动机采用的转子串电阻调速,转差功率除消耗在转子本身的电阻上以外,大部分消耗在串入电阻上。在转子中串入电阻后,转子电流流过电阻形成电压降,对于转子回路,相当于引入了一个转子频率的反电势。我们设想,能否在转子电路中不串电阻,而是将这个电压降用一个电势源来代替,从而原来在电阻上消耗的电能就能反馈到电源中去。这就是说,在转子电路中串入一个与转子电势频率相同,相位可同可反的外加电势,主要用来吸收转差功率,这样,既可以调速,又可以节能。这种在转子电路串入附加电势的调速方法称为串级调速。

(1)串级调速的一般原理

当转子电路引入与转子电势同频的附加电势 $\dot{E}_f$ 时,转子电路的等值电路如图 3-45 所示。下面讨论附加电势相位对电动机转速的影响。

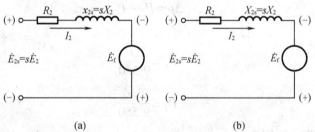

图 3-45 转子电路串入附加电势等值电路

(a) $\dot{E}_f$ 与 $\dot{E}_2$ 同相;(b) $\dot{E}_f$ 与 $\dot{E}_2$ 反相

① $\dot{E}_f$ 与 $\dot{E}_{2s}$ 同相

在未引入附加电势 $\dot{E}_f$ 前,转子电流为

$$I_2 = \frac{sE_2}{\sqrt{R_2^2 + (sX_2)^2}} \tag{3-102}$$

引入附加电势后,转子电流变为

$$I_{2f} = \frac{sE_2 + E_f}{\sqrt{R_2^2 + (sX_2)^2}} \tag{3-103}$$

因 $\dot{E}_f$ 与 $\dot{E}_{2s} = s\dot{E}_2$ 同相位,分子为两个电势相加。由 $T = C'_{TJ}\Phi_m I'_2 \cos\varphi_2$ 知,串入 E_f 后, I'_2 增

加,T 亦增加。因负载转矩 T_Z 不变,将有 $T > T_Z$,电动机加速,n 增加,s 减小,$sE_2 \downarrow \rightarrow I_2 \downarrow \rightarrow T \downarrow$,最终 $T = T_Z$。这时,电动机已稳定运行于比原来转速高的转速上。设这时的转差率为 s',根据调速时电动机电流为额定值,电动机得到充分利用的要求,有

$$\frac{sE_2}{\sqrt{R_2^2 + (sX_2)^2}} = \frac{s'E_2 + E_f}{\sqrt{R_2^2 + (s'X_2)^2}}$$

由于 s、s' 都很小。sX_2、$s'X_2$ 比 R_2 小很多,可认为,$\sqrt{R_2^2 + (sX_2)^2} \approx \sqrt{R_2^2 + (s'X_2)^2}$,故有

$$sE_2 = s'E_2 + E_f$$

$$s' = s - \frac{E_f}{E_2} \tag{3-104}$$

显然,当 E_f 增加时,s' 将减小;当 $E_f = sE_2$ 时,$s' = 0$,电动机转速将达同步转速;当 $E_f > sE_2$ 时,$s' < 0$,电动机转速将超过同步转速。因此,$\dot{E}_f$ 与 $s\dot{E}_2$ 同相的调速称为超同步串级调速。这时,电动机除从定子绕组输入电能外,还从转子输入电能,因此,也称双馈运行。

② $\dot{E}_f$ 与 $\dot{E}_{2s}$ 反相($\theta = 180°$)

加电势 $\dot{E}_f$ 时的转子电流为

$$I_{2f} = \frac{s'E_2 - E_f}{\sqrt{R_2^2 + (s'X_2)^2}} \tag{3-105}$$

按与上相同的分析方法可得

$$sE_2 = s'E_2 - E_f$$

$$s' = s + \frac{E_f}{E_2} \tag{3-106}$$

显然,当 $\dot{E}_f$ 与 $\dot{E}_{2s} = s\dot{E}_2$ 反相时,s' 将增大,使电动机在低于原来的转速下运行。即改变附加电势的大小,可以在同步转速以下调速,称为亚同步调速或称次同步调速。

③ $\dot{E}_f$ 超前 $\dot{E}_{2s}$ $90°$

图 3-46(b)给出了 $\dot{E}_f$ 超前 $\dot{E}_{2s} = s\dot{E}_2$ $90°$时的相量图,图中转子测参数均采用折算后的参数,引入 $\dot{E}_f$ 以后,使转子合成电势 $\dot{E}$ 超前于 $s\dot{E}_2$。由于转子功率因数近似不变,定子电流也相应超前了,从而使定子功率因数提高了,起到了改善电动机功率因数的作用。实际上,这时 $\dot{E}_f$ 提供了部分无功电流,从而减小了定子从电源吸收的无功电流,因而提高了功率因数。

④ $\dot{E}_f$ 超前 $\dot{E}_{2s}$ 任一角度 θ

当 $\dot{E}_f$ 超前于 $\dot{E}_{2s} = s\dot{E}_2$ 某一角度 θ,且 $0 < \theta < 90°$时,我们可以将 $\dot{E}_f$ 分解成两个分量:$\dot{E}_f\cos\theta$ 和 $\dot{E}_f\sin\theta$,如图 3-47 所示。$\dot{E}_f\cos\theta$ 与 $\dot{E}_2$ 同相,起调速作用;$\dot{E}_f\sin\theta$ 超前 $\dot{E}_2$ $90°$,起改善功率因数作用。需要请注意的是,只有 $\dot{E}_f\sin\theta$ 与 Φ_m 同相,即起助磁作用,才能减少定子从电源吸收的无功电流,所以,$\dot{E}_f$ 一定要超前于 $\dot{E}_2$,也就是说,θ 不能为负。

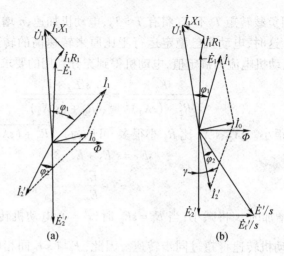

图 3 - 46 串级调速异步电动机相量图

（a）普通异步电动机相量图；（b）转子引入超前 90°的附加电势后的相量图

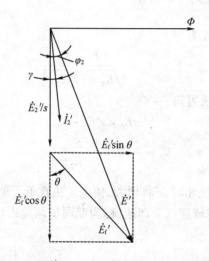

图 3 - 47 $\dot{E}_f$ 超前 $\dot{E}_2$ 某一角度 θ 时转子电路电压相量图

（2）串级调速机械特性

考虑 $\dot{E}_f$ 超前于 $\dot{E}_{2s} = s\dot{E}_2$ 某一角度 θ 的一般情况。当以 $s\dot{E}_2$ 为参考相量时，转子电流为

$$\dot{I}_2' = \frac{s\dot{E}_2' + \dot{E}_f}{r_2' + jsX_2'} = \frac{(s\dot{E}_2 + \dot{E}_f\cos\theta + j\dot{E}_f\sin\theta)(R_2' - jsX_2')}{R_2'^2 + (sX_2')^2}$$

$$= \frac{s\dot{E}_2'R_2' + \dot{E}_fR_2'\cos\theta + s\dot{E}_f'X_2'\sin\theta}{R_2'^2 + (sx_2')^2} - j\frac{s^2\dot{E}_2'X_2' + s\dot{E}_f'X_2'\cos\theta - \dot{E}_f'R_2'\sin\theta}{R_2'^2 + (sX_2')^2} \qquad (3-107)$$

其中，转子电流的有功分量为

$$I_{2a}' = \frac{sE_2'R_2'}{R_2'^2 + (sX_2')^2}\left(1 + \frac{E_f'}{sE_2'}\cos\theta + \frac{E_f'X_2'}{E_2'R_2'}\sin\theta\right) \qquad (3-108)$$

根据 $T = C_{TJ}'\Phi_m I_2'\cos\Phi_2 = C_{TJ}'\Phi_m I_{2a}'$ 得

$$T = C_{TJ}'\Phi_m\frac{sE_2'R_2'}{r_2'^2 + (sX_2')^2}\left(1 + \frac{E_f'}{sE_2'}\cos\theta + \frac{E_f'X_2'}{E_2'R_2'}\sin\theta\right)$$

$$= T_D\left(1 + \frac{E'_f}{sE'_2}\cos\theta + \frac{E'_f X'_2}{E'_2 R'_2}\sin\theta\right) \tag{3-109}$$

式中，$T = C'_{TJ}\Phi_m \dfrac{sE'_2 r'_2}{R'^2_2 + (sX'_2)^2}$ 为 $E'_f = 0$ 时异步电动机电磁转矩。由异步电动机机械特性的实用表达式知，

$$T_D = \frac{2T_{mD}}{\dfrac{s}{s_{mD}} + \dfrac{s_{mD}}{s}}$$

式(3-111)亦可表示成

$$T = T_D\left(1 + \frac{E'_f}{sE'_2}\cos\theta + \frac{E'_f X'_2}{E'_2 R'_2}\sin\theta\right) \tag{3-110}$$

考虑两种特殊情况：

① $\theta = 90°$

此时，$\cos\theta = 0$，$\sin\theta = 1$，式(3-110)变为

$$T = \frac{2T_{mD}}{\dfrac{s}{s_{mD}} + \dfrac{s_{mD}}{s}}\left(1 + \frac{E'_f X'_2}{E'_2 R'_2}\right) \tag{3-111}$$

式(3-113)说明，引入超前 $\dot{E}_2$ 90°的附加电势后，使最大转矩增大了 $\left(1 + \dfrac{E'_f X'_2}{E'_2 R'_2}\right)$ 倍，s_{mD} 没有变化，对转速影响不大。

② $\theta = 0°$ 或 $\theta = 180°$

此时，$\sin\theta = 0$，$\cos\theta = \pm 1$，式(3-110)变为

$$T = \frac{2T_{mD}}{\dfrac{s}{s_{mD}} + \dfrac{s_{mD}}{s}}\left(1 \pm \frac{E'_f}{sE'_2}\right) = \frac{2T_{mD}}{\dfrac{s}{s_{mD}} + \dfrac{s_{mD}}{s}} \pm \frac{2T_{mD}}{\dfrac{s}{s_{mD}} + \dfrac{s_{mD}}{s}}\cdot\frac{E'_f}{sE'_2} = T_1 \pm T_2 \tag{3-112}$$

式(3-112)说明，引入与 $\dot{E}_2$ 同相或反相的附加电势后，电磁转矩由两部分组成：T_1 为 $s\dot{E}_2$ 产生的转子电流与旋转磁场作用形成的电磁转矩，即未引入 $\dot{E}_f$ 时异步电动机的电磁转矩，它与转速的关系即为普通异步电动机的机械特性，如图3-48(a)所示；T_2 为附加转矩，是由附加电势 $\dot{E}_f$ 产生的转子电流与旋转磁场作用形成的电磁转矩。考虑到

$$T_2 = \frac{2T_{mD}s_{mD}}{s^2 + s_{mD}}\cdot\frac{E'_f}{E'_2} \tag{3-113}$$

说明 T_2 是 s 的二次函数，在 $s = 0$ 处有最大值，

$$T_{2m} = \frac{2T_{mD}}{s_{mD}}\cdot\frac{E'_f}{E'_2} \tag{3-114}$$

而当 $s = 0$ 时

$$T_{2m} = \frac{2T_{mD}s_{mD}}{1 + s^2_{mD}}\cdot\frac{E'_f}{E'_2} \tag{3-115}$$

可见，$T_2 = f(s)$ 是一条对称于 $s = 0$ 的曲线，如图3-48(b)所示。

将 $n = f(T_1)$ 和 $n = f(T_2)$ 对应相加，即得串级调速的异步电动机机械特性，如图3-48(c)所示。从图可见，若 $E_f > 0$，串级调速机械特性上移，可向上调速；若 $E_f < 0$，串级调

速机械特性下移,可向下调速。这样,改变 E_f 的方向和大小,就可在同步转速以上或以下平滑调速。

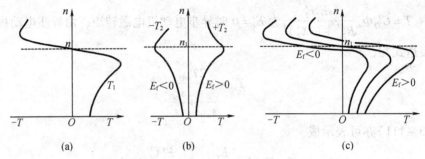

图 3 – 48 异步电动机串级调速机械特性
(a)普通异步电动机机械特性;(b)附加转矩;(c)串级调速机械特性

从图 3 – 48 还可看出,在调速过程中,理想空载转速以 n_0 不断变化,且

$$1 \pm \frac{E_f'}{sE_2'}$$

式中,s_0 为对应理想空载转速 n_1 的转差率。由式(3 – 114)可知,$T = 0$ 时,有

$$s_0 = \mp \frac{E_f'}{sE_2'} = 0$$

则

$$s_0 = \mp \frac{E_f'}{E_2'}$$

或

$$n_0 = n_1 \left(1 \mp \frac{E_f'}{E_2'} \right)$$

式中,$E_f > 0$,取" + ";$E_f < 0$,取" – "。

使用中应当注意,$E_f > 0$ 时最大转矩降低,当 $E_f < 0$ 较大时,最大转矩降低较多,过载能力下降厉害,启动转矩也相应下降。

串级调速具有调速范围宽,平滑性好,效率高,对大功率电机调速尤为适用,是一种很有前途的调速方法。但是串级调速需一套复杂的产生附加电势 E_f 的设备,技术复杂,成本高。这种装置一般由电力电子器件组成,这部分内容将在"电力拖动自动控制系统"课程中讲述。

3.5 异步电动机拖动系统过渡过程

异步电动机拖动系统亦存在机械惯性和电磁惯性,在启动、制动、反转及调速过程中,均存在过渡过程。由于机械惯性比电磁惯性大得多,我们仅研究由机械惯性引起的机械过渡过程。

已知电力拖动系统机械方面的动态方程式就是运动方程式,即

$$T - T_z = \frac{GD^2}{375} \frac{dn}{dt}$$

一般情况下，T、T_Z 均为转速 n 的函数，只要知道电动机机械特性和负载转矩特性，便可求解运动方程式。相对于直流电动机，异步电动机机械特性较复杂，如果再考虑不同的负载转矩特性，使得解析求解较为困难。考虑到绕线式异步电动机机械特性与鼠笼式异步电动机有不同的形式，我们可以选几种简单情况分别加以研究，以说明研究异步电动机拖动系统机械过渡过程的一般方法。

3.5.1　绕线式异步电动机拖动恒转矩负载时的过渡过程

从前面讲述的异步电动机启动、制动、调速等内容看，基于绕线式异步电动机的电力拖动系统中一般会在转子电路中串入电阻，由于异步电动机的临界转差率 s_m 与转子电阻的阻值成正比，转子电路中串入电阻后基本满足 $s \ll s_m$ 的条件，因此，其机械特性实用表达式变为

$$T = \frac{2T_m}{s_m}s = \frac{2T_m}{s_m} \cdot \frac{n_1 - n}{n_1} = \frac{2T_m}{s_m} - \frac{2T_m}{s_m n_1}n \qquad (3-116)$$

式（3-116）说明，绕线式异步电动机的机械特性可近似地看成是一条下倾的直线。当 $n = 0$ 时，$s = 1$，代入式（3-116）得

$$T_{st} = \frac{2T_m}{s_m} \qquad (3-117)$$

式（3-116）中第一项是启动转矩 T_{st}。式（3-116）第二项的系数为该直线的斜率，记作

$$\beta = \frac{2T_m}{s_m n_1} = \frac{T_{st}}{n_1} \qquad (3-118)$$

这时，式（3-116）变成

$$T = T_{st} - \beta n \qquad (3-119)$$

当 $T = T_Z$ 时，电动机稳定运行于转速 n_s，此即过渡过程结束的转速 n_s，代入式（3-119），则有

$$T_Z = T_{st} - \beta n_s \qquad (3-120)$$

将式（3-119）和式（3-120）代入运动方程式，整理后得

$$\frac{GD^2}{375\beta}\frac{dn}{dt} + n = n_s \qquad (3-121)$$

记 $T_{TJ} = \dfrac{GD^2}{375\beta}$ 为绕线式异步电动机机电时间常数。式（3-121）变为

$$T_{TJ}\frac{dn}{dt}n = n_s \qquad (3-122)$$

求解可得

$$n = n_s + (n_b - n_s)e^{-\frac{t}{T_{TJ}}} \qquad (3-123)$$

式中　n_b——过渡过程开始时的转速。

将式（3-123）代入式（3-119）中，得

$$T = T_{st} - \beta\left[n_s + (n_b - n_s)e^{-\frac{t}{T_{TJ}}}\right] \qquad (3-124)$$

根据式（3-118），从图 3-49 可见

$$\beta n_b = \frac{T_{st}}{n_1} \cdot n_b = T_{st} - T_b$$

$$\beta n_s = T_{st} - T_L$$

所以，式(3-124)变为

$$T = T_Z + (T_b - T_Z) e^{-\frac{t}{T_{TJ}}} \tag{3-125}$$

这样，便可根据式(3-123)和式(3-125)求出 $n = f(t)$ 和 $T = f(t)$。

这里需要说明，$T_{TJ} = \dfrac{GD^2}{375\beta} = \dfrac{GD^2 \cdot n_1 \cdot s_m}{375 \times 2T_m} = \dfrac{GD^2 n_1}{375 T_{st}}$，说明绕线式异步电动机机电时间常数除与电动机飞轮矩有关外，还与同步转速和临界转差率的乘积成正比，与最大转矩成反比，或说与启动转矩成反比。

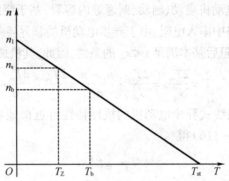

图 3-49 绕线式异步电动机机械特性

从式(3-123)和式(3-125)可求出从初始转速 n_b 达到某一转速 n_s 或从初始转矩 T_b 达到某一转矩 T_x 时所用的时间

$$t_x = T_{TJ} \ln \frac{n_b - n_s}{n_x - n_s} \tag{3-126}$$

或

$$t_x = T_{TJ} \ln \frac{T_b - T_L}{T_x - T_L}$$

而从某一转速 n_b 或某一转矩 T_b 至过渡过程结束时所用的时间为

$$t = (3 \sim 4) T_{TJ} \tag{3-127}$$

式(3-127)中的系数视要求的精度而定。当达到 $95\% n_s$ 作为过渡过程结束时，可以取 $3T_{TJ}$；当达到 $98\% n_s$ 时作为过渡过程结束时，可以取 $4T_{TJ}$。

3.5.2 鼠笼式异步电动机拖动系统的过渡过程

鼠笼式异步电动机机械特性是一条不规则的二次曲线，其过渡过程的研究不像直流电机和转子串电阻后的绕线式异步电动机那样简单，尤其是生产机械不是恒定的转矩特性时，更增添了用解析法研究过渡过程的难度。因此，应采用不同的方法研究鼠笼式异步电动机的过渡过程。

1. 异步电动机过渡过程的图解法

当负载转矩特性不是恒定值时，采用图解法分析异步电动机过渡过程较为方便。下面以异步电动机带风机类负载启动为例，用图解法求转速的变化规律及启动时间。

由于异步电动机机械特性和风机的负载特性均是转速的非线性函数，为使分析简化，我们可以将转速分成若干小段，使每一个转速变化区间 Δn 内，电磁转矩和负载转矩均可视为常数,并令其等于该转速段内电磁转矩和负载转矩的平均值 T_{av} 和 T_{Zav}。如果在 $n - t$ 坐标系中对应于 Δn 的坐标为 Δt,则运动方程式变或

$$T_{av} - T_{Zav} = \frac{GD^2}{375} \frac{\Delta n}{\Delta t}$$

或

$$\frac{T_{av} - T_{Zav}}{\frac{GD^2}{375}} = \frac{GD^2}{375} \frac{\Delta n}{\Delta t} \qquad (3-128)$$

若令 $T_{aav} = T_{av} - T_{Zav}$ 为电动机的加速转矩,式(3-128)变为

$$\frac{T_{aav}}{GD^2/375} = \frac{\Delta n}{\Delta t} \qquad (3-129)$$

如果我们设法使 T_{aav}、$GD^2/375$ 和 Δn、Δt 分别为相似三角形的两条边,在已知 T_{aav}、$GD^2/375$ 和 Δn 的情况下,即可引用相似三角形的性质求出 Δt。下面说明作图的具体方法。

(1)在机械特性 $T - n$ 坐标系和 $n - t$ 坐标系(n 为纵坐标)中选择合适的比例尺。先选取转矩、转速、时间的比例尺为 μ_T, μ_n, μ_t,则 μ_{GD^2} 为 $GD^2/375$ 的比例尺

$$\frac{T_{aav}}{\frac{GD^2}{375}/\mu_{GD^2}} = \frac{\Delta n/\mu_u}{\Delta t/\mu_t} \qquad (3-130)$$

对照式(3-129),则有

$$\frac{\mu_{GD^2}}{\mu_T} = \frac{\mu_t}{\mu_n}$$

或

$$\mu_{GD^2} = \frac{\mu_T \mu_t}{\mu_n} \qquad (3-131)$$

这样,便可根据选取的 μ_T、μ_n、μ_t 求出 $GD^2/375$ 的比例尺 μ_{GD^2} 了。

(2)在 $T - n$ 坐标系中,作出机械特性 $n = f(T)$ 和负载转矩特性 $n = f(T_Z)$,根据 $T_a = T - T_Z$,求出加速转矩 T_a 与转速 n 的关系 $n = f(T_a)$。

(3)将 $n = f(T_a)$ 的 n 坐标分成若干小段,使每一小段(Δn)中的转矩近似相等,即用若干个矩形组成的阶梯形折线代替 $n = f(T_a)$ 曲线,如图3-50中细实线所示。这样,便得到对应于每段 Δn 的平均加速转矩 T_{aav}。

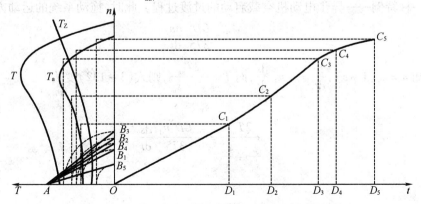

图3-50　图解法求鼠笼式异步电动机启动时的过渡过程

（4）在 $T-n$ 坐标系中，在横坐标轴 T 上截取

$$OA = \frac{GD^2}{375} / \mu_{GD^2}$$

将转速 n 分成 5 段。在纵坐标轴 n 上分别截取对应于 $\Delta n_1, \Delta n_2, \cdots, \Delta n_5$ 的平均加速转矩 $OB_1, OB_2, \cdots, OB_5$。

（5）分别联结 $AB_1, AB_2, \cdots, AB_5$。

（6）过坐标原点 O 作 $OC_1 /\!/ AB_1$，且使 C_1 点对应的转速 $n_1 = 0 + \Delta n_1$，即使 OC_1 与 $n = n_1$ 的直线相交于 C_1。若 C_1 点的横坐标为 D_1，由相似三角形原理可知

$$\frac{OB_1}{OA} = \frac{C_1 D_1}{OD_1}$$

由于 $OB_1 = \dfrac{T_{aav1}}{\mu_T}, OA = \dfrac{GD^2}{375} / m_{GD^2}, C_1 D_1 = \dfrac{\Delta n}{\mu_n}$，所以

$$OD_1 = \frac{\Delta t}{\mu_t}$$

这说明 OD_1 即表示电动机转速从 0 到 n_1 所用的时间。

过 C_1 作 $C_1 C_2 /\!/ AB_2$，且使 $C_1 C_2$ 交 $n = n_1 + \Delta n_2 = n_2$ 的直线于 C_2，C_2 的横坐标为 D_2。根据相似三角形性质可得

$$\frac{OB_2}{OA} = \frac{C_2 D_2 - C_1 D_1}{D_1 D_2}$$

由于 $OB_2 = \dfrac{T_{aav2}}{\mu_T}, OA = \dfrac{GD^2}{375} / m_{GD^2}, C_2 D_2 - C_1 D_1 = \dfrac{\Delta n_2}{\mu_n}$，所以

$$D_1 D_2 = \frac{\Delta t}{\mu_t}$$

这说明 $D_1 D_2$ 代表电动机转速从 n_1 到 n_2 所用的时间。

按同样的方法绘制下去，直到加速转矩 $T_a = 0$ 时为止，得到折线 $OC_1 C_2 \cdots C_5$，该折线即为 $n = f(t)$，$OD_1, D_1 D_2, \cdots, D_4 D_5$ 即为对应各 Δn 的加速时间，OD_5 即为总的启动时间。

其他运行状态的过渡过程可参照此法进行。

2. 鼠笼式异步电动机过渡过程的解析法

当负载为恒转矩负载时，可采用解析法分析异步电动机过渡过程。为使分析简化，我们分析一种特例——异步电动机空载启动的过渡过程。此时，拖动系统的运动方程式为

$$T = \frac{GD^2}{375} \frac{dn}{dt} \tag{3-132}$$

已知 $n = n_1(1 - s), \dfrac{dn}{dt} = -n_1 \dfrac{ds}{dt}$，而 $T = \dfrac{2T_m}{\dfrac{s}{s_m} + \dfrac{s_m}{s}}$，则式（3-132）变为

$$\frac{2T_m}{\dfrac{s}{s_m} + \dfrac{s_m}{s}} = -\frac{GD^2 n_1}{375} \frac{ds}{dt}$$

或

$$dt = -\frac{GD^2 n_1}{375 T_m} \cdot \frac{1}{2}\left(\frac{s}{s_m} + \frac{s_m}{s}\right) ds \tag{3-133}$$

记 $T_{TJ} = \dfrac{GD^2 n_1 s_m}{375 T_m}$ 为鼠笼式异步电动机拖动系统的时间常数。式(3－133)可简化为

$$dt = -\frac{1}{2} T_{TJ} \left(\frac{s}{s_m} + \frac{1}{s} \right) ds \qquad (3-134)$$

对式(3－134)两边积分，得异步电动机空载启动的过渡过程时间

$$t = \int_0^t dt = -\frac{T_{TJ}}{2} \int_{s_b}^{s_s} \left(\frac{s}{s_m} + \frac{1}{s} \right)$$

$$t_s = \frac{T_{TJ}}{2} \left(\frac{s_b^2 - s_s^2}{s_m^2} + \ln \frac{s_b}{s_s} \right) \qquad (3-135)$$

式中 s_b, s_s——过渡过程开始与终了时的转差率。

从式(3－139)可见，过渡过程时间与时间常数 T_{TJ} 和临界转差率有关，而且 T_{TJ} 中还包含了 s_m，所以 s_m 对过渡过程影响较大。当空载启动时，如 $s_b = 1, s_s = 0.05$ 时可认为启动结束，由式(3－139)可得启动过渡过程时间为

$$t_{st} = \frac{T_{TJ}}{2} \left(\frac{1^2 - 0.05^2}{2 s_m^2} + \ln \frac{1}{0.05} \right) = T_{TJ} \left(\frac{1}{4 s_m^2} + 1.5 \right) \qquad (3-136)$$

这说明异步电动机空载启动时间是 s_m 的二次函数。那么，一定存在一种临界转差率，使空载启动过渡过程最短。将式(3－135)对 s_m 求导，且令 $\dfrac{dt_{st}}{ds_m} = 0$，得使空载启动过渡过程时间最短的临界转差率为

$$s_{m0} = \sqrt{\frac{s_b^2 - s_s^2}{2 \ln \dfrac{s_b}{s_s}}} \qquad (3-137)$$

也可将式(3－136)对 s_m 求导，且令 $\dfrac{dt_{st}}{ds_m} = 0$，求得空载启动时间最短的转差率为

$$s_{m0st} \approx 0.407$$

将 $s_{m0st} \approx 0.407$ 代入式(3－136)，可得异步电动机空载启动的最短时间为

$$t_{st0} \approx T_{TJ} \left(\frac{1}{4 \times 0.407^2} + 1.5 \right) = 3 T_{TJ} q$$

对普通鼠笼式异步电动机，如 $s_m = 0.1 \sim 0.15$，不能获得最短启动时间。若想获得最短启动时间，必采用转子电阻较大的高转差率鼠笼式异步电动机。对于绕线式异步电动机，则可采用转子串电阻的方法，提高临界转差率，以获得最小的启动时间。

式(3－135)虽然是针对鼠笼式异步电动机空载启动时得出的，但也适用于鼠笼式异步电动机其他过渡过程。如空载状态下两相反接反接制动和反转过渡过程。此时，$s_b = 2, s_s = 1$，代入式(3－135)得两相反接制动的过渡过程时间为

$$t_T = \frac{T_{TJ}}{2} \left(\frac{2^2 - 1^2}{2 s_m^2} + \ln \frac{2}{1} \right) = \frac{T_{TJ}}{2} \left(\frac{0.75}{2 s_m^2} + 0.346 \right) \qquad (1-138)$$

将式(3－138)对 s_m 求导，且令 $\dfrac{dt_{st}}{ds_m} = 0$，得两相反接反接制动时间最短的临界转差率

$$s_{m0T} \approx 1.47$$

当两相反接制动后反转，且稳定运行于反向电动状态时，$s_b = 2, s_s = 0.05$ 代入式(3－135)得

$$t_{Ts} = \frac{T_{TJ}}{2}\left(\frac{2^2 - 0.05^2}{2s_m^2} + \ln\frac{2}{0.05}\right) = \frac{T_{TJ}}{2}\left(\frac{1}{2s_m^2} + 1.844\right) \tag{3-139}$$

亦可求得反接制动加反转的过渡过程时间最短的临界转差率为

$$s_{m0T} \approx 0.736$$

我们将上述几种情况的过渡过程所需时间和 s_m 的关系画成曲线,如图 3-51 所示。

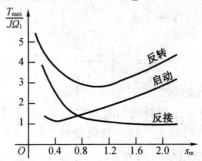

图 3-51 异步电动机过渡过程时间与 s_m 的关系

对于能耗制动,可令电动机转速 n 与同步转速之比为 γ,则

$$\gamma = \frac{n}{n_1} \tag{3-140}$$

能耗制动过渡过程开始与终了的转速为 γ_b 与 γ_s,用 γ_b 与 γ_s 分别代替式(3-135)中的 s_b,s_s,即得能耗制动时的过渡过程时间为

$$t_T = \frac{T_{TJ}}{2}\left(\frac{\gamma_b^2 - \gamma_s^2}{2\gamma_m^2} - \ln\frac{\gamma_b}{\gamma_s}\right) \tag{3-141}$$

式中 $T_{TJ} = \dfrac{GD^2 n_1 \gamma_m}{375 T_m}$。

当从空载时转速 n_1 停车时,$\gamma_b = 1$,$\gamma_s = 0.05$,代入式(3-141)得

$$t_T = T_{TJ}\left(\frac{1}{4\gamma_m^2} + 1.5\right) \tag{3-142}$$

空载时从 γ_b 能耗制动到 γ_s 的过渡过程时间最短的临界转差率为

$$\gamma_{m0T} = \sqrt{\frac{\gamma_b^2 - \gamma_s^2}{2\ln\dfrac{\gamma_b}{\gamma_s}}} \tag{3-143}$$

将 $\gamma_b = 1$,$\gamma_s = 0.05$,代入式(3-143)得

$$\gamma_{m0T} \approx 0.407$$

3.5.3 异步电动机过渡过程的能量损耗

异步电动机在过渡过程中电流都比较大,定转子铜损比正常运行时大得多。为使分析简化,我们忽略铁损与机械损耗,研究空载启动、制动等状态定、转子铜损的情况。

在过渡过程中,定转子铜损为

$$\Delta A = \int_0^t 2I_1 2R_1 \, dt + \int_0^t 3I_2'^2 R_2' \, dt \tag{3-144}$$

在过渡过程中,I_2' 比 I_m 大得多,当忽略 I_m 影响时,可认为 $I_1 \approx I_2'$,式(3-148)变为

$$\Delta A = \int_0^t 3I_2'^2 \left(1 + \frac{R_1}{R_2}\right) \mathrm{d}t \qquad (3-145)$$

由于转子铜损可用转差功率表示,即

$$3I_2'^2 R_2' = sP_{\mathrm{em}} = sT\Omega_1 \qquad (3-146)$$

式(3-145)可变为

$$\Delta A = \int_0^t \left(1 + \frac{R_1}{R_2}\right) sT\Omega_1 \mathrm{d}t \qquad (3-147)$$

空载时电力拖动系统的动态方程式为

$$T = J \frac{\mathrm{d}\Omega}{\mathrm{d}t}$$

而 $\Omega = \Omega_1(1-s)$,上式变为

$$T = -J\Omega_1 \frac{\mathrm{d}s}{\mathrm{d}t}$$

或

$$T\mathrm{d}t = -J\Omega_1 \mathrm{d}s \qquad (3-148)$$

式(3-147)变为

$$\Delta A = -\int_{s_b}^{s_s} J\Omega_1^2 \left(1 + \frac{R_1}{R_2'}\right) \mathrm{d}t \qquad (3-149)$$

式(3-149)积分得

$$\Delta A = \frac{1}{2}J\Omega_1^2 \left(1 + \frac{R_1}{R_2'}\right)(s_b^2 - s_s^2) \qquad (3-150)$$

式(3-150)就是异步电动机从 s_b 至 s_s 的过渡过程能量损耗的一般表达式。

1. 空载启动时过渡过程的能量损耗

此时,$s_b = 1$,$s_s = 0$,代入式(3-150),得

$$\Delta A_{\mathrm{st}} = \frac{1}{2}J\Omega_1^2 \left(1 + \frac{R_1}{R_2'}\right) \qquad (3-151)$$

2. 空载两相反接反接制动过渡过程的能量损耗

此时,$s_b = 2$,$s_s = 1$,代入式(3-154),得

$$\Delta A_{\mathrm{T}} = \frac{1}{2}J\Omega_1^2 \left(1 + \frac{R_1}{R_2'}\right)(2^2 - 1) = \frac{3}{2}J\Omega_1^2 \left(1 + \frac{R_1}{R_2'}\right) \qquad (3-152)$$

3. 空载能耗制动过渡过程的能量损耗

由于能耗制动机械特性有不同的形式,需按上法重新分析,具体过程请参考有关书籍。空载能耗制动过渡过程的能量损耗为

$$\Delta A_{\mathrm{T}} = \frac{1}{2}J\Omega_1^2 \left(1 + \frac{R_1}{R_2'}\right) \qquad (3-153)$$

由式(3-151)至式(3-153)可见,异步电动机过渡过程的能量损耗均与转动部分的转动惯量和异步电动机同步转速有关,即与转动部分贮存的动能有关。这一点与直流电动机过渡过程的能量损耗是一样的。所不同的是异步电动机的转子铜损与转子电阻无关,定子铜损与定子电阻 R_1 和转子电阻 R_2' 的比值有关。当 R_2' 较大时,定子铜损较小,因此,绕线式异步电动机转子电路串电阻时,不仅能使定子铜损减少,也使相当一部分转子铜损发生在外串电阻上,从而减少电机内部的发热。而对于鼠笼式异步电动机,其 R_1,R_2' 是固定的,因

此,定、转子过渡过程铜损部较大,故电机发热较厉害。

3.5.4 减少异步电动机过渡过程能量损耗的方法

由于异步电动机过渡过程损耗与直流电动机相似,因此,可采用与直流电动机相似的办法减少异步电动机过渡过程能量损耗。

(1)减少拖动系统贮存的动能$\frac{1}{2}J\Omega_1^2$

对经常起、制动的异步电动机,可采用细长转子的异步电动机,或采用双电机拖动,以减小拖动系统的转动惯量。适当地选择电动机的额定转速,即选择合适的速比也是有效办法。

(2)合理地选择起、制动方式

改变同步转速Ω_1的启动方法可以减少启动过渡过程的能量损耗,例如,由多极对数变少极对数的变极启动,由频率较低至频率较高的变频启动方法,都能减少启动过程的能量损耗。尽量采用能耗制动,尤其对频繁起、制动的异步电动机,采用反接制动,将使电动机发热厉害,严重的会烧毁电动机。

(3)合理地选择电动机参数

增大转子电阻可使定子损耗降低,对鼠笼式异步电动机,可选择转子电阻较大,即高转差率异步电动机,对绕线式异步电动机,可在转子电路中外串适当电阻,既可增加电磁转矩,缩短过渡过程时间,又可减少过渡过程的能量损耗。

3.6 异步电动机拖动系统的仿真

3.6.1 异步电动机启动过程的仿真

在第2章直流电力拖动中已对直流电动机电力拖动系统的运行进行了仿真。Simulink软件的 POWERSYSTEM 库提供了异步电动机仿真模块如图3-52所示。

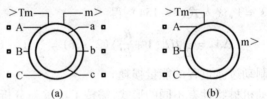

(a)   (b)

图3-52 Simulink 软件提供的异步电动机仿真模块

(a)绕线式异步电动机;(b)鼠笼式异步电动机

双击模块可以打开参数设置菜单,如图3-53所示。可以设置异步电机的类型及相关参数,其中转子类型(Rotor type)选择了鼠笼式(Squirrel-cage)。

对于异步电动机电力拖动系统的仿真学习,不同培养方案或专业的学生应该采取不同的学习方法。由于 MATLAB/Simulink 异步电动机仿真模型是基于异步电动机状态方程的数学模型建立的,具备相关知识基础的同学可以通过异步电动机仿真模块进行模型研究。对于没有这方面知识基础的同学,或者出于本书教学目的,可以直接使用该软件所提供的异步电动机仿真模块,研究不同的运行条件对异步电动机运行的不同影响,比如说不同的启动方法设计的比较和启动过程的分析。

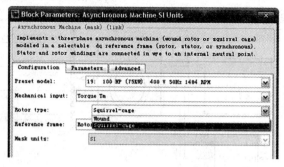

图 3 - 53 异步电动机参数设置

1. 异步电动机直接启动仿真

以某台异步电动机为例,额定功率 75 kW、额定电压 400 V(Y 接)、额定电流值 150 A、额定转速 1 484 r/min、额定频率 50 Hz。空载直接启动的仿真模型如图 3 - 54 所示。

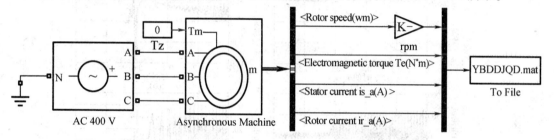

图 3 - 54 异步电动机直接启动仿真模型

直接启动的仿真结果如图 3 - 55 所示。

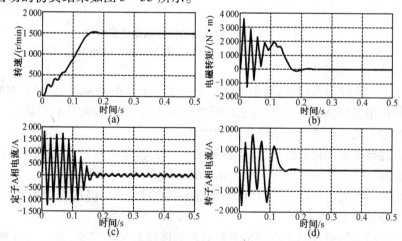

图 3 - 55 直接启动的仿真结果

(a)转速;(b)电磁转矩;(c)定子电流;(d)转子电流

根据图 3 - 55,当异步电动机直接启动时,启动初期电流达到了额定值的 10 倍左右,启动问题较为明显。

2. 异步电动机定子串电阻降压启动仿真

采用上述异步电动机的数据,选择定子串电阻进行空载降压启动,0.6 s切除启动电阻。仿真模型如图3-56所示,仿真结果如图3-57所示。

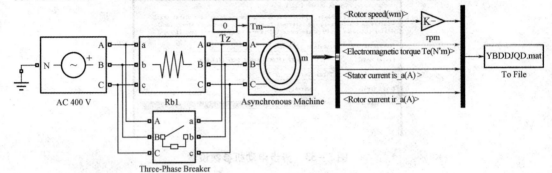

图3-56 定子串电阻器降压启动仿真模型

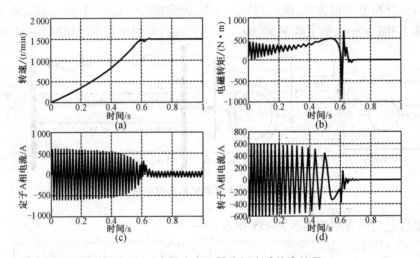

图3-57 定子串电阻器降压启动仿真结果
(a)转速;(b)电磁转矩;(c)定子电流;(d)转子电流

根据图3-57的仿真结果,异步电动机采用了定子串电阻降压启动后,对定、转子电流均有了抑制作用,但是启动过程中电磁转矩也有所下降,这正是降压启动的缺点。

3. 异步电动机串自耦变压器降压启动仿真

采用上述异步电动机的数据,选择抽头为55%的额定电压进行带载降压启动,0.6 s切除自耦变压器。仿真模型如图3-58所示,仿真结果如图3-59所示。

根据图3-59的仿真结果,同样可以获得串联自耦变压器降压启动牺牲了启动转矩,对启动电流抑制的结论。

综合以上仿真结果及异步电动机直接启动和降压启动的结论,通过对参数的进一步调整,还可以获得不同的结果,留给学习者自行研究。另外,在上述仿真模型的基础上还可以获得其他启动方式的仿真模型,也留给学习者自行研究。

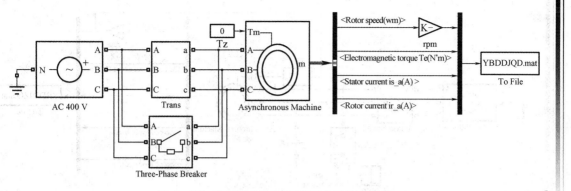

图3-58　定子自耦变压器降压启动仿真模型

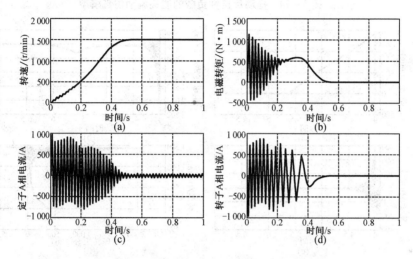

图3-59　定子自耦变压器降压启动仿真结果

(a)转速;(b)电磁转矩;(c)定子电流;(d)转子电流

3.6.2　异步电动机制动过程的仿真

1. 能耗制动

采用3.6.1节所用异步电动机数据,根据能耗制动产生的条件和方法构建能耗制动仿真模型如图3-60所示。图中,通过阶跃模块实现直流断路器 Breaker 的开关控制;三相断路器的开关控制由模块内部参数设置。仿真程序的初始状态设置为异步电动机拖动480 N·m反抗性负载并达到稳态的情况,能耗制动时定子电流根据式(3-63)确定,大小为180 A。设置于4 s时切换为能耗制动状态的仿真曲线如图3-61所示。

根据图3-61的仿真结果,对于反抗性负载,采用能耗制动可以实现安全停车。这与理论分析是相符的。

当负载为位能性负载时采用能耗制动,其制动过程会经历第二象限和第四象限,其中在第二象限的过程与反抗性负载时一致。为了便于观察参数随时间变化的情况,仿真曲线从5.5 s开始向后截取,如图3-62所示。

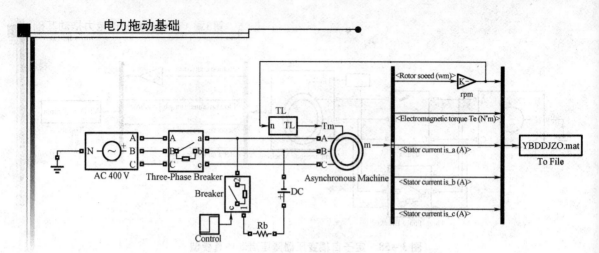

图 3-60 拖动反抗性负载的能耗制动仿真模型

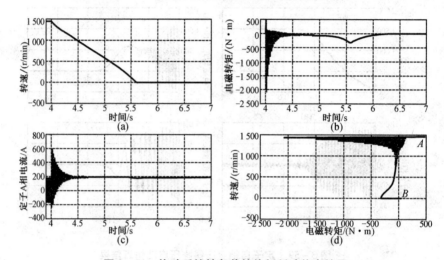

图 3-61 拖动反抗性负载的能耗制动仿真结果

(a)转速;(b)电磁转矩;(c)定子电流;(d)动态机械特性

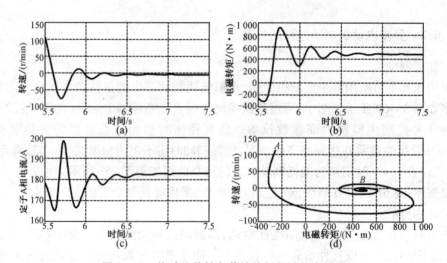

图 3-62 拖动位能性负载的能耗制动仿真结果

(a)转速;(b)电磁转矩;(c)定子电流;(d)动态机械特性

根据图 3-62 仿真结果所示,对于位能性负载,达到稳态时,电磁转矩为正、转速为负,实现了位能性负载的稳速下放。在图 3-62(d) 所示动态机械特性中，A 点对应了 5.5 s 时（转速为 112.8 r/min）的转矩情况，B 点对应了达到稳态时的情况。

2. 转速反向的反接制动

采用绕线式异步电动机，电动机参数依然采用 3.6.1 节鼠笼式异步电动机的参数。当拖动额定位能性负载转矩并达到稳态时，在转子外接电路中串入足够大的对称电阻将进入转速反向的反接制动过程。其仿真模型如图 3-63 所示。

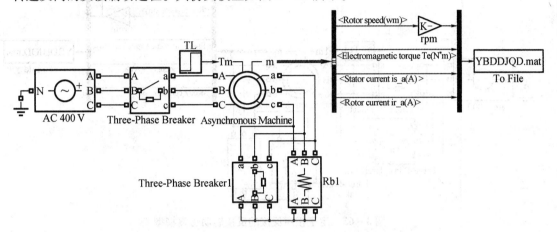

图 3-63　转速反向的反接制动仿真模型

在转子回路中分别串入 2 Ω 电阻和 3 Ω 电阻获得的仿真结果如图 3-64 所示。

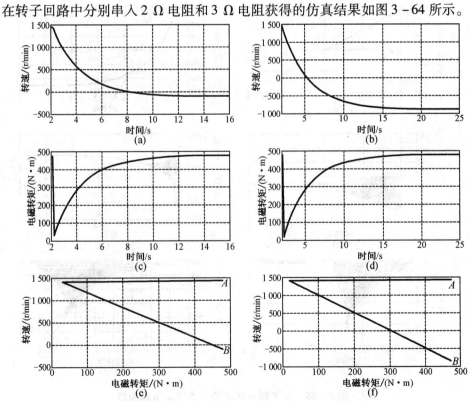

图 3-64　转速反向的反接制动仿真结果

(a) 转子回路外接 2 Ω 电阻；(b) 转子回路外接 3 Ω 电阻；(c) 转子回路外接 2 Ω 电阻；
(d) 转子回路外接 3 Ω 电阻；(e) 转子回路外接 2 Ω 电阻；(f) 转子回路外接 3 Ω 电阻

根据图3-64,转子回路串入不同的电阻将会获得不同的下放速度,这与理论也是相符的。

3. 定子相序反接的反接制动

异步电动机参数与3.6.1节一致,构建定子相序反接的反接制动的仿真模型如图3-65所示。

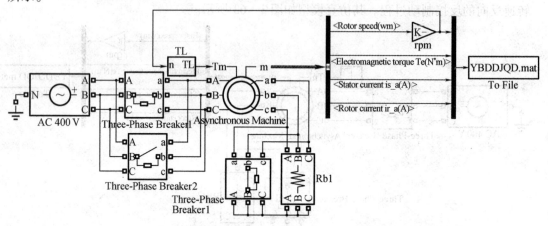

图3-65 定子相序反接的反接制动仿真模型

对于反抗性负载的仿真结果如图3-66所示。

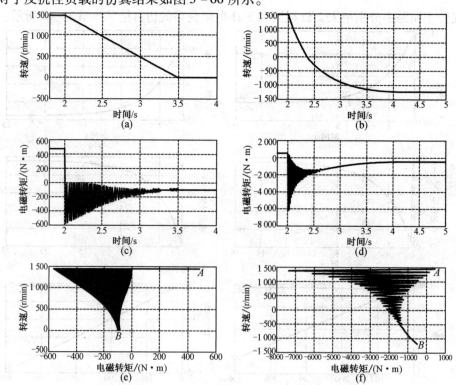

图3-66 定子相序反接的反接制动仿真模型

(a)制动电阻为10 Ω;(b)制动电阻为0.3 Ω;(c)制动电阻为10 Ω;
(d)制动电阻为0.3 Ω;(e)制动电阻为10 Ω;(f)制动电阻为0.3 Ω

图 3-66(a)是制动电阻为 10 Ω 时的情况,由于转速降到零时的堵转转矩小于负载转矩,系统不能反向启动进入第三象限,系统安全停车。如果降低制动电阻为 0.3 Ω 时,堵转转矩大于负载转矩,系统将反向启动进入第三象限,呈现反向电动状态,如图 3-66(b)(d)(f)所示。图 3-66(e)和图 3-66(f)中的 A 点为初始稳态值,B 点为最终稳态值。

4.回馈制动

基于定子相序反接的反接制动的仿真模型,拖动位能性负载,当定制相序反接制动时将会过渡到机械特性的第四象限,呈现高于同步转速的稳速下放状态,如图 3-67 所示。图 3-67 中分别对应了制动电阻 0.1 Ω 和 0.3 Ω 的情况。显然,不同的制动电阻会获得不同的下放速度。

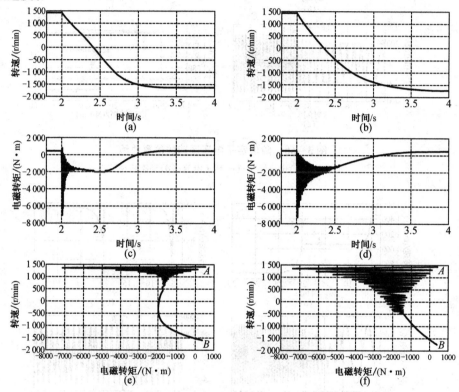

图 3-67　定子相序反接的反接制动仿真模型

(a)制动电阻为 0.1 Ω;(b)制动电阻为 0.3 Ω;(c)制动电阻为 0.1 Ω;
(d)制动电阻为 0.3 Ω;(e)制动电阻为 0.1 Ω;(f)制动电阻为 0.3 Ω

3.6.3　异步电动机调速过程的仿真

1.鼠笼式异步电动机降压调速

结合 3.6.1 节和 3.6.2 节的仿真模型能够完成异步电动机调速过程的仿真。其中,降低定子电压调速的仿真曲线如图 3-68 所示。定子电压由额定电压降依次到 80% 额定电压和 60% 额定电压,图中 1 段对应了额定电压,2 段对应了 80% 额定电压,3 段对应了 60% 额定电压。负载为额定恒转矩负载。

2.绕线式异步电动机转子串电阻调速仿真

绕线式异步电动机转子串电阻调速仿真曲线如图3－69所示。图中1段对应了转子没有串入电阻的情况，2段对应了串入0.5Ω的情况，3段对应了串入1Ω的情况。负载为额定恒转矩负载。

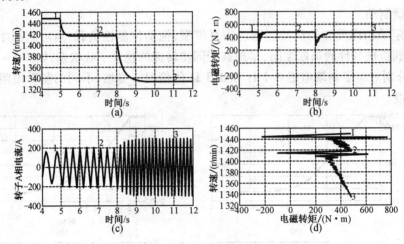

图3－68　降低定子电压调速的仿真曲线
(a)转速；(b)电磁转矩；(c)转子电流；(d)动态机械特性

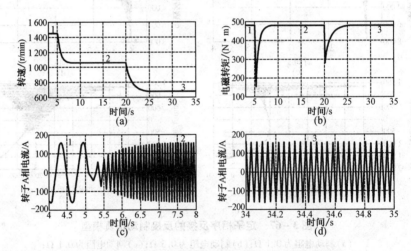

图3－69　绕线式异步电动机转子串电阻调速仿真曲线
(a)转速；(b)电磁转矩；(c)转子电流(阶段1、阶段2)；(d)转子电流(阶段3)

基于上述仿真模型还可以编制其他调速方式的仿真模型，留给学习者自行研究。

小　结

本章主要讲述异步电动机电力拖动基础，包括异步电动机机械特性、启动、制动与调速。

异步电动机机械特性有三种表达式。它们从不同角度描述了异步电动机的外在特性。物理表达式从电动机内电磁相互作用的物理本质着手，适用于电动机运行的定性分析；参数表达式是在物理表达式的基础上,通过近似等值电路求得,适用于分析各种参数对电动机运行的影响;实用表达式则抓住机械特性的特征,经合理简化得到的,适用于工程计算。异步电动机机械特性是描述、分析和计算异步电动机电力拖动系统各种运行状态的有力工具。

异步电动机机械特性不像直流电动机机械特性那样简单,其转速也常用转差率 $s = \dfrac{n_1 - n}{n_1}$ 表示。应熟记机械特性的几个特殊点:同步点、额定点、临界点和启动点的参数与电机参数,尤其是 n_1、T_m、s_m 和 T_{st} 与电机参数的关系,特别要记住电源电压和转子回路电阻变化对异步电动机机械特性的影响。

异步电动机具有启动电流较大而启动转矩较小的特点,生产机械一般都要求启动转矩较大,电源又希望启动电流较小,从而构成了异步电动机的突出矛盾。7.5 kW 以下的小容量异步电动机可以直接启动;对于 7.5 kW 以上的异步电动机,则要采取措施启动,其核心问题是限制启动电流,同时要满足启动转矩要求,对不同的负载特性要选择合适的启动方法。鼠笼式异步电动机主要采用降压启动,而绕线式异步电动机多采用转子电路串电阻启动。

异步电动机也有能耗制动、反接制动和回馈制动,其共同特点是电磁转矩与转速方向相反。应着重理解异步电动机各种制动产生的条件、机械特性、功率关系及制动电阻的计算。注意与直流电动机制动的比较,尤其注意异步电动机进行能耗制动时必须加直流励磁的道理。

因为异步电动机调速困难,因此吸引更多的人从事这方面研究。从 $n = \dfrac{60f_1}{p}(1 - s)$ 可见,改变 p、f_1 和 s 都可改变异步电动机的转速。要掌握异步电动机各种调速方法的调速原理、机械特性、允许输出、调速特点及适用场合。

电力拖动系统的动力学方程是分析异步电动机拖动系统过渡过程的基本依据,只因异步电动机机械特性比较复杂而使解析分析较为困难,可以根据不同的负载、不同的电机类型采用不同的分析方法。为使分析简单,可进行合理的简化,也可以将过渡过程的分析方法、损耗及减少损耗、缩短过渡过程时间的方法也和直流电动机进行对比。

习题与思考题

1. 三相异步电动机电磁转矩有哪三种表达式,各适用于什么场合?

2. 异步电动机拖动额定负载运行时,若电源电压下降过多,能否长期运行,为什么?

3. 一台三相异步电动机拖动额定恒转矩负载运行时若电源电压下降 10%,求重新达到稳态时电机的电磁转矩。

4. 某三相异步电动机,Y 连接,额定功率 10 kW,额定电压 380 V,额定转速 960 r/min,过载系数 2.2,拖动 50% 额定恒转矩负载。求(1)确定实用表达式并绘制固有机械特性;(2)绘制电压变为 80% 额定电压时的人为机械特性。

5. 某绕线式三相异步电动机,额定数据为:$P_N = 150$ kW,$U_N = 380$ V,$f_N = 50$ Hz,$n_N = 1\,460$ r/min。过载倍数 $K_m = 2.3$。求(1)拖动恒转矩负载 860 N·m 时电动机的转速情况;(2)电压变为 80% 额定电压时的转速;(3)如果转子回路再串入 2 倍的转子电阻,请确定拖动同样负载时的转速。

6. 某国产系列绕线式三相异步电动机拖动起重机的主钩,电动机的额定数据为:$P_N = 20\ kW$,$U_N = 380\ V(Y\ 接)$,$n_N = 960\ r/min$,$E_{2N} = 208\ V$,$I_{2N} = 76\ A$,过载倍数 $K_m = 2$。升降重物 $T_Z = 0.72T_N$,忽略 T_0,请计算(1)在固有机械特性上运行时的转子转速;(2)转子回路每相串入 $0.88\ \Omega$ 时的转子转速;(3)转速为 $-430\ r/min$ 时转子回路每相串入的电阻值。

7. 请简述对三相异步电动机的启动性能的要求,并简述直接启动时异步电动机体现的性能情况。

8. 三相异步电动机的启动方法有哪些?

9. 三相异步电动机的堵转电流与外加电压、电机所带负载是否有关,关系如何,是否堵转电流越大堵转转矩也越大? 负载转矩的大小会对启动过程产生什么影响?

10. 与普通鼠笼电机相比较,深槽式和双笼型异步电动机为何具备较好的启动性能?

11. 有一台鼠笼式三相异步电动机,额定数据为 $P_N = 40\ kW$,$U_N = 380\ V(\triangle 接法)$,额定效率 0.90,额定功率因数为 0.88,$n_N = 2\ 930\ r/min$,电流启动倍数 $K_I = 5.5$,转矩启动倍数 $K_T = 1.2$。供电变压器要求启动电流不超过 $150\ A$。负载启动转矩为 $0.25T_N$。请确定是否可以采用 $Y - \triangle$ 启动。

12. 一台鼠笼式异步电动机,$U_N = 380\ V$,$I_N = 20\ A$,$n_N = 1\ 450\ r/min$,电流启动倍数 $K_I = 7$,转矩启动倍数 $K_T = 1.4$,过载倍数 $K_m = 2$。请确定(1)若要满载启动,电网电压不得低于多少伏? (2)采用 $Y - \triangle$ 启动,启动电流是多少? 能否带半载启动? (3)用自耦变压器在半载下启动,55%、64% 及 73% 几种抽头是否合适? 启动电流是多少?

13. 异步电动机有哪些电磁制动方法? 简述各种制动方法的实现原理,并论证各种制动方法下的能量关系。

14. 为了使异步电动机快速停车,可采用哪种电磁制动的方法? 什么因素能够影响制动效果的强弱,试结合机械特性加以说明。

15. 举便说明在什么情况下异步电动机进入回馈制动状态?

16. 定性绘制异步电动机回馈制动时的相量图。

17. 一台绕线式三相异步电动机,$P_{1N} = 5.5\ kW$,$U_{1N} = 380\ V(Y\ 接法)$,$f_{1N} = 50\ Hz$,$n_N = 1\ 440\ r/min$,最大转矩为 $77.8\ N \cdot m$,$E_{1N} = 0.95U_{1N}$,$E_{2N} = 171\ V$,$r_1 = 1.12\ \Omega$,$r_2 = 0.95\ \Omega$。(1)初始运行于额定状态,进行相序反接制动,要求制动转矩初始值为 $1.5T_N$,问电动机转子每相应该串接多大电阻? (2)对于(1),若为位能性负载,如果制动电阻不切除,稳态时的下放速度为多少? (3)稳速下放额定位能性负载,转速为 $300\ r/min$,可以采取哪种电磁制动的方法? 转子每相应该串接多大电阻?

18. 怎样实现变极调速? 变极调速时为什么要改变定子电源的相序?

19. 简述降压调速不适用于异步电动机拖动恒转矩负载调速场合的原因。

20. 如何将变极调速和降压调速方法结合来增大三相鼠笼式异步电动机的调速范围?

21. 采用变频调速时对电源电压有何要求,为什么?

22. 试分析电磁滑差离合器的工作原理。

23. 什么叫串级调速,其原理是什么? 绕线式异步电动机串级调速机械特性有什么特点?

第4章 同步电动机的电力拖动基础

工业中的同步电动机普遍为三相的形式。相对于异步电动机,同步电动机具有功率因数高、转速与电枢电流频率保持严格对应关系($n_1 = 60f_1/p$)的特点。在大容量或者电网无功条件不好的场合,常选择同步电动机代替异步电动机使用。对于电励磁的同步电动机,调节励磁电流可以实现电网的无功调节,因此,同步电动机也用作调相机(也称为补偿机)使用,即在电动机空载运行时,通过改变励磁电流改善电网端的功率因数。随着电力电子技术的发展,采用变频器供电的同步电动机拖动系统成为新兴的调速系统,在矿井卷扬机、可逆轧机等一些高调速性能要求的场合广泛应用。

4.1 同步电动机的分类

4.1.1 电励磁同步电动机

电励磁同步电动机(简称同步电动机)根据结构的不同分为旋转电枢式和旋转磁极式。在实际应用中,一般需要利用滑环将电功率导入或者引出,由于励磁的电功率与电枢的电功率相比所占比例较小,因此采用旋转磁极式,通过滑环为励磁绕组供电的方式相对容易。所以,大中型同步电动机的基本结构形式是旋转磁极式。旋转磁极式根据转子磁极的形式分为隐极式和凸极式两种,如图 4 - 1 所示。

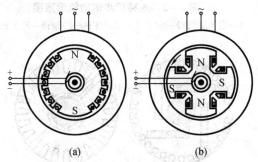

图 4 - 1　同步电动机结构示意图
(a)隐极式;(b)凸极式

隐极式同步电动机转子采用整块具有高机械强度和良好导磁性能的合金钢锻造而成,在转子铁心表面铣出一定数量的槽安放励磁绕组,适用于大容量、高转速的电动机场合。凸极式同步电动机转子有明显的磁极,同步电动机多采用凸极式转子。由于稀土永磁材料的问世,目前中、小型同步电动机趋向采用永磁式转子,它结构简单、功率因数高、高效节能。

电励磁同步电动机的转子磁极表面都装有类似笼型异步电动机转子的短路绕组,由嵌入磁极表面的若干铜条组成,这些铜条的两端用短路环联结起来。在同步电动机中,该短路绕组将在启动过程中实现类似异步电动机启动的异步启动过程,称为启动绕组。启动绕组在同步运行时能够起到抑制振荡的作用,亦称为阻尼绕组。

4.1.2　永磁同步电动机

虽然永磁同步电动机励磁不能调节,但是其转子励磁采用永久磁铁励磁,因此可省去集电环、电刷及励磁装置,使结构大为简化;而且由于无励磁电流,也就无励磁损耗,电动机效率就比较高。随着 20 世纪 80 年代研制出价格相对较低、磁性能优异的第三代稀土永磁材料钕铁硼(NdFeB)后,稀土永磁同步电动机性能大幅提升且其成本下降。尤其是在与微机控制相结合时,使得稀土永磁同步电动机及其控制技术日趋成熟,被广泛应用于航空、航天、数控机床、加工中心、机器人、电动汽车、家用电器及计算机外围设备。我国已批量生产数控机床用的稀土永磁无换向器电动机,调速范围达 10 000。

图 4-2 为永磁同步电动机示意图,它由定子、定子绕组、永磁体转子等部件构成。定子与普通异步电动机基本相同,矩形波永磁同步电动机采用集中整距绕组,正弦波永磁同步电动机采用分布短距绕组。这种电动机与其他电动机最主要的区别是转子磁路结构,它可分为表面式、内置式、内置混合式、爪极式等,图 4-3 给出了性能最优的内置混合式四种转子磁路结构。

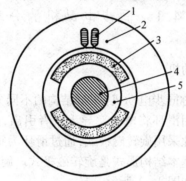

图 4-2　永磁同步电动机示意图
1—定子绕组;2—定子;3—永磁体;4—转轴;5—转子铁芯

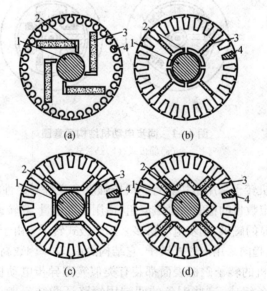

图 4-3　永磁同步电动机内置混合式转子磁路结构
1—转轴;2—永磁体槽;3—永磁体;4—转子导条

4.1.3 磁阻同步电动机

磁阻同步电动机又称反应式同步电动机,其转子有隐极及凸极两种结构。图4-4为分段式隐极转子,它由非磁性材料(铜或铝)和钢片叠装而成,钢片起导磁作用,铜或铝起笼型启动绕组作用。在正常运行时,气隙磁场基本上只能沿钢片引导的方向进入转子直轴磁路;而交轴由于要多次穿过非磁性材料区域,遇到的磁阻很大,所以直轴同步电抗比交轴同步电抗大得多,虽称隐极转子,仍具凸极效应。图4-5为凸极转子示意图。磁阻同步电动机的工作原理可参见相关书籍。

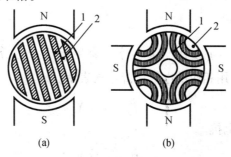

图4-4 磁阻同步电动机分段式隐极转子

(a)2极分段转子;(b)4极分段转子

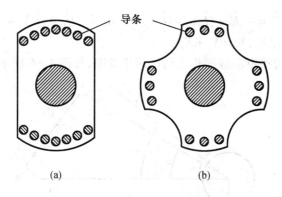

图4-5 磁阻同步电动机凸极转子

(a)2极;(b)4极

磁阻同步电动机结构简单、坚固、效率高,控制用的电力电子器件元件数少,变频电源简化,具有优良的可控性,其功率从百分之一瓦到数百千瓦,小容量的磁阻同步电动机用于遥控装置、录音传真及钟表工业;大容量者用于拖动调速速系统,如电机车、有轨电车、电瓶车、矿山设备、风机水泵等。

4.2 同步电动机的电动势平衡方程式及相量图

基于基尔霍夫第二定律,类似于"电机学"中同步发电机的电动势平衡方程式建立过程,同样可以建立同步电动机的电动势平衡方程。

采用"电动机惯例",对于隐极同步电动机,电动势平衡方程为

$$\dot{U} = -\dot{E}_0 - \dot{E}_a - \dot{E}_\sigma + \dot{I}R_a = -\dot{E}_\delta - \dot{E}_\sigma + \dot{I}R_a \qquad (4-1)$$

式(4-1)中各参数均为一相的值,$\dot{U}$ 为电枢绕组的端电压;$\dot{I}$ 为电枢电流;R_a 为电枢绕组电阻;$\dot{E}_0$ 为转子磁势(转子主磁场)$F_f(\dot{\Phi}_f)$ 在电枢绕组中产生的电动势,称为励磁电动势;与电枢磁势 F_a 对应的主磁场 $\dot{\Phi}_a$ 在电枢绕组中产生电动势 $\dot{E}_a$,为电枢反应电动势;与电枢磁势 F_a 对应的漏磁场 $\dot{\Phi}_\sigma$ 在电枢绕组中产生电动势 $\dot{E}_\sigma$,为漏电动势。$\dot{E}_\delta$ 为气隙电动势,$\dot{E}_\delta = \dot{E}_0 + \dot{E}_a$。

不考虑磁路饱和,有

$$\dot{E}_a \propto \dot{\Phi}_a \propto F_a \propto \dot{I} \qquad \dot{E}_\sigma \propto \dot{\Phi}_\sigma \propto F_a \propto \dot{I}$$

于是,各电动势可以用相应的电抗压降形式表示。

$$\dot{E}_a = -j\dot{I}X_a \qquad (4-2)$$

式中 X_a——电枢反应电抗。

$$\dot{E}_\sigma = -j\dot{I}X_\sigma \qquad (4-3)$$

式中 X_σ——漏电抗。

所以,式(4-1)可改写为

$$\dot{U} = -\dot{E}_0 + j\dot{I}X_a + j\dot{I}X_\sigma + \dot{I}R_a = -\dot{E}_0 + j\dot{I}X_s + \dot{I}R_a \qquad (4-4)$$

式中,X_s 为同步电抗,$X_s = X_a + X_\sigma$。

根据式(4-4)可绘制隐极同步电动机的相量图,如图4-6所示。

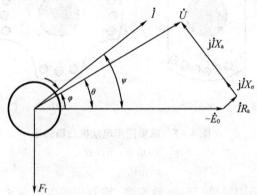

图4-6   隐极同步电动机的相量图

图中,$\dot{U}$ 和 $\dot{I}$ 的夹角为功率因数角 φ;$\dot{I}$ 和 $-\dot{E}_0$ 的夹角为内功率因数角 ψ;$-\dot{E}_0$ 和 $\dot{U}$ 的夹角为功率角 θ。

根据"电机学"的双反应理论,对于凸极同步电动机,电枢磁动势 F_a 可以分解成与转子轴线重合的直轴分量 F_{ad} 和与转子轴线垂直的交轴分量 F_{aq},对应的电枢电流 $\dot{I}$ 也分解为直轴分量 $\dot{I}_d$ 和交轴分量 $\dot{I}_q$。

电动势平衡方程为

$$\dot{U} = -\dot{E}_0 - \dot{E}_{ad} - \dot{E}_{aq} - \dot{E}_\sigma + \dot{I}r_a = -\dot{E}_\delta - \dot{E}_\sigma + \dot{I}r_a \qquad (4-5)$$

类似于隐极同步电动机,与直轴电枢磁势 F_{ad} 对应的主磁场 $\dot{\Phi}_{ad}$ 在电枢绕组中产生的电动势 $\dot{E}_{ad}$;与交轴电枢磁势 F_{aq} 对应的主磁场 $\dot{\Phi}_{aq}$ 产生感应电动势 $\dot{E}_{aq}$;$\dot{E}_\delta$ 仍为气隙电动势,$\dot{E}_\delta = \dot{E}_0 + \dot{E}_{ad} + \dot{E}_{aq}$。

不考虑磁路饱和,存在

$$\dot{E}_{ad} \propto \dot{\Phi}_{ad} \propto F_{ad} \propto \dot{I}_d \quad \dot{E}_{aq} \propto \dot{\Phi}_{aq} \propto F_{aq} \propto \dot{I}_q$$

于是,各电动势可以用相应的电抗压降形式表示。

$$\dot{E}_{ad} = -j\dot{I}_d X_{ad} \quad \dot{E}_{aq} = -j\dot{I}_q X_{aq} \qquad (4-6)$$

式中 X_{ad} 和 X_{aq}——直轴和交轴电枢反应电抗。

所以,式(4-5)可改写为

$$\dot{U} = -\dot{E}_0 + j\dot{I}_d X_{ad} + j\dot{I}_q X_{aq} + j\dot{I}X_\sigma + \dot{I}r_a = -\dot{E}_0 + j\dot{I}_d X_d + j\dot{I}_q X_q + \dot{I}R_a \qquad (4-7)$$

式中 X_d 和 X_q——直轴和交轴同步电抗,$X_d = X_{ad} + X_\sigma$、$X_q = X_{aq} + X_\sigma$。

根据式(4-7),可绘制凸极同步电动机的相量图,如图4-7所示。

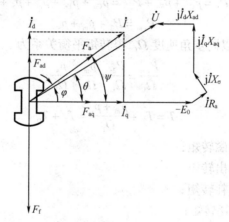

图4-7 凸极同步电动机的相量图

4.3 同步电动机的机械特性与矩角特性

4.3.1 同步电动机的机械特性

由于同步电动机的转速 $n_1 = \dfrac{60f_1}{p}$,为同步转速。在同步电动机不失步的情况下,当阻转矩(电磁转矩)发生变化时,转速不发生变化。所以,同步电动机的机械特性就是一组随频率变化的直线,如图4-8所示。

机械特性中,电磁转矩(允许阻转矩)的变化范围决定于同步电动机的最大电磁转矩。同步电动机电磁转矩及最大电磁转矩可根据4.3.3节所述的矩角特性确定。

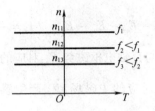

图 4-8　同步电动机的机械特性

同步电动机负载变化,会引起电磁转矩变化,但不会引起转速的变化,所以同步电动机电磁转矩随负载而变化的情况不能用与转速的关系去表征,要用 4.3.3 节所述的矩角特性去描述。

4.3.2　同步电动机的功率传递与转矩平衡

同步电动机负载运行时,由电网输入的有功功率 P_1,小部分消耗在电枢绕组铜损耗 P_{Cu}、电枢铁芯铁损耗 p_{Fe},余下大部分功率由电磁感应作用通过气隙传递到转子,此部分功率称电磁功率 P_{em},P_{em} 扣除转子机械损耗 p_m 及附加损耗 p_s 后,剩下的才是同步电动机轴上输出机械功率 P_2。综上,同步电动机的功率平衡方程式为

$$P_1 = p_{Cu} + p_{Fe} + P_{em} = p_{Cu} + p_{Fe} + p_m + p_s + P_2 \tag{4-8}$$

$$P_{em} = P_2 + p_m + p_s \tag{4-9}$$

将式(4-9)两边除以同步角速度 Ω_1,得转矩平衡关系为

$$\frac{P_{em}}{\Omega_1} = \frac{P_2}{\Omega_1} + \frac{p_m}{\Omega_1} + \frac{p_s}{\Omega_1}$$

$$T = T_2 + \frac{p_m + p_s}{\Omega_1} \approx T_2 + T_0 \tag{4-10}$$

式中　$T = P_{em}/\Omega_1$——电磁转矩;
　　　$T_2 = P_2/\Omega_1$——输出转矩;
　　　p_m/Ω_1——机械损耗转矩;
　　　p_s/Ω_1——附加损耗转矩;
　　　T_0——空载转矩。

4.3.3　同步电动机的功角特性和矩角特性

同步电动机的功角特性和矩角特性是指外加电压和励磁电流不变的条件下,电磁功率和电磁转矩随功率角(简称功角)θ 变化的关系。功角特性与"电机学"中同步发电机的功角特性相同,本书将再次推导功角特性和矩角特性的表达式。由于隐极同步电动机是凸极同步电动机的特例,所以以凸极同步电动机为研究对象。

由于同步电动机容量都比较大,效率比较高,电枢铜损耗及铁损耗所占比例很小,为方便研究问题,可将它们略去。于是,可认为电磁功率等于输入功率

$$P_{em} \approx P_1 = mUI\cos\varphi \tag{4-11}$$

因为 $\varphi = \psi - \theta$,所以有

$$P_{em} = mUI\cos(\psi - \theta) = mUI\cos\psi\cos\theta + mUI\sin\psi\sin\theta \tag{4-12}$$

根据如图 4-9 所示凸极同步电动机相量图(忽略电枢电阻,且 $\psi < 0°$ 时),可以得出

$$I_d X_d = E_0 - U\cos\theta \atop I_q X_q = U\sin\theta \Bigg\} \tag{4-13}$$

将式(4-13)代入式(4-12),整理后得可得凸极同步电动机的功角特性表达式为

$$P_{em} = m\frac{UE_0}{X_d}\sin\theta + m\frac{U^2}{2}\left(\frac{1}{X_q} - \frac{1}{X_d}\right)\sin2\theta = P'_{em} + P''_{em} \tag{4-14}$$

式中 P'_{em}——基本电磁功率,$P'_{em} = m\dfrac{UE_0}{X_d}\sin\theta$;

   P''_{em}——附加电磁功率,$P''_{em} = m\dfrac{U^2}{2}\left(\dfrac{1}{X_q} - \dfrac{1}{X_d}\right)\sin2\theta$。

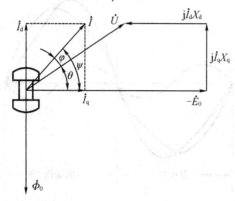

图4-9 凸极同步电动机在忽略电枢电阻的相量图($\psi<0°$)

对于隐极同步电动机,由于$X_d = X_q = X_s$,故只有基本电磁功率,则

$$P_{em} = m\frac{UE_0}{X_s}\sin\theta \tag{4-15}$$

将式(4-14)或式(4-15)两边除以转子同步角速度Ω_1,即得相应的矩角特性。对于凸极同步电动机为

$$T = m\frac{UE_0}{X_d\Omega_1}\sin\theta\left(\frac{1}{X_q} - \frac{1}{X_d}\right)\sin2\theta = T' + T'' \tag{4-16}$$

式中 T'——基本电磁转矩,$T' = m\dfrac{UE_0}{X_d\Omega_1}\sin\theta$;

   T''——附加电磁转矩,或磁阻转矩,又称反应转矩,$T'' = m\dfrac{U_0}{2\Omega_1}\left(\dfrac{1}{X_q} - \dfrac{1}{X_d}\right)\sin2\theta$。

在4.1.3所述的磁阻同步电动机,转子既没有励磁,也不是永磁,就是利用转子的凸极效应产生磁阻转矩使其正常运行。

对于隐极同步电动机,矩角特性只有基本电磁转矩,即

$$T = m\frac{UE_0}{X_s\Omega_1}\sin\theta \tag{4-17}$$

式(4-14)至(4-17)表示,若电网电压U和频率f恒定,X_d、X_q或X_s为常值,而且励磁电流和相应的电动势E_0亦保持不变时,则电磁功率和电磁转矩的大小仅取决于θ角的大小。凸极与隐极同步电动机的特性曲线分别如图4-10和图4-11所示。由于P_{em}与T之间只是比例关系不同,故可用一条曲线代表两者。图中,θ角为正,表示电动机运行状态,气

隙合成磁场在空间上超前转子励磁磁场。当 θ 角为负,表示运行于发电机状态,这时电磁功率和电磁转矩为负,转子励磁磁场超前气隙合成磁场。

以隐极同步电动机为研究对象,如电网电压与励磁电流不变,则基本电磁转矩 T 与功角 θ 的正弦成正比。当 $\theta = 0°$ 时,转矩 T 为零,当 θ 角增大,在 $0° < \theta < 90°$ 范围内,T 随 θ 的正弦成正比增加。当 $\theta = 90°$ 时,转矩达最大值 T_{max},称临界转矩。在 $90° < \theta < 180°$ 范围内,随着 θ 增大,T 虽然仍为正值,但其数值反而减小。$\theta = 180°$,$T' = 0$。如 $-180° < \theta < 0°$,电磁转矩 T 反向,成为制动转矩,仍按正弦规律变化。

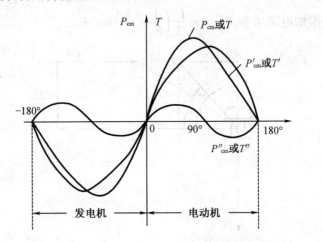

图 4-10 凸极同步电动机的功角和矩角特性曲线

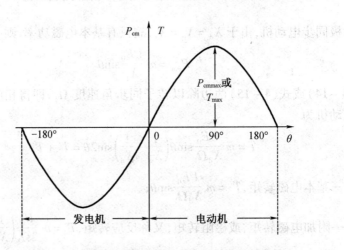

图 4-11 隐极同步电动机的功角和矩角特性曲线

对于凸极同步电动机,电磁转矩由基本电磁转矩和附加电磁转矩组成,电动机最大转矩发生在 $45° < \theta_{max} < 90°$。

同步电动机的最大转矩能力不仅与电机的电抗参数有关,而且与端电压和励磁参数有关。当生产机械负载波动,瞬时出现 $T_Z > T_m$ 时,可能导致同步电动机失步。为了保证不失步运行,可以根据式(4-17),增加励磁电流 I_f,使 E_0 增大,最大转矩随之增大,增强同步电动机的过载能力,保证同步电动机仍能正常运行。

4.3.4 同步电动机静态稳定运行问题

以隐极同步电动机为例来说明同步电动机静态稳定运行问题。当同步电动机工作于矩角特性曲线的 a 点,如图 4 - 12 所示。如负载突增 $\triangle T_Z$,这时 $T_Z + \triangle T_Z > T$,电动机减速,θ 角随之增大,从而使电磁转矩 T 增加,直至 $T + \triangle T = T_Z + \triangle T_Z$,电动机便稳定于 b 点运行,θ 角由 θ_a 增至 θ_b。可见,隐极同步电动机在 $0° < \theta < 90°$ 范围内,即曲线 OA 段是稳定运行区。而在 $90° < \theta < 180°$ 范围内,即曲线 AB 段,设电动机工作在 a' 点,如负载转矩增大,引起转子减速,则 θ 角增大,但 T 反而减小,转子进一步减速至失步停车,故此范围是不稳定运行区。

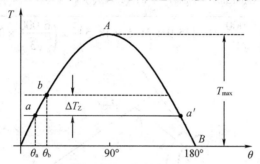

图 4 - 12 同步电动机静态稳定运行区和不稳定运行区

综上所述,保持同步电动机稳定运行的条件为

$$\frac{\Delta T}{\Delta \theta} > 0 \text{ 或 } \frac{\mathrm{d}T}{\mathrm{d}\theta} > 0 \tag{4 - 18}$$

由式(4 - 19)不难求出

$$T_{bt} = \frac{\mathrm{d}T}{\mathrm{d}\theta} = m \frac{UE_0}{X_s \Omega_1} \cos\theta \tag{4 - 19}$$

T_{bt} 称为比整步转矩或比同步转矩,它按 θ 角余弦规律变化。$\theta = 0°$,$T_{bt} = m \dfrac{UE_0}{X_s \Omega_1}$ 最大;在 $0° < \theta < 90°$ 范围,θ 增大,T_{bt} 减小。T_{bt} 越小,稳定性越差,θ 越接近 $90°$,越不稳定,正常运行的同步电动机取 $\theta_N = 20° \sim 30°$。

由图 4 - 12 可见,最大电磁转矩 $T_{max} = m \dfrac{UE_0}{X_s \Omega_1}$ 是稳定区与不稳定区的分界。通常把它与额定转矩 T_N 之比称为同步电动机的过载能力 λ,即

$$\lambda = \frac{T_{max}}{T_N} = \frac{m \dfrac{UE_0}{X_s \Omega_1}}{m \dfrac{UE_0}{X_s \Omega_1} \sin\theta_N} = \frac{1}{\sin\theta_N} \tag{4 - 20}$$

所以可得 $\lambda = 2 \sim 3$。

比较图 4 - 10 和图 4 - 11 可知,在 f、U 等其他条件相同的情况下,由于凸极同步电动机附加电磁转矩的影响,使其最大转矩 T_{max} 略有增大,且稳定工作曲线变陡。这说明凸极同步电动机过载系数和比整步转矩均比隐极同步电动机大。所以,同步电动机一般做成凸极式。

必须指出,小型和控制用同步电动机电枢电阻不能忽略,此时最大转矩会有所减小,相关证明,本书不作赘述。

例 4-1 某隐极同步电动机有关参数为:额定线电压 $U_N = 6\,000$ V,额定线电流 $I_N = 71.5$ A,额定功率因数 $\cos\varphi_N = 0.9$(超前),定子绕组为 Y 接,同步电抗 $X_s = 48.5\ \Omega$,忽略电枢绕组电阻 R_a。当这台同步电动机额定运行时,求空载电动势 E_0、功角 θ_N、电磁功率 P_{em} 及过载能力 λ。

解 (1)求空载电动势 E_0

已知 $\cos\varphi_N = 0.9$,所以 $\varphi_N = \arccos 0.9 = 25.84$,则 $\sin\varphi_N = \sin 25.84 = 0.435\,9$。

图 4-13 为隐极同步电动机简化相量图。由图 4-13 可得

$$E_0 = \sqrt{(U_N\sin\varphi_N + I_N x_t)^2 + (U_N\cos\varphi_N)^2}$$

$$= \sqrt{\left(\frac{6\,000}{\sqrt{3}} \times 0.435\,9 + 71.5 \times 48.5\right)^2 + \left(\frac{6\,000}{\sqrt{3}} \times 0.9\right)^2} = 5\,874\ \text{V}$$

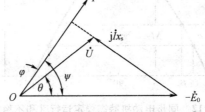

图 4-13 隐极同步电动机简化相量图几何关系

(2)求功角 θ_N

因为

$$\psi = \arctan\frac{U_N\sin\varphi_N + I_N X_s}{U_N\cos\varphi_N} = \arctan\frac{\dfrac{6\,000}{\sqrt{3}} \times 0.435\,9 + 71.5 \times 48.5}{\dfrac{6\,000}{\sqrt{3}} \times 0.9} = 57.9°$$

所以

$$\theta_N = \psi - \varphi_N = 57.9° - 25.8° = 32.1°$$

(3)求电磁功率 P_{em}

$$P_{em} = \frac{mU_N E_0}{X_s}\sin\theta_N = \frac{3 \times 6\,000 \times 5\,874}{\sqrt{3} \times 48.5} \times \sin 32.1° = 668.8\ \text{kW}$$

(4)求过载能力 λ

$$\lambda = \frac{1}{\sin\theta_N} = \frac{1}{\sin 32.1°} = 1.88$$

4.4 同步电动机的工作特性与功率因数调节

4.4.1 工作特性

同步电动机的工作特性是指电网电压和频率恒定、保持励磁电流不变的情况下,转速 n、电枢电流 I、电磁转矩 T、效率 η 和功率因数 $\cos\varphi$ 与输出功率 P_2 的关系,如图 4-14 所示。

同步电动机稳定运行时,其转速不随负载的变化而变化,故4.3.1所述的机械特性曲线 $n = f(T)$ 和本节转速特性曲线 $n = f(P_2)$ 均为一条恒速的水平线。

根据转矩平衡方程式 $T = T_2 + T_0 = 9\,550\dfrac{P_2}{n} + T_0$,由于 n,T_0 不变,当 P_2 增大时,电磁转矩 T 随之增大。转矩特性是一条纵轴截距为空载转矩 T_0 的直线。

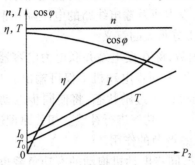

图 4 – 14　同步电动机的工作特性曲线

电枢电压不变,当输出功率增大,则输入功率增大,电枢电流增大。电枢电流特性是一条上升的曲线。

各种电机的效率特性曲线是具有一致性的。随着输出功率的增加,均是从零开始增大,当增大到最大之后,效率开始下降。当电机的可变损耗等于不变损耗时,效率达到最大值。

同步电动机的功率因数特性与异步电动机有很大差异。异步电动机从电网吸收滞后的无功电流作为励磁电流,故其功率因数是滞后的。而同步电动机转子的直流励磁电流是可调的,故功率因数亦可调,这是同步电动机的最大优点。图 4 – 15 给出了不同励磁电流时,同步电动机的功率因数特性曲线。

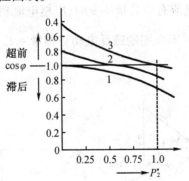

图 4 – 15　不同励磁电流时,同步电动机的功率因数特性曲线

图中曲线 1 为空载时 $\cos\varphi = 1$ 的情况,曲线 2 为增加励磁电流使半载时 $\cos\varphi = 1$ 的情况,曲线 3 为增加励磁电流使满载时 $\cos\varphi = 1$ 的情况。

4.4.2　同步电动机的励磁与功率因数调节

1. 调节功率因数的意义

工矿企业的大部分用电设备,如异步电动机、变压器、电抗器和感应炉等,都是感性负载,它们要从电网吸收滞后的无功电流,使得电网功率因数降低。在一定的视在功率下,功率因数越低,有功功率就越小,于是,发电机容量、输电线路和电器设备容量就不能充分利用。例如,某变电所变压器容量为 10 MVA,当 $\cos\varphi=0.9$ 时,它传输的有功功率为 9 MW,无功功率为 4.36 Mvar。而当 $\cos\varphi=0.7$ 时,它传输的有功功率为 7 MW,无功功率为 7.14 MVar。变压器都是满载运行,但能够传输有功功率就减少了 2 MW。如负载一定,无功电流增加,则视在电流增大,发电机及输电线路的电压降和铜损耗便增大。可见,提高电网的功率因数,在经济上有着十分重大的意义。

为了提高电网的功率因数,除在变电站并联电力电容器外,尚可为动力设备配置同步电动机来代替异步电动机。因为同步电动机不仅可输出有功功率,带动生产机械做功,还可通过调节励磁电流使电动机处于过励状态,将使同步电动机对电网呈现容性,向电网提供无功功率,对其他设备所需无功功率进行补偿。相关原理过程将在下面的内容中体现。

2. 有功功率恒定时的励磁调节的作用

当电网电压和频率不变,同步电动机拖动的有功负载也保持恒定,仅改变其励磁电流时,就可改变电枢电流的大小和相位,将同步电动机的功率因数调成电感性或电容性,也可以使 $\cos\varphi=1$。为简单起见,以隐极同步电动机为例,在磁路未饱和、不考虑电枢绕组电阻损耗,以及忽略励磁电流变化所引起的铁损耗和附加损耗变化的条件下进行研究。所得出结论也将适用于凸极同步电动机。

根据上述的假设,有

$$P_1 = mUI\cos\varphi \approx P_{em} = m\frac{UE_0}{X_s}\sin\theta = 常数$$

由此可知

$$I\cos\varphi = 常数; E_0\sin\theta = 常数$$

图 4-16 中给出了有功功率恒定、变励磁电流时隐极同步电动机的简化相量图。当调节励磁保持 $I\cos\varphi$ 不变,即电流有功分量不变时,电枢电流相量 $\dot{I}$ 端点轨迹应为一条垂直电压相量 $\dot{U}$ 的直线 CD。$E_0\sin\theta$ 不变则励磁反电动势相量 $-\dot{E}_0$,端点轨迹应为一条与电压相量 $\dot{U}$ 平行的直线 AB。

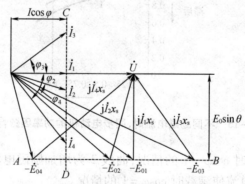

图 4-16 有功功率恒定、变励磁电流时隐极同步电动机的简化相量图

在图 4-16 中,当电枢电流 $\dot{I}_1$ 与端电压 $\dot{U}$ 同相时,$\varphi=0°$,$\cos\varphi=1$,表示电动机仅从电网吸收有功功率,电枢电流全为有功电流,且数值最小,此时的励磁状态称为"正常励磁"。

在"正常励磁"基础上增加励磁电流,则 $\dot{E}_0$ 值增大,从 $|E_{01}|$ 增至 $|E_{03}|$, $\dot{E}_{03}$ 的端点落在 AB 线上,见图 $4-16$;根据电压方程,可确定 $\mathrm{j}\dot{I}_3X_\mathrm{s}$ 相量大小和位置; $\dot{I}_3$ 滞后 $\mathrm{j}\dot{I}_3X_\mathrm{s}90°$,可以确定电枢电流的相位,另外电枢电流的端点落在 CD 线上。根据图 $4-16$,电枢电流比"正常励磁"时的大,由 I_1 增为 I_3,而且超前 U 电角度 φ_2,电动机开始从电网吸取超前的无功功率,亦即向电网输出滞后的无功功率以供电网其他感性负载的需要,从而改善了电网的功率因数,这时电动机运行在"过励"状态。

如在"正常励磁"基础上减小励磁电流,则 $\dot{E}_0$ 值减小,从 $|E_{01}|$ 减至 $|E_{02}|$,如图 $4-16$,与"过励"过程的分析相似。此时电枢电流也比正常励磁时大,由 I_1 增为 I_2,但相位上滞后 U 电角度 φ_2,电动机从电网吸取滞后的无功功率,运行在"欠励"状态。

如果继续减小励磁电流,使得功角 θ 接近 $90°$,甚至超过 $90°$ 时,同步电动机就达到静态稳定运行极限,甚至进入不稳定运行区而失步。

3. V 形曲线

结合前面所述的变励磁电流时隐极同步电动机的相量变化关系,在一定的有功功率条件下,不断改变励磁电流获得对应的电枢电流,可以绘制出电枢电流随励磁电流的变化曲线。

同步电动机在输出功率恒定、电网电压不变时,电枢电流 I 与励磁电流 I_f 的关系曲线形似"V"(或"U")字形,故称为 V 形曲线(或 U 形曲线),如图 $4-17$ 所示。

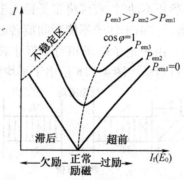

图 4 – 17　同步电动机的 V 形曲线

每一个恒定有功功率下都可作出一条 V 形曲线,负载越大,曲线越向上移。每一条曲线的最低点表示 $\cos\varphi = 1$,将各曲线最低点连接所得虚线均对应 $\cos\varphi = 1$。虚线右侧为过励区,同步电动机从电网吸收超前的无功;在其左侧为欠励区,同步电动机从电网吸收滞后的无功;在滞后区中, $\theta = 90°$ 所绘制的虚线对应了静态稳定运行极限。

因为同步电动机所吸取的无功功率可以调节,如使其运行于吸收容性无功功率的状态下,可改善电网功率因数,这是它独特的优点,通常设计为同步调相机加以利用这一优点。

4.4.3　永磁同步电动机的运行特性

正弦波永磁同步电动机与电励磁凸极同步电动机有着相似的内部电磁关系,故可采用双反应理论来研究。必须指出的是,由于永磁体的回复磁导率很低,使得电动机直轴电枢反应电抗 X_ad 小于交轴电枢反应电抗 X_aq,这是其异于电励磁凸极同步电动机之处。但其电

动势平衡方程式与式(4-7)一致,即

$$\dot{U} = -\dot{E}_0 + j\dot{I}_d(X_{ad} + X_{\sigma}) + j\dot{I}_q(X_{aq} + X_{\sigma}) + \dot{I} R_a = -\dot{E}_0 + j\dot{I}_d X_d + j\dot{I}_q X_q + \dot{I} r_a$$

其矩角特性曲线与图4-10所示凸极同步电动机矩角特性曲线相同,在此也不再赘述。

忽略定子电阻,其电磁功率和电磁转矩表达式与式(4-14)和式(4-16)稍有区别:

$$P_{em} = \frac{mUE_0}{X_d}\sin\theta + \frac{mU^2}{2}\left(\frac{1}{X_d} - \frac{1}{X_q}\right)\sin2\theta \qquad (4-21)$$

$$T = \frac{mUE_0}{X_d\Omega_1}\sin\theta + \frac{mU^2}{2\Omega_1}\left(\frac{1}{X_d} - \frac{1}{X_q}\right)\sin2\theta = \frac{mpUE_0}{X_d\omega}\sin\theta\left(\frac{1}{X_d} - \frac{1}{X_q}\right)\sin2\theta \qquad (4-22)$$

式中　　ω——电动机的电角速度;

　　　　p——电动机极对数。

4.5　同步电动机的启动和调速

4.5.1　同步电动机的启动

1. 同步电动机不能自行启动的原因

依靠气隙合成磁场与转子励磁磁场相互作用产生的电磁转矩使同步电动机转子同步旋转,但是只有两个磁场保持同步旋转时才能产生有效的平均电磁转矩。如果同步电动机在通入励磁电流,而转子磁场静止不动时,直接将定子接入电网,定子将产生旋转磁场并以同步转速相对于转子磁场做运动。由于转子不能瞬间旋转起来,两个磁场作用下的力时而为驱动性质,时而为制动性质。由于定子磁场相对于静止转子旋转一圈中,平均启动转矩将为零,同步电动机就不能自行启动。图4-18给出了平均电磁转矩为零的原理。

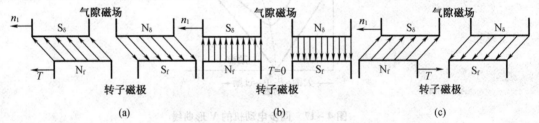

图4-18　同步电动机启动时气隙合成磁场对转子磁场的作用
(a)T顺着旋转磁场方向;(b)$T=0$;(c)T逆着旋转磁场方向

在同步电动机的相量关系中,对应定子电压的磁场为合成等效磁场,对转子起作用的是其主磁场部分(气隙磁场),所以应分析气隙磁场对转子磁极的作用。

在图4-18(a)所示瞬间,同步旋转的气隙磁场磁极(上磁极N_δ)旋转到超前转子磁极(下磁极S_f)的位置,产生与旋转磁场旋转方向相同的电磁转矩;在图4-18(b)瞬间,气隙磁场磁极(上磁极N_δ)旋转到转子磁极(下磁极S_f)的轴线重合的位置,两磁极只有径向磁拉力,$T=0$;在图4-18(c)瞬间,气隙磁场磁极(上磁极N_δ)旋转到滞后转子磁极(下磁极S_f)的位置,产生与旋转磁场旋转方向相反的电磁转矩。综上,转子受到忽正忽负的电磁转矩作用,平均电磁转矩为零,因而不能启动。这一结论还可以从数学分析的角度加以证明。

假设转子旋转角速度为Ω,气隙磁场同步旋转速角速度Ω_1,Ω_1比Ω大,气隙磁场磁极与转子磁极间有相对运动。两组磁极轴线间的夹角可以近似看成功角 θ，是时间的函数。当两组磁极轴线间的起始功角为 θ_0 时，θ 可以表示为

$$\theta = (\Omega_1 - \Omega)t + \theta_0 \tag{4-23}$$

将式（4-23）代入矩角特性表达式（4-16）可得

$$T = \frac{mUE_0}{X_d \Omega_1}\sin\left[(\Omega_1 - \Omega)t + \theta_0\right] + \frac{mU^2}{2\Omega_1}\left(\frac{1}{X_q} - \frac{1}{X_d}\right)\sin 2\left[(\Omega_1 - \Omega)t + \theta_0\right] \tag{4-24}$$

由式（4-24）可知，电磁转矩的基本分量和附加分量都是交变性质的，其平均转矩为零，不能使转子加速，所以转子转不起来，必须借助其他方法启动。

2. 同步电动机的启动方法

启动方法有三种：异步启动、变频启动和辅助电动机启动。

（1）异步启动

异步启动是同步电动机最常用的启动方法。在同步电动机的转子上安放结构和笼型异步电动机的笼型绕组一样的启动绕组。当同步电动机定子绕组接到电网时，由启动绕组的作用而产生启动转矩，电动机就如同异步电动机一样启动起来。当转子转速上升到接近同步转速（大约 $0.95n_1$）时，加入励磁电流，转子磁场将被同步旋转的气隙磁场牵引达到同步旋转，即可自动牵入同步，以同步转速运行。这一过程可以简称为"异步启动，同步运行"。

图4-19为同步电动机异步启动法原理接线图。

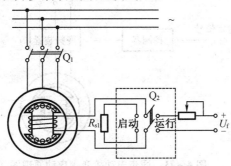

图4-19　同步电动机异步启动法原理接线图

在异步启动过程需要注意对励磁回路的处理：①励磁绕组不能开路。由于励磁绕组匝数很多，在低转速，旋转磁场会在励磁绕组中感应出较高的电动势，可能会击穿励磁绕组的匝间绝缘，甚至造成人身事故。②励磁绕组不能短路。由于励磁绕组可以看成一单相绕组，旋转磁场会在励磁绕组中感应出很大的单相交流电流，进而产生脉振磁场。脉振磁场可以分解成等幅值、相同转速、转向相反的两个旋转磁场，分别产生正向和反向的电磁转矩，两个转矩叠加称为单轴转矩，如图4-20中的曲线1所示。

实际启动转矩如图4-20中的曲线3所示，由启动绕组产生的电磁转矩（曲线2）与单轴转矩（曲线1）合成。如果存在较大单轴转矩的影响，一定负载转矩作用下，同步电动机启动到约 $n_1/2$ 转速时便稳定运行于 A 点，不能继续加速。为了降低单轴转矩的影响，启动时在励磁绕组中串入10倍励磁绕组电阻值的附加电阻（图4-19开关 Q_2 往左合），合成曲线变为图4-20中虚线4所示，电动机就能一直加速至接近 n_1。此时再切除附加电阻（如图4-19开关 Q_2 往右合），通入直流励磁，电动机自动牵入同步，启动结束。

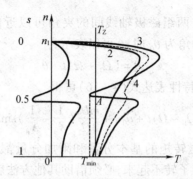

图 4 – 20　同步电动机异步启动过程中的转矩曲线

异步启动时,可在额定电压下直接启动,也可辅助降压启动,如 Y – D 启动、自耦变压器降压启动或定子串电抗降压启动等。

(2)变频启动

变频启动方法是,开始启动时,转子先加上励磁电流,定子接入频率极低的三相交流电流,使转子在低速启动;然后将定子边的电源频率逐渐升高,转子转速也随之升高;电源频率达额定值后,转子也达额定转速,启动完毕,其原理图如图 4 – 21 所示。采用此法必须有变频电源,变频电源的介绍参见和"电力拖动自动控制系统"课程。大型同步电动机采用变频启动方法日渐增多。

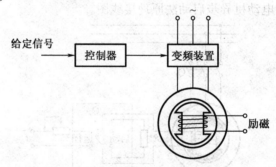

图 4 – 21　同步电动机变频启动原理图

(3)辅助电动机启动

用一台容量为同步电动机容量的 5% ~15%、同步转速和同步电动机相同的异步电动机,拖动同步电动机到接近同步转速,然后用整步法(在接近时,通入励磁电流,利用整步转矩)将其投入电网,且切除辅助电动机电源。这种方法仅用于空载启动,且设备投资大,操作繁杂。

4.5.2　同步电动机的调速

从同步电动机的转速 $n = n_1 = 60f_1/p$ 可知,改变同步电动机转速的主要方法是改变供电电源的频率,即变频调速。

类似于异步电动机的变频调速,变频调速过程也要符合一定的控制规律。基速以下的调速控制时,为了避免磁路过度饱和,一般要保持气隙磁通 Φ_m 基本不变或低于额定磁通,电源电压 U_1 必须跟电源频率 f_1 一起改变,可以采用与异步电动机相同的控制策略,比如说压频恒比控制。同样,当升高频率作基速以上的调速控制时,一般是保证电压为额定电压不变。随着频率升高,气隙磁通会出现下降的情况,呈现弱磁调速的现象。

从控制方式上可将同步电动机变频调速分成如下两种。

1. 他控式变频调速

将图4−21所示的同步电动机变频启动原理结构用于变频调速即为他控式变频调速,变频装置的输出频率是由速度给定信号决定的,通常这种调速系统是开环控制系统。他控式压频恒比控制的同步电动机变频调速系统多用于小容量场合,也包括诸如永磁同步电动机、磁阻同步电动机等场合。

2. 自控式变频调速

这种变频调速方法采用频率闭环控制方式,用电动机轴上所装转子位置检测器来控制变频装置的输出频率,使定子旋转磁场的转速和转子的转速相等,始终保持同步。如图4−22所示。

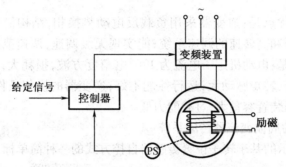

图4−22　同步电动机自控式变频调速原理图

自控式变频调速系统是电力电子技术与旋转电机的有机结合,是机电一体化技术的典型范例,是由电机本体(就是一台同步电动机)、电力电子装置及其控制设备组成,也称为无换向器电动机。无换向器电动机的调速可以实现和直流电动机相似的调速性能,从而使其既有直流电动机良好的运行性能,又具有交流电动机结构简单、运行可靠、维护方便等优点。对于转子采用永磁结构的无刷直流电机的情况,则优点更为突出。无刷直流电机的相关内容请参照"自动控制元件"或"特种电机"课程,本书不再赘述。

自控式变频调速系统有不同的类型,根据变频装置的形式可分为直流无换向器电动机和交流无换向器电动机。直流无换向器电动机采用交−直−交变频器,交流无换向电动机采用交−交变频器。变频器的相关内容请参照"电力电子技术"和"电力拖动自动控制系统"课程。本书不再赘述。

从控制策略上进行分类,自控式变频调速系统亦可分为四种类型。

(1)负载换相逆变器(LCI)传动系统

负载换相逆变器传动系统如图4−23所示。

LCI同步电动机传动控制系统是使电励磁同步电动机工作在超前功率因数下,采用电机负载对电流源型晶闸管逆变器进行换相。这种方法能使变流器非常简单且经济。电机的转矩和转速分别受直流电流和逆变器频率控制,通过触发延迟指令角可使电枢反应磁链控制在期望的方向上,以使合成的定子磁链感应出的定子电压滞后于定子电流一定的角度。该传动系统广泛应用在诸如压缩机、泵类、鼓风机、船舶推进等几兆瓦的应用场合。

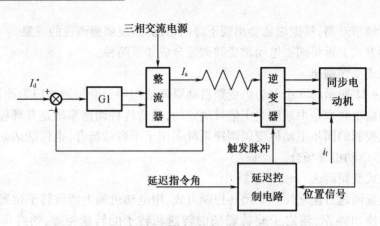

图 4 – 23　基于负载换相逆变器的同步电动机控制系统

该传动系统的优点是:逆变器采用负载反电动势换相,结构简单,能适应恶劣环境运行,容易做成高电压和高转速的调速系统;能实现无级调速,调速范围一般为 10:1,并能四象限运行。其缺点是:电动机定子电流为 120°电角度方波,损耗大,转矩有脉动;低速换相困难,采用断续换相,转矩脉动大,运行性能不好;逆变器的换相条件要求电动机工作在超前功率因数区,变频装置容量大,过载能力低。

(2)标量控制的周波变流器传动系统

如图 4 – 24 所示的基于转子位置传感器自控方式的一种简单标量控制方案。

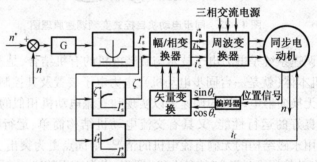

图 4 – 24　同步电动机标量控制的周波变流器控制系统

当采用相控晶闸管周波变流器激励时,大功率绕组励磁是同步电机能够以单位功率因数运行。在这种情况下,晶闸管由电网进行换相。速度控制环节的误差产生定子电流指令值,它是这个系统的主要控制变量,与此同相的实际定子电流与输出电磁转矩成正比关系。同时利用函数发生器根据定子电流指令产生转子磁链矢量与电枢反应磁链矢量夹角给定。标量控制算法是建立在电机的稳态数学模型基础上,电机动态响应较差。该系统广泛应用于水泥磨机、矿用升降机和轧钢机等领域。

(3)磁场定向矢量控制传动系统

1972 年,德国西门子公司学者 Bayer 继 F. Blaschke 等发表的"异步电机磁场定向控制原理"之后,提出了同步电机磁场定向控制原理。同步电机磁场定向控制仍然沿袭了标量控制采用激磁电流调节来补偿电枢反应,保持功率因数等于 1 的控制思路。该控制原理及构成的同步电机磁场定向控制系统已广泛应用于工程实际。但是,这种同步电机磁场定向控制系统存在着动态过程磁链与转矩控制不解耦的缺陷。同步电机磁场定向主要有三种:

气隙磁链矢量定向、定子磁链矢量定向及转子磁链矢量定向三种。其中,基于电流模型的气隙磁链矢量定向矢量控制系统如图4－25所示。

(4)直接转矩控制(DTC)传动系统

直接转矩控制首先是针对于异步电机提出的,它是基于电机的瞬时转差控制实现对电机转矩的快速控制。把逆变器与电机作为一个整体,利用电压矢量实现定子磁链及电磁转矩的快速控制。对于有阻尼绕组电励磁同步电动机基本DTC是基于定子磁链和气隙磁链矢量夹角的快速控制实现电机转矩的快速响应。图4－26是电励磁同步电机直接转矩控制系统框图。

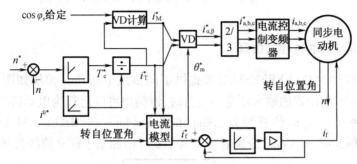

图 4.25 同步电动机矢量控制系统

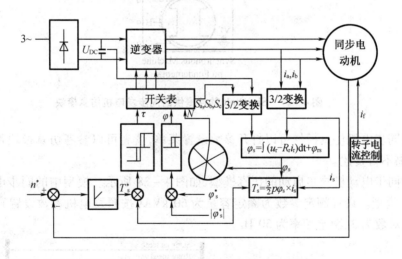

图 4－26 电励磁同步电机直接转矩控制系统

直接转矩控制具有如下特点:直接在定子静止坐标系中计算并控制电机的转矩和定子磁链,不需要转子位置角,没有矢量旋转变换;在估计定子磁链时仅用到电机定子电阻,对电机参数变化鲁棒性好;不通过控制电流来间接控制转矩,而是把转矩直接作为被控量,直接控制转矩;电励磁同步电机DTC本质上是一种无位置/速度传感器控制策略。国内外学者研究均已证明DTC转矩响应快,但它也存在一些缺点,例如功率管开关频率低且不恒定、噪音大;转矩磁链脉动大等。

目前,矢量控制变频器和直接转矩控制变频器技术都是高性能的交流调速系统,并均已在电力拖动系统中有实际的应用。综上所述,矢量控制变频器和直接转矩控制的调速性能较好。其中,矢量控制系统更适用于宽范围调速和伺服系统,而直接转矩控制更适用于需要快速转矩相应的大惯量运动控制系统。鉴于两种控制策略都还有一些不足之处,两种系统的研究和开发工作都在朝着克服其缺点的方向发展,对于矢量控制,进一步研究工作主要是提高其控制的鲁棒性。考虑到矢量控制的综合性能指标,并且在低速情况下具有较好的特性。

同步电动机调速系统的相关内容可参考后续课程"电力拖动自动控制系统",本书在此不再赘述。

4.6 同步电动机拖动系统的仿真

4.6.1 异步启动过程的仿真

Simulink 软件的 POWERSYSTEM 库提供了同步发电机仿真模块如图 4-27 所示。根据电机可逆原理,当设置的输入功率为负值时,该模块可以运行为电动机状态。Simulink 元件库中有两种同步电机仿真模块,Simplified Synchronous Machine SI Units 和 Simplified Synchronous Machine pu Units,分别对应了基于实际值和基于标幺值的数学模型。

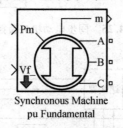

Synchronous Machine
pu Fundamental

图 4-27　Simulink 软件提供的同步发电机仿真模块

双击同步电机仿真模块可以打开参数设置菜单,读者可以参考仿真模块帮助文件加以了解,本书不再赘述。

搭建同步电动机异步启动的仿真模型,如图 4-28 所示。模型中的同步电机采用了标幺值(pu)模型。设置额定参数为额定容量为 60 kVA(按照发电机参数设置)、额定电压为 400 V、极对数为 2、额定频率为 50 Hz。

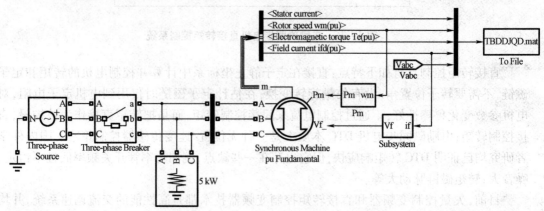

图 4-28　同步电动机异步启动的仿真模型

同步电动机异步启动过程的仿真结果如图4-29所示,仿真时间0.5 s开始异步启动同步电动机,当转速接近同步转速时,在仿真时间为5 s时投入励磁,牵入同步。

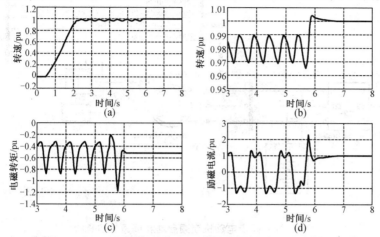

图4-29　同步电动机异步启动的仿真结果
(a)转速完整曲线;(b)转速局部放大曲线;(c)电磁转矩局部放大曲线;(d)励磁绕组电流局部放大曲线

根据同步电动机异步启动过程的原理,为了避免励磁绕组有过大的励磁电流或电势,要在励磁绕组中接入一定电阻。所以,在仿真模型中励磁电压的设置上要考虑异步启动阶段串接励磁电阻所引起的电压降的影响,励磁电压的仿真模型如图4-30所示。图中Vf1和Vf2模块分别对应于异步启动过程和同步运行过程中励磁绕组的端部电压。

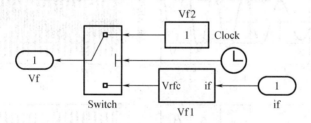

图4-30　同步电动机异步启动过程中励磁电压的仿真模型

根据图4-29所示的励磁绕组电流仿真曲线,在异步启动阶段励磁电流体现为交流的形式,频率为转差频率1 Hz(对应于转速的标幺值为0.98);在同步运行阶段,励磁电流为直流,转速的标幺值为1,即同步转速,与理论相符。

4.6.2　变频启动与调速的仿真

随着电力电子变频技术的发展,同步电动机依托变频装置实现变频启动和变频调速的应用越发广泛。在Simulink仿真环境下构建的同步电动机变频启动与调速的仿真模型如图4-31所示。图中,VVVF仿真模块对应于变压变频装置的数学模型。

同步电动机变频启动过程的仿真结果如图4-32所示,仿真时间0.5 s开始变频启动同步电动机,按照压频恒比控制设计变频装置输出电压。

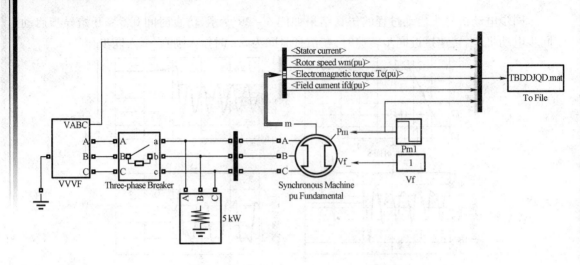

图 4 – 31　同步电动机变频启动和调速的仿真模型

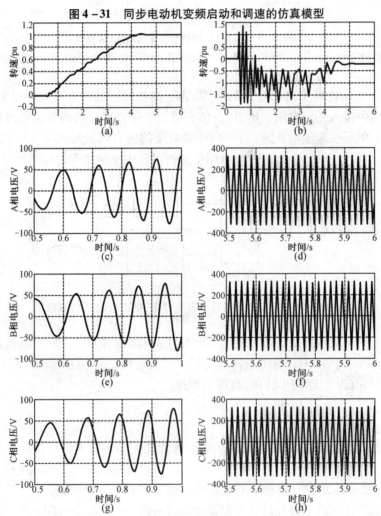

图 4 – 32　同步电动机变频启动的仿真结果

(a)转速;(b)电磁转矩;(c)(d)A 相电压局部放大图;
(e)(f)B 相电压局部放大图;(g)(h)C 相电压局部放大图

同步电动机变频调速的仿真结果如图 4 – 33 所示,仿真时间 6 s 时将频率由 50 Hz 降低为 45 Hz,仿真时间为 8 s 时将频率再降低为 40 Hz,按照压频恒比控制设计变频装置输出电压。同步电动机可以采用开环或闭环实现调速控制,其调速系统的原理与设计将在"电力拖动自动控制系统"课程中加以研究,本书不再赘述。

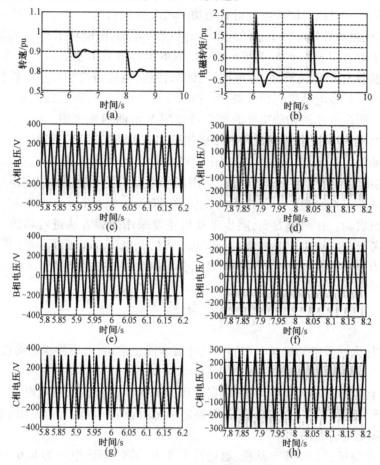

图 4 – 33　同步电动机变频调速的仿真结果
(a)转速;(b)电磁转矩;(c)(d)A 相电压局部放大图;
(e)(f)B 相电压局部放大图;(g)(h)C 相电压局部放大图

小　　结

本章主要讲述同步电动机电力拖动基础,包括同步电动机的分类、电动势平衡方程、机械特性与矩角特性、工作特性、同步电动机的启动与调速。

同步电动机定子旋转磁场与转子直流磁场互相吸引而产生电磁转矩,使转子跟着定子旋转磁场同步旋转,其转速为 $n = n_1 = 60f_1/p$。因此,在电网频率 f_1 和电动机磁极对数不变的情况下,其转速为恒值,不随负载的改变而变。根据其结构和原理不同,可分为电励磁同步电动机、永磁同步电动机和磁阻同步电动机。其中,电励磁同步电动机励磁由外部直流电源提供;永磁同步电动机的励磁由永磁材料提供。自第三代稀土永磁材料钕铁硼研制成功,永磁同步电动机成为很有发展前途的一种同步电动机。磁阻同步电动机转子无励磁,由直轴和交轴的磁阻不等形成的磁阻转矩而使电动机运行,此磁阻转矩即电励磁凸极同步电动机电磁转矩中的附加分量。

由于转速为同步转速,同步电动机的机械特性体现为一条直线,其频率改变的人为机械特性为一族平行直线。同步电动机有功功率的改变用功角特性表示。当负载增大,转速下降,气隙合成磁动势超前转子励磁磁动势的功角 θ 增加,电磁功率增加,转速上升,达到新的平衡。对于隐极同步电动机,当 $\theta > 90°$ 时,则电动机进入不稳定运行区而失步。同步电动机的工作特性包括转速特性、转矩特性、效率特性、电流特性和功率因数特性等。其中,功率因数特性与异步电动机有很大差异。相对于异步电动机,电励磁同步电动机具有无功调节的能力。同步电动机无功功率的调节可以用 V 形曲线来说明。因为调节同步电机励磁可以改善电网的功率因数,通常用同步调相机加以实现。

同步电动机本身无启动能力,通常在磁极上装启动绕组又称阻尼绕组来实现异步启动,当接近同步转速时再通入励磁电流,利用同步电动机原理将其牵入同步,称之为"异步启动,同步运行"。结合电力电子技术的发展,可以结合变频装置实现变频启动,也可以采用辅助电动机启动。在调速方面,同步电动机主要采用变频方法进行调速,其调速基本控制策略可参考异步电动机变频调速。同步电动机的变频调速有不同分类,其中自控式同步电动机是电力电子技术与电机技术的有机结合,具有很好的发展空间。

习题与思考题

4－1 为什么同步电动机只有在同步转速时才能正常运行,而异步电动机不能以同步转速运行?

4－2 一台隐极三相同步电动机,额定电压为 380 V(Y 连接),额定电流为 25 A,额定功率因数为 0.8(超前),同步电抗为 9 Ω,忽略定子电阻。(1)画出电动势相量图;(2)求解空载电动势和额定运行时的功率角。

4－3 一台隐极三相同步电动机,额定功率为 10 MW,额定电压为 6.6 kV(Y 连接),额定功率因数为 0.9(超前),额定效率为 89%,同步电抗为 2 Ω,忽略定子电阻。当电动机满载且功率因数为 1.0 时,励磁电流 39 A。当负载改变使电流变为 80% 的额定电流,为了维持功率因数不变,励磁电流应该为多少?(假设磁路是线性的)

4－4 比较同步电动机机械特性和他励直流电动机机械特性的区别。

4－5 分析同步电动机稳态运行时,负载转矩增加到新的平衡经历的物理过程。

4－6 为什么磁阻同步电动机转子必须做成凸极式的?

4－7 一台三相同步电动机,额定电压为 690 V(Y 连接),额定频率为 50 Hz,额定电流为 30 A,忽略定子电阻。求(1)如果为隐极同步电动机,同步电抗为 6 Ω,电磁功率为恒定的 15 kW,对应相空载电动势为 600 V,500 V,400 V 时的功率角。(2)如果为凸极同步电动机,直轴同步电抗为 6 Ω,交轴同步电抗为 3.4 Ω,求(1)中各功率角对应的电磁功率值。(3)如果电机为 4 极电机,空载电动势为 400 V 时,确定(1)(2)两种同步电抗条件下的最大转矩和对应的功率角。

4－8 简述同步电动机功率因数调节的目的,如何进行调节?

4－9 何谓 V 形曲线? 说明正常励磁、过励、欠励状态下同步电动机的无功功率情况。

4-10 同步电动机满载运行,且功率因数为 1.0,若保持励磁电流不变条件下将负载降到零,功率因数是否会改变?

4-11 同步电动机为何不能自行启动? 有哪些实现启动的方法? 简述其原理。

4-12 同步电动机采用异步启动,从异步启动和牵入同步过程中,作用在转子上的转矩是如何产生的?

4-13 参考异步电动机的变频调速,同步电动机是如何实现变频调速的分段控制?

4-14 自控式同步电动机或无换向器电动机的特点是什么?

第5章 电力拖动系统中电动机容量的选择

本章主要介绍电力拖动系统中电动机的容量选择问题。主要内容包括电动机的发热和冷却、决定电动机容量的主要因素、连续工作方式下的电动机容量选择、短时工作方式下的电动机容量选择、周期性断续工作方式下的电动机容量选择、确定电动机容量的统计法与类比法，以及由特殊电源供电的电动机选择问题等。

5.1 电动机的发热与冷却

电动机在运行过程中存在发热损耗，它将导致电动机各部分温度升高。为使电动机温度不超过允许的限度，必须对电动机进行冷却。发热和冷却是所有电动机的共同问题，也是电动机容量选择所考虑的最基本因素和出发点。

本节首先介绍温升及温升限值的含义，然后研究电动机的发热和冷却过程，这对电动机容量选择具有重要意义。

5.1.1 电动机的温升及温升限值

电动机在能量转换过程中，在某些零部件中会产生损耗，损耗的能量全部转化为热量，从而引起电动机的发热。存在损耗的零部件是电动机中的热源，热量的出现和积累会引起这些零部件的温度升高。

温度过高会影响绝缘材料的性能，大大缩短其使用寿命，严重时甚至可能将电动机烧毁。所以，对于不同的绝缘材料，有相应的最高允许工作温度。在此温度下长期工作时，绝缘材料的电性能、机械性能和化学性能不会显著变坏；如超过此温度，则绝缘材料性能将迅速变坏或加速老化。因此，电动机各部分应该因其结构材料的不同而有一个最高工作温度的限值。

电动机零部件温度升高的同时，热量也不断地从高温向低温部分转移，热流所到部分的温度也将升高。当电动机的温度高于周围介质的温度时，就向冷却介质散出热量。电动机某部分的温度 θ 与电动机周围介质的温度 θ_0 之差，称为电动机该部分的温升，用 τ 表示，即

$$\tau = \theta - \theta_0 \qquad\qquad (5-1)$$

温升的单位采用开尔文（简称开），用符号 K 表示。温升是两个温度的差值，所以从数值的大小来看，用 K 表示与用摄氏度表示温度的差值是一样的。

电动机温升的高低，同电动机发热量的多少及散热的快慢有关。所以，温升是描述电动机损耗情况与散热情况的重要参数，是评价电动机性能的一个指标。

电动机某部分的温度 $\tau = \theta - \theta_0$ 是受具体运行地点的冷却介质温度 θ_0 影响的。国家标准 GB 755—2008《旋转电机——定额和性能》中规定最高环境空气温度应不超过 40 ℃，并对不同的现场运行条件给出了修正。当周围冷却介质的最高温度一定时，电动机各部分的最高温度决定于它们的温升。这时，为了保证电动机的安全运行和具有适当寿命，电动机

各部分的温升不应超过一定数值。也就是说,电动机各部分的允许温升有一定的最大值,简称温升限值。国家标准 GB 755—2008《旋转电机——定额和性能》中规定了定额按连续工作制(基准条件)运行时电机的温升或温度的限值,还规定了不同的现场运行条件及不同工作制定额运行时限值的修正规则,以及热试验时试验地点条件不同于运行地点时的限值修正规则,并且各种限值是相对于该标准中给出的基准冷却介质而规定的。

5.1.2　电动机的发热和冷却过程

虽然电动机由许多物理性质不同的零部件组成,内部的发热和传热关系也很复杂,但实验证明,可以将它作为一个均质等温体来研究其发热和冷却过程。所谓均质等温体,是指该物体各点温度都相同,而且表面各点散热能力也相同。

设在物体发热过程的某一瞬间,物体表面对周围介质的温升为 τ,经过一微小时间 dt 后,温升增加 $d\tau$。如果每单位时间内均质等温体中产生的热量为 Q,则根据能量守恒定律可知,在 dt 时间内物体产生的热量为 Qdt,应等于此时从表面散走的热量与提高物体本身温度所需的热量之和。

实验表明,在通常情况下,每单位时间从表面散到周围气体中的热量 Q_s 与散热表面积 A 和表面对周围气体的温升 τ 成正比,即

$$Q_s = \lambda A \tau \tag{5-2}$$

式中　λ——表面散热系数,即当温升为 1 K 时,每单位时间内单位表面上通过对流和辐射而散走的热量,其值由散热表面的性质和周围气体的流动速度而定。

于是,dt 时间内从表面散走的热量为 $\lambda \tau dt$。若均质等温体的质量为 m,比热容(每单位质量,温度每升高 1 K 时所需的热量)为 C,则温度升高 $d\tau$ 时所需热量为 $Cmd\tau$。所以

$$Qdt = \lambda A \tau dt + Cmd\tau \tag{5-3}$$

将式(5-3)两边除以 dt,得

$$Q = \lambda A \tau + Cm\frac{d\tau}{dt} \tag{5-4}$$

当达到稳定温度状态时,$\dfrac{d\tau}{dt} = 0$,物体的温升达到了稳定值 τ_w。由式(5-4)得稳定温升为

$$\tau_w = \frac{Q}{\lambda A} \tag{5-5}$$

求解式(5-4),可得

$$\tau = \tau_w(1 - e^{-t/T}) + \tau_Q e^{-t/T} \tag{5-6}$$

式中　τ_Q——物体的初始温升,即当 $t = 0$ 时物体的温升。T 为温升增长的时间常数,亦称发热时间常数。

$$T = \frac{Cm}{\lambda A} \tag{5-7}$$

如果物体从冷态开始发热,即 $t = 0$ 时,$\tau_Q = 0$,则式(5-6)简化为

$$\tau = \tau_w(1 - e^{-t/T}) \tag{5-8}$$

相应的发热温升曲线如图 5-1 所示。

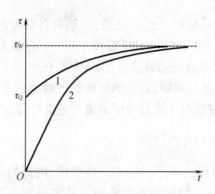

图 5-1　均质等温体的发热曲线

式(5-6)也可以用于研究物体冷却过程。假定物体受热到温升 τ_Q 之后停止受热(即 $Q=0$),其温升即从 τ_Q 开始下降,最后达到冷态,温升为零。因此,只要令式(5-6)中的 τ_w =0,便得物体冷却时温升的变化规律为

$$\tau = \tau_Q e^{-t/T} \qquad (5-9)$$

相应的冷却曲线如图 5-2 所示,它的时间常数与同一物体的发热时间常数相同。

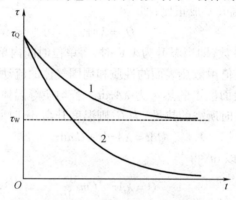

图 5-2　均质等温体的冷却曲线

上述分析表明。在均质等温体的发热(冷却)过程中,温升是按指数函数规律增长(下降)的,理论上要经过无限长时间才达到稳定温升状态。但实际上当 $t=(4\sim5)T$ 时,可以认为温升已接近稳定值。当 $t=4T$ 时,对式(5-8)求导数并令 $t=0$,得

$$\tau = 0.982\tau_w$$

如果温升曲线已知,物体的发热时间常数 T 可用作图法决定。对式(5-8)求导数并令 $t=0$,则得

$$\left(\frac{d\tau}{dt}\right)_{t=0} = \frac{1}{T}\tau_w \qquad (5-10)$$

可见,过原点作温升曲线的切线便可求得时间常数 T,如图 5-1 和图 5-2 所示。

由式(5-10)和图 5-1 可看出发热时间常数 T 的物理意义为:如果温升以开始发热时的速度增长,则只要经过时间 T 便达到稳定温升。换句话说,当物体每秒钟产生的热量 Q 全部用来加热物体而没有任何散失时,则经过时间 T 便能够达到稳定温升对应的温度。此外,若将式(5-5)代入式(5-7),可得

$$T = \frac{Cm}{\lambda A} = \frac{Cm\tau_{\mathrm{w}}}{Q} \tag{5-11}$$

式(5-11)便是上述物理意义的证明。

实际电动机的发热和冷却情况较均质等温体复杂得多。但实验表明,电动机的发热和冷却曲线与图5-1和图5-2所示曲线差别不大。因此在工程中,上述规律仍基本适用于研究电动机的发热和冷却。

由式(5-5)可见,电动机的稳定温升由单位时间的发热量 Q、散热表面积 A 和表面散热系数 λ 所确定。因此,降低电动机的温升可以从两方面采取措施:一方面是设法减少电动机的损耗,以便减少损耗产生的热量;另一方面是提高电动机的散热能力,改进冷却方法。

5.2 决定电动机容量的主要因素

电力拖动的工程实践证明,一个电力拖动系统能否经济、可靠地运行,正确选择电动机容量是一个非常重要的因素。如果电动机的容量选得过大,电动机得不到充分利用,经常处于轻载情况下,其运行效率必然低下。若是异步电动机,其功率因数也很低,这是不希望出现的。同时,电动机容量选得过大,也必然导致初期投资增大,造成不必要的浪费。反之,若电动机容量选得过小,电动机经常处于过载下运行,有可能使电动机过热而造成损坏,或使电动机绝缘提前老化而缩短电动机的使用寿命。

电动机的容量选择问题既然如此重要,那么究竟应该怎样来选择电动机呢?

首先,电动机的容量主要取决于电动机的发热与温升。

一方面,与电动机运行时的损耗、电动机的防护形式、冷却方式及绝缘材料等级等因素有关,如前所述。另一方面,还与系统中负载的性质、负载所需转矩及功率的大小、运行时间的长短等有关。因此,电动机的容量选择是一项综合性很强的工作,必须从生产机械的工艺流程、负载转矩的性质、机械传动装置、电动机的工作环境,以及经济性等方面进行综合考虑。

可以这样说,正确选择电动机的容量,就是在满足生产机械对电动机提出的功率、转矩、转速,以及启动、调速、制动和过载等要求,使电动机在运行中能得到充分利用的前提下,使其温升不超过但接近国家标准的规定范围。也就是说,电动机容量的选择,首先就是校验电动机运行时的温升。若在某一拖动系统中,所选电动机在拖动生产机械运行时,其温升不超过允许值,而是小于且接近该值,则所选电动机容量是合理的。

其次,容量的选择必须校验电动机的过载能力。

在大多数情况下,拖动系统中的负载是变化的,而且有时是冲击性的,这种冲击性负载可能对电动机的发热影响不大,但对电动机的过载能力则是一个考验。因此,根据温升校核而确定的电动机容量,还必须校验电动机的过载能力。

最后,容量的选择还要考虑启动能力的要求。

不少电动机需要带负载启动,有时启动后带负载运行的时间并不长,但启动次数频繁,这时还得校核其启动能力。

应该指出,一般情况下,发热温升是矛盾的主要方面,但有时过载能力和启动能力可能成为决定电动机容量的主要因素。

综上所述,决定电动机容量主要考虑发热温升、过载能力和启动能力这三方面的因素。

一般情况下,发热温升问题比较复杂,这个问题将在后述章节中详细讨论。而过载能力和启动能力的校验比较简单,简要介绍如下。

5.2.1 过载能力及启动能力的校验

校验电动机的过载能力可按下述条件进行判断

$$T_\mathrm{m} < K_\mathrm{M} T_\mathrm{N}$$

式中 K_M——电动机允许过载倍数;

T_m——电动机在工作中所承受的最大转矩。

对于异步电动机,K_M 主要取决于最大转矩倍数 K_m,其关系为

$$K_\mathrm{M} = (0.8 \sim 0.85) K_\mathrm{m}$$

式中 系数$(0.8 \sim 0.85)$——电网电压下降10%左右引起 T_m 及 K_m 下降的系数。

对于直流电动机,过载能力主要受换向所允许的最大电流值的限制。对一般普通 Z_2 型及 Z 型直流电动机,在额定磁通下,K_M 可选为

$$K_\mathrm{M} = 1.5 \sim 2$$

对于起重机、轧钢机、冶金辅助机械等专用的直流电动机,如 ZZ,ZZY 型等,K_M 可取

$$K_\mathrm{M} = 2.5 \sim 3$$

对于同步电动机,K_M 可与专用直流电动机取值相同,即

$$K_\mathrm{M} = 2.5 \sim 3$$

启动能力的校验可按其启动转矩是否大于启动时的负载转矩来判断,但仅限于启动能力较低的鼠笼式异步电动机。对于绕线式异步电动机及直流电动机不必校验,因其启动转矩的大小是可调的,在启动时可调至较大数值。

若过载能力及启动能力经校验后不通过,应另选相应能力较大的电动机或功率较大的电动机。

5.2.2 电动机的工作方式

如前所述,电动机的发热及温升不仅与负载的大小有关,还与带负载时间的长短有关。同样一台电动机,若工作时间的长短不同,能承担的负载就不同。因此,为了使电动机能得到充分利用,电动机的生产厂家把电动机设计成三种工作制,即连续工作制、短时工作制及周期断续工作制。一般来说,设计为不同工作制的电动机应与相应工作方式的负载相配合,才能充分发挥电动机容量的潜力。可见,应根据不同工作方式来考虑选择某种工作制电动机的容量。

为了更好地说明各种不同工作方式的电动机的容量选择问题,下面先分别介绍三种工作方式及其温升的变化情况。

1. 连续工作方式

这种工作方式的电动机连续工作时间较长,其工作时间 t_g 相对于于其发热时间常数 T 较大,一般 $t_\mathrm{g} \geq (3 \sim 4)T$,可达几小时甚至几昼夜,故其温升可达稳定值,如通风机、水泵、造纸机及大型机床的主轴等生产机械专用电动机便是如此。此时,负载一般为常数,其简化的负载图及温升曲线如图 5 - 3 所示。

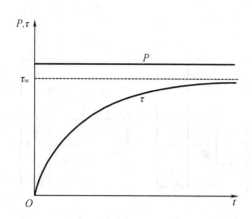

图 5 - 3　连续工作方式的负载图及温升曲线

2. 短时工作方式

在这种工作方式下,电动机的工作时间 t_g 较短,$t_g < (3 \sim 4)T$,而停车时间 t_0 又相当长,$t_0 > (3 \sim 4)T$,电动机在停车后可以降到其环境温度,即 $\tau_w = 0$,如机床的辅助运动机械及水闸闸门启闭机等。简化的功率负载图及温升曲线如图 5 - 4 所示。

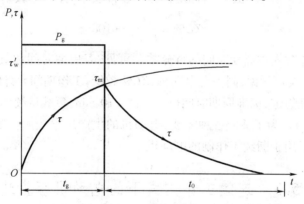

图 5 - 4　短时工作方式的负载图及温升曲线

图 5 - 4 中,P_g 是电动机的负载功率。若带该负载长期运行,其温升曲线如虚线所示,稳定温升应该是 τ_w'。但由于是短时工作,其温升实际上达到温升 τ_m 便开始下降,最终稳定后温升为零,即又回到环境温度。这种电动机绝缘材料是按其达到的 τ_m 为允许最高温升来设计的,若带此负载 P_g 连续工作,由于 $\tau_w' > \tau_m$,显然电动机会由于温升超过设计允许值而烧坏。专门设计为短时工作方式运行的标准短时工作制电动机有 15 min,30 min,60 min 及 90 min 四种额定值,显然,其工作时间分别为 15 min,30 min,60 min 及 90 min。

3. 周期断续工作方式

在这种工作方式下,工作时间 t_g 与停车时间 t_0 轮流交替,两段时间都很短,即 $t_g < (3 \sim 4)T$,$t_0 < (3 \sim 4)T$。在 t_g 期间,电动机温升来不及达到稳定值;而 t_0 期间,温升又来不及降到 $\tau_w = 0$,这样,经过每一周期$(t_g - t_0)$,温升会有所上升。最后,温升将在某一范围内上下波动。属于这一类工作方式的生产机械有起重机、电梯及轧钢辅助机械等,其负载图及温升曲线如图 5 - 5 所示。

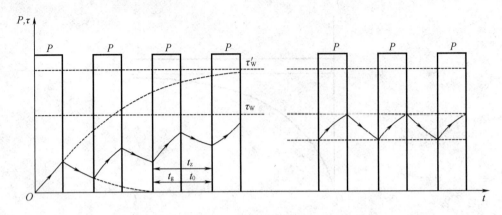

图 5 - 5　周期断续工作方式的负载图及温升曲线

显然,带 P_g 连续运行后的稳定温升 τ_w 大于断续周期工作时的最高稳定温升 τ_m。因此,若设计为周期断续工作制的电动机在此负载下连续运行,电动机也会过热甚至烧坏。

如若改变工作时间 t_g 与停车时间 t_0 的比率,将会影响 τ_m 的大小,因此其比率是一个衡量电动机运行的重要指标。这一指标定义为负载持续率(亦称暂载率),记作 $ZC\%$,即

$$ZC\% = \frac{t_g}{t_g + t_0} \times 100\% \tag{5-12}$$

其表明了工作时间占周期时间的百分数。可见,若周期时间和负载功率不变,则 $ZC\%$ 越大,τ_m 也越大。换句话说,同一台电动机,$ZC\%$ 越低,工作期间允许的负载功率就越大。

根据有关标准规定,标准周期时间 $(t_g + t_0) < 10$ min,负载持续率分为 15%,25%,40% 及 60% 四种标准值。为了适应各种需要,电动机的生产厂家按照标准规定,专门为这种工作方式设计生产了用于断续工作制的电动机。

5.3　连续工作方式下的电动机容量选择

连续工作方式的负载分为两类:一类是常值负载,一类是周期性变化负载。前者是负载在电动机运行期间保持不变或基本不变;后者是负载的大小虽变化,但按某一规律周期性变化,且周而复始。下面分别就这两种情况讨论连续工作方式下的电动机容量选择问题。

5.3.1　连续常值负载下的电动机容量选择

所谓连续常值负载,即负载是连续运行的,且其大小 P_z 不变或基本不变,分别如图 5 - 6(a)(b)所示。

如前所述,在这种情况下,一般应选择连续工作制的电动机。连续工作制电动机一般均按常值负载设计,该设计及出厂试验保证了电动机在该额定功率下运行时,温升将不会超过允许值。因此,只要选择电动机容量 P_N 略大于或等于负载功率 P_z,就不必进行发热温升校验。

此外,由于常值负载转矩是基本恒定的,且当 $P_z < P_N$ 时,必有 $T_z < T_m$,故也不必进行过载能力的校验。

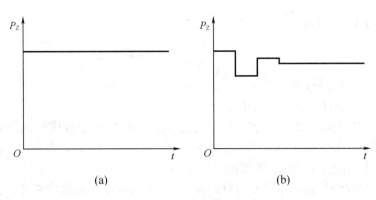

图 5 - 6 连续常值负载图

由此看来,在连续常值负载下选择电动机,首先是计算负载功率 P_Z,然后是根据产品目录选取某一规格的电动机,使 $P_N > P_Z$。注意,若选用的是三相鼠笼式异步电动机,要再校验其启动能力(直流电动机及绕线式三相异步电动机不必校验)。

所以在这种情况下,关键是求出常值负载的功率。下面介绍几种常用生产机械功率的计算方法。

1. 直线运动机械

$$P_Z = \frac{Fv}{9.55\eta} \times 10^{-3} \text{kW} \tag{5-13}$$

式中　F——生产机械静阻力,单位为 N;

　　　v——生产机械运动速度,单位为 m/s;

　　　η——传动装置的效率,直接连接为 0.95 ~ 1,皮带传动为 0.9。

2. 旋转运动的生产机械

$$P_Z = \frac{Tn}{9.55\eta} \times 10^{-3} \text{kW} \tag{5-14}$$

式中　T——生产机械静阻转矩,单位为 N·m;

　　　n——生产机械运动速度,单位为 r/min;

　　　η——传动装置的效率,取值同式(5-13)。

3. 泵类生产机械

$$P_Z = \frac{q_v \rho g H}{\eta_b \eta} \times 10^{-3} \text{kW} \tag{5-15}$$

式中　q_v——液体的流量,单位为 m^3/s;

　　　ρ——液体的密度,单位为 kg/m^3;

　　　g——重力加速度,取为 9.81 kg/s^2;

　　　ρg——重度,单位为 N/m^3,水的重度可取为 $9\,810 \text{ N}/\text{m}^3$;

　　　H——馈送计算高度,单位为 m;

　　　η_b——泵的效率,低压泵取值范围为 $\eta_b = 0.3 \sim 0.6$;高压泵取值范围为 $\eta_b = 0.5 \sim 0.8$;活塞泵取值范围为 $\eta_b = 0.8 \sim 0.9$;

　　　η——传动装置的效率,取值同式(5-13)中效率的取值。

4.鼓风机类生产机械

$$P_Z = \frac{q_v P}{\eta_b \eta} \times 10^{-3} kW \qquad (5-16)$$

式中 q_v——气体流量,单位为 m^3/s;

P——鼓风机的单位压力,单位为 N/m^2;

η_b——鼓风机的效率。大型鼓风机:$\eta_b = 0.5 \sim 0.8$;中型鼓风机:$\eta_b = 0.3 \sim 0.5$;小型鼓风机:$\eta_b = 0.2 \sim 0.35$;

η——传动装置的效率,取值同式(5-13)。

最后应指出的是,由于电动机设计时是按40℃的标准环境温度来考虑的,若选用的电动机工作环境温度与40℃相差较远,应对其标定的额定功率进行修正,以利于电动机容量的充分利用。具体方法如下。

由于电动机的温升等于热流量与散热系数之比,而热流量又与运行时的损耗成正比(其间只需乘以一个电功率转换到热量的功热当量),故

$$\tau = \frac{Q}{A} = \frac{0.24\Delta P}{A} = \frac{0.24(P_0 + P_{cuN})}{A} \qquad (5-17)$$

式中 0.24——功热当量;

ΔP——电动机运行时的损耗功率,包括不变分量 P_0(即空载损耗)和可变分量 P_{cuN}(即铜损耗)两部分;

A——散热系数。

设在40℃时,电动机的稳定温升为 τ_{wN},热流量为 Q_N;而在实际环境温度 θ_0 时,稳定温升为 τ_w,热流量为 Q,允许输出功率为 P,电动机的散热系数为 A。由上式可得

$$\tau_{wN} = \frac{0.24(P_0 + P_{cuN})}{A} = \frac{0.24\left(\frac{P_0}{P_{cuN}} + 1\right)P_{cuN}}{A}$$

$$\tau_w = \frac{0.24(P_0 + P_{cuN})}{A} = \frac{0.24P_{cuN}\left(\frac{P_0}{P_{cuN}} + \frac{P_{cu}}{P_{cuN}}\right)}{A} = \frac{0.24P_{cuN}}{A}\left(\frac{P_0}{P_{cuN}} + \frac{I^2}{I_N^2}\right)$$

令 $P_0/P_{cuN} = k$,称为电动机的不变损耗与额定时可变损耗比,则以上二式可写为

$$\tau_{wN} = \frac{0.24(k+1)P_{cuN}}{A} \qquad (5-18)$$

$$\tau_{wN} = \frac{0.24P_{cuN}}{A}\left(k + \frac{I^2}{I_N^2}\right) \qquad (5-19)$$

将式(5-18)除式(5-19),得

$$\frac{\tau_w}{\tau_{wN}} = \frac{k + \frac{I^2}{I_N^2}}{k+1} \qquad (5-20)$$

为使电动机能得到充分利用,绝缘材料所允许的最高温度 θ_m 与两种情况下的温升 τ_{wN} 及 τ_w 应满足以下关系

$$\tau_w + \theta_0 = \tau_{wN} + 40 = \theta_m$$

由此得

$$\tau_w = -\theta_0 + \theta_m = \tau_{wN} + (40 - \theta_0)$$

代入式(5-20)得

$$\frac{\tau_{wN} + (40 - \theta_0)}{\tau_{wN}} = 1 + \frac{40 - \theta_0}{\tau_{wN}} = \frac{k + \dfrac{I^2}{I_N^2}}{k + 1}$$

两边同乘$(k+1)$,得

$$\left(1 + \frac{40 - \theta_0}{\tau_{wN}}\right)(k + 1) = k + \frac{I^2}{I_N^2}$$

$$\frac{40 - \theta_0}{\tau_{wN}}(k + 1) + k + 1 = k - \frac{I^2}{I_N^2}$$

$$I = I_N \sqrt{1 + \frac{40 - \theta_0}{\tau_{wN}}(k + 1)}$$

当电压与转速不变时,功率与电流近似成正比,故

$$P = P_N \sqrt{1 + \frac{40 - \theta_0}{\tau_{wN}}(k + 1)} \tag{5-21}$$

式(5-21)即电动机的实际环境温度不同于标准环境温度时的功率修正公式。

对于一定的电动机来说,不变损耗与额定时可变损耗比的值有一定的范围。例如,对于直流电动机,$k = 1 \sim 1.5$;对于鼠笼式电动机,$k = 0.5 \sim 0.7$。其他电动机可参阅有关资料。

电动机额定稳定温升τ_{wN}依电动机的绝缘材料而定。例如,E级绝缘其最高允许温度$\theta_m = 120$ ℃,故在40 ℃环境下,其τ_{wN}为80 ℃。

在工程实际中,有时并不按式(5-21)计算电动机功率的修正值,而是按表5-1粗略估算。

表5-1 不同环境温度下的电动机功率修正系数

环境温度/℃	30	35	40	45	50	55
修正系数/%	+8	+5	0	-5	-12.5	-25

还应指出的是,以对流散热方式为主的电动机在高原空气稀薄地区工作时,其散热条件将恶化。故国家标准规定,当电动机运行在海拔超过1 000 m但低于4 000 m的地区时,其最高允许温升应在1 000 m的基础上,每上升100 m,按1%的降低率下降。

例5-1 某台电动机其绝缘材料的允许最高温升$\tau_{wN} = 70$ ℃,额定时不变损耗为全部损耗的40%,可变损耗为全部损耗的60%。求:(1)环境温度为35 ℃;(2)环境温度为45 ℃两种情况下电动机功率的修正系数。

解

$$k = \frac{P_0}{P_{cuN}} = \frac{0.4}{0.6} = 0.667$$

当$\theta_0 = 35$ ℃时,则

$$P = P_N \sqrt{1 + \frac{40 - \theta_0}{\tau_{wN}}(k + 1)} = P_N \sqrt{1 + \frac{40 - 35}{70} \times (0.667 + 1)} = 1.058 P_N$$

当$\theta_0 = 45$℃时,则

$$P = P_N\sqrt{1 + \frac{40-45}{70} \times (0.667+1)} = 0.933P_N$$

可见，$\theta_0 = 35\ ℃$ 时修正系数为 5.8%，$\theta_0 = 45\ ℃$ 时修正系数为 -6.1%，与表 5 - 1 所列值接近。

例 5 - 2 一台与电动机直接连接的离心式水泵，流量为 90 m³/h，扬程为 20 m，吸程为 5 m，$n = 2\ 900$ r/min，$\eta_b = 0.78$，$\theta_0 = 30\ ℃$，$K = 0.6$，试选择电动机（ρ 为水的密度，单位为 kg/m³），q_v 为液体的流量，单位为 m³/s）。

解 $P_Z = \dfrac{q_v \rho g H}{\eta_b \eta} \times 10^{-3} = \dfrac{\dfrac{90}{3\ 600} \times 9\ 810 \times (20+5)}{0.78 \times 1} \times 10^{-3} = 7.86$ kW

查 Y 系列两极电动机的有关产品目录知：

Y132 - S2 - 2：$P_N = 7.5$ kW，$U_N = 380$ V，$I_N = 14.31$ A，$n_N = 2\ 900$ r/min，E 级绝缘。

Y160 - M1 - 2：$P_N = 11$ kW，$U_N = 380$ V，$I_N = 21.24$ A，$n_N = 2\ 910$ r/min，E 级绝缘。

根据以上数据，若选 Y160M1 - 2 过大，选 Y132S2 - 2 稍小。

考虑到 $\theta_0 = 30\ ℃ < 40\ ℃$，修正后有

$$P = P_N\sqrt{1 + \frac{40-30}{80} \times (0.6+1)} = 1.095P_N = 1.095 \times 7.5 = 8.21\ \text{kW} > 7.86\ \text{kW}$$

故最后选择 Y132 - S2 - 2。

5.3.2 连续周期性变化负载下的电动机容量选择

所谓连续周期性变化负载，即其负载是连续的，但大小是周期变化的，如图 5 - 7 所示。图 5 - 7 中给出了周期性变化下负载的损耗功率曲线 $\Delta P = f(t)$ 和温升曲线 $\tau = f(t)$。

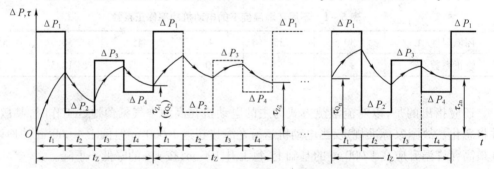

图 5 - 7 连续周期性变化负载损耗功率和温升变化曲线

每一个周期包括 $t_1 \sim t_4$ 四段时间，对应的不同负载时的损耗功率为 $\Delta P_1 \sim \Delta P_4$。如果预选电动机的发热时间常数及散热系数为已知，就可以绘制出对应的温升曲线 $\tau = f(t)$。当绘制的温升变化曲线在第 n 个周期进入稳态循环（即以后各个周期均按照第 n 个周期的规律变化）后，确定稳态循环周期中的最大温升 τ_{max}，如果 τ_{max} 接近并小于电动机的容许最大温升 τ_{wN}，电动机的发热校验就算通过。这种发热校验的方法称为温升曲线法，它是以最大温升 $\tau_{max} \leqslant \tau_{wN}$ 为依据的。

温升曲线法是要看最高温升 τ_{max} 是否小于允许值，要求出温升变化曲线，这又需事先知道电动机的发热时间常数 T，而电动机发热时间常数等于电动机的热容量 C 与电动机的散

热系数 A 之比,即 $T = C/A$。要知道这一切,就需事先确定电动机,根据具体的电动机才能确定具体的参数。因此,要进行温升校验,只好先粗略预选一台电动机,在分析出各段温升变化情况后,找出最高温升。若其小于额定允许温升 τ_{wN},则表明温升校验过关;否则,选大一号电动机再试。若 τ_{wN} 过大,就选小一号电动机再试。如此反复测试。

综上所述,选择带连续周期性变化负载的电动机容量的一般步骤可归纳如下:

(1)计算并绘制生产机械负载曲线 $P_Z = f(t)$ 或 $T_Z = f(t)$。

(2)求出平均负载功率 P_{Zd}

$$P_{Zd} = \frac{P_{Z1}t_1 + P_{Z2}t_2 + P_{Z3}t_3 + \cdots + P_{Zn}t_n}{t_1 + t_2 + t_3 + \cdots + t_n} = \frac{\sum P_{Zi}t_i}{\sum t_i}$$

(3)按 $P_N \geq (1.1 \sim 1.6)P_{Zd}$ 预选电动机。其中,系数的取值大小视负载变化的具体情况而定。一般情况下,若大负载运行时间长,取上限;反之,取下限。

(4)计算温升变化曲线,求出最高温升 τ_m。

(5)按 τ_m 是否略小于 τ_{wN} 校验所选电动机的温升。

(6)校验所选电动机的过载能力。

(7)必要时进行启动能力校验。

若(5)(6)(7)三项中有一项未过,需重选电动机,直至每项都通过为止。

应该指出的是,上述步骤并非每次都需逐一进行,可视不同情况合并或简化。

在以上步骤中,最关键的是求出最高温升 τ_m,也就是说要进行温升计算。而要真正算准温升是不容易的,故工程上几乎都采用间接计算法。有一种间接计算法叫平均损耗法,其用一周期内的平均损耗的大小来间接衡量温升的高低。

1. 平均损耗法

图 5 - 7 所示为一连续周期性变化负载。由于温升直接与电动机的损耗 $\triangle P$ 有关,故图中已用 $\triangle P$ 的变化来代表负载功率的变化,即已变成了损耗变化曲线 $\triangle P = f(t)$ 及温升曲线 $\tau = f(t)$。则

图中

$$t_Z = \sum_{i=1}^{n} t_i = t_1 + t_2 + t_3 + t_4$$

为负载变化周期。t_Z 较小,$t_Z < 10$ min,而电动机的发热时间常数 T 又较大,$T \geq t_Z$ 时,稳定后温升波动不会很大,可以用图 5 - 7 所示的温升最大值 τ_{max} 与最小值 τ_m 之间的平均值 τ_d 来代替 τ_{max}。当 $\tau_d < \tau_{wN}$ 时,即认为温升校验通过。

下面计算 τ_d。已知电动机内的热平衡方程为

$$Qdt = Cd\tau + A\tau dt \tag{5 - 22}$$

式中　Q——电动机单位时间内的发热量,单位是 J/s;

Qdt——dt 时间内的发热量;

$Cd\tau$——dτ 温升电动机的吸热量;

$A\tau d\tau$——dτ 时间内的散热量。

对方程两边取积分,得

$$\int_0^{t_Z} Qdt = \int_{\tau_Q}^{\tau_Z} Cd\tau + \int_0^{t_Z} A\tau dt$$

式中　τ_Q, τ_Z——每一周期内温升的起始值及终止值。

当温升稳定后，$\tau_Q = \tau_Z$，上式变成

$$\int_0^{t_Z} Q \mathrm{d}t = \int_0^{t_Z} A\tau \mathrm{d}t$$

从上式可以看出，温升稳定后，散热量就等于发热量。上式两边同除以 t_Z，得

$$\frac{1}{t_Z} \int_0^{t_Z} Q \mathrm{d}t = A \cdot \frac{1}{t_Z} \int_0^{t_Z} \tau \mathrm{d}t$$

即

$$Q_d = A\tau_d$$

式中　$Q_d = \dfrac{1}{t_Z} \int_0^{t_Z} Q \mathrm{d}t$ ——一个周期内的平均发热量；

$\qquad \tau_d = \dfrac{1}{t_Z} \int_0^{t_Z} Q \mathrm{d}t$ ——一个周期内的平均温升。

而故只要 $Q_d < Q_N$ 就有 $\tau_d < \tau_{wN}$。如上所述，即温升校验通过。

因有 $Q = 0.24\Delta P$，因此，又可用 $\Delta P_d < \Delta P_N$ 来代替 $Q_d < Q_N$ 作为衡量温升是否通过的条件。

由于 $\Delta P_d = \dfrac{1}{t_Z} \int_0^{t_Z} Q \mathrm{d}t$ 为一个周期内的平均损耗，故该方法称为平均损耗法。运用该方法校验电动机的温升是否通过时，只需看其温升稳定后一个周期内的平均损耗是否小于额定温升时的损耗即可。

对于图 5－7 所示的电动机损耗曲线，$\triangle P_d$ 的积分形式又可以写为

$$\Delta P_d = \frac{\sum\limits_{i=1}^{n} \Delta P_i t_i}{\sum\limits_{i=1}^{n} t_i} = \frac{1}{t_Z} \sum_{i=1}^{n} \Delta P_i t_i \tag{5－23}$$

显然，该方法只适用于 $t_Z < 10 \ \mathrm{min} \leqslant T$ 的运行条件。此外，由于是就一般情况出发进行分析，没有作任何形式的假定，故该方法适用于各种形式的电动机。

可以看出，采用该方法比进行温升计算求取最大温升 τ_m 的方法要方便得多。但是，由于要得到电动机运行时间内的损耗变化曲线 $\Delta P = f(t)$，而要绘制这条曲线是不容易的，为了运用上的方便，往往进行等效变换，将平均损耗变换成工程上易于求取的物理量，这就是所谓的等效法。

2. 等效法

等效法由于在不同条件下对 ΔP 的等效方式不同而得出不同的等效物理量，可分为等效电流法、等效转矩法及等效功率法 3 种。下面逐一进行介绍。

（1）等效电流法

由于电动机的铜耗与电流的平方成正比，因此电动机的损耗可写为

$$\Delta P = P_0 + P_{cu} = P_0 + CI^2$$

式中　C——比例常数，由绕组电阻及电路构成形式决定。

将上式代入式（5－23），得

$$\Delta P_d = \frac{1}{t_Z} \sum_{i=1}^{n} (P_0 + CI_i^2) = P_0 + C \cdot \frac{1}{t_Z} \sum_{i=1}^{n} I_i^2 t_i \tag{5－24}$$

在平均损耗相同的条件下，用不变的等效电流 I_{dz} 来代替变化的电流 I，则

$$\Delta P_{\mathrm{d}} = P_0 + CI_{\mathrm{dx}}^2 \tag{5-25}$$

比较式(5-24)和式(5-25),得

$$I_{\mathrm{dx}} = \sqrt{\frac{1}{t_{\mathrm{z}}} \sum_{i=1}^{n} I_i^2 t_i} \tag{5-26}$$

因此,进行电流等效后,只要绘出电动机运行时电流变化曲线 $I = f(t)$,并按式(5-26)算出等效电流 I_{dx},便可校验电动机的温升。若 $I_{\mathrm{dx}} < I_{\mathrm{N}}$,则温升校验通过,否则另选电动机重验。

运用该方法时,除应满足平均损耗法应满足的 $t_{\mathrm{z}} < 10\ \mathrm{min} \ll T$ 的条件外,还应满足以下两个条件。

①空载损耗 P_0 不随时间变化。

②绕组电阻不随时间变化,即系数 C 应为常数。由于这个条件限制,有些电动机如深槽式或双鼠笼式异步电动机,在经常起、制动及反转时,电阻并不是常值,故不能用等效电流法,而只能采用平均损耗法。

(2)等效转矩法

在大多数情况下,已知的并不是负载的电流图,而是转矩图。这时,若电动机的转矩与电流成正比(如直流电动机中磁通恒定、异步电动机中磁通与转子功率因数乘积恒定等)时,可以用转矩代替电流,即

$$T_{\mathrm{dx}} = \sqrt{\frac{1}{t_{\mathrm{z}}} \sum_{i=1}^{n} T_i^2 t_i} \tag{5-27}$$

这就是等效转矩法。这时只要能绘制出电动机的转矩图 $T = f(t)$,根据式(5-27)便可求出等效转矩 T_{dx}。若 $T_{\mathrm{dx}} < T_{\mathrm{N}}$,则温升校验通过。

该方法应满足的条件除等效电流法应满足的 3 个条件外,还应加上转矩与电流成正比这一条件。由于这一条件的限制,像串励直流电动机,起、制动频繁的鼠笼电动机及直流电动机在弱磁调速运行阶段、异步电动机在极轻负载下运行等情况,等效转矩法都不适用。在这些情况下,原则上都应采用等效电流法。

不过,为了实用上的简便,在某些情况下,若采取一些修正措施,上述方法仍然适用,而不必再去使用等效电流法。例如,在直流电动机运行过程中,若仅某一段采用了弱磁调速,其他段仍是额定磁通,这时只需对该段转矩进行修正,而后将修正后能反映电动机发热的转矩代入式(5-27)进行温升校验即可。

转矩进行修正的方法如下:

设 $\varPhi_{\mathrm{N}}$ 为额定磁通,$\varPhi$ 为减弱后的磁通。由于在 $T = T_i$ 的弱磁段,磁通已由 $\varPhi_{\mathrm{N}}$ 变为 $\varPhi$,为了产生转矩 T_i,电枢电流应为额定磁通时电流的 $\varPhi_{\mathrm{N}}/\varPhi$ 倍。根据等效转矩法中转矩与电流成正比的原则,修正后转矩 T_i' 也应为修正前 T_i 的 $\varPhi_{\mathrm{N}}/\varPhi$ 倍,即

$$T_i' = T_i \frac{\varPhi_{\mathrm{N}}}{\varPhi} \tag{5-28}$$

式(5-28)便是用磁通进行转矩修正的公式。

若直流电动机弱磁时电枢电压保持不变,则

$$U \approx E_{\mathrm{aN}} = C_e \varPhi_{\mathrm{N}} n_{\mathrm{N}}$$

$$U \approx E_{\mathrm{a}} = C_e \varPhi n$$

式中　n——弱磁时的转速。

因此得

$$C_e \Phi_N n_N = C_e \Phi n$$

$$\frac{\Phi_N}{\Phi} = \frac{n}{n_N}$$

将上式代入式(5-28),得

$$T_i' = T_i \frac{n}{n_N}$$

这便是用转速进行转矩修正的公式。

(3)等效功率法

等效功率法是指当转速 n 基本不变时,由于功率正比于转矩,因此由式(5-27)表示的等效转矩法便可写成功率的形式,即

$$P_{dx} = \sqrt{\frac{1}{t_Z} \sum_{i=1}^{n} P_i^2 t_i} \tag{5-29}$$

当 $P_{dx} < P_N$ 时,温升校验通过。

显然,等效功率法应满足的条件除了等效转矩法应满足的 4 个条件外,还应加上转速 n 基本不变这一条件。由于这一条件的限制,等效功率法应用的场合更少了,像电动机起、制动、直流电动机降低电压调速等转速都不是维持不变的,都不符合该条件,原则上都不能运用该方法,除非用转速进行功率修正。

功率修正方法与转矩修正方法类似,因此不难推得:在磁通不变,即 $\Phi = \Phi_N$ 时功率修正的公式为

$$P_i' = P_i \frac{n_N}{n} \tag{5-30}$$

式中 P_i'——修正后的功率;

n——变化后的转速。

以上介绍的平均损耗法、等效电流法、等效转矩法及等效功率法均为间接校验温升的实用方法。把前面归纳的带连续周期性变化负载的电动机容量选择的一般步骤与这些实用方法结合起来,步骤中的步骤(4)和步骤(5)两项在工程实际中是如下进行的:

步骤(4)替换为:根据具体情况及可能条件,做出电动机的负载图 $\Delta P = f(t)$ 或 $I = f(t)$ 或 $T = f(t)$;

步骤(5)替换为:根据做出的负载图,采用相应的方法校验温升。

3. 有启动、制动及停车过程时校验温升公式的修正

有时一个周期内的负载变化包括启动、制动及停车等过程。在这些情况下,若采用的是自扇冷式电动机,显然散热条件恶化,实际温升将提高。在直接计算温升时,虽然可以通过取不同发热时间常数的办法来解决,但平均损耗法及等效法均是间接计算法,必须采用其他的间接方法来加以修正。这时,往往把平均损耗或等效电流、等效转矩或等效功率的值放大一些来反映散热条件变化对温升的影响。具体地说,就是把式(5-24)、式(5-26)、式(5-27)及式(5-29)中的分母 t_Z 取比实际数值小些。计算时,在对应的起、制动时间上乘以一个系数 α,在停车时间上乘以一个系数 β。α,β 均是小于 1 的数,对于直流电动机,取 $\alpha = 0.75$,$\beta = 0.5$;对异步电动机,可取 $\alpha = 0.5$,$\beta = 0.25$。显然,在他扇冷式电动机中没有这个修正问题,或认为 $\alpha = \beta = 1$。

如图 5-8 所示为某一负载电流(对应负载转矩)情况,其中 t_1、t_2、t_3、t_4 分别为启动、稳定运行、制动及停车时间,I_1,I_2,I_3(对应转矩 T_1、T_2、T_3)分别为启动、稳定运行、制动过程中的电流。

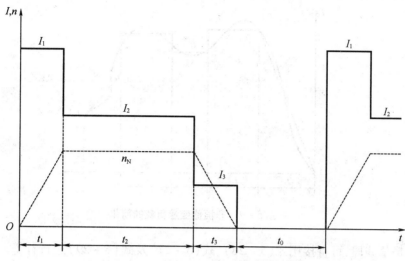

图 5-8　有起、制动及停车时间的负载变化电流图

图 5-8 中还给出了 $n = f(t)$ 的曲线,如虚线所示。这时,可将等效转矩法中的公式(5-27)修正为

$$T_{dx} = \sqrt{\frac{T_1^2 t_1 + T_2^2 + T_3^2 t_3}{\alpha t_1 + t_2 + \alpha t_3 + \beta t_4}}$$

采用电流表示:

$$I_{dx} = \sqrt{\frac{I_1^2 t_1 + I_2^2 + I_3^2 t_3}{a t_1 + t_2 + a t_3 + a t_4}}$$

4.非恒值线段的等效求值法

如前所述,等效法中用以计算的等效电流、等效转矩及等效功率的式(5-26)、式(5-27)及式(5-29)仅适用于如图 5-8 所示的负载呈矩形变化的负载图。在这种负载图中,尽管负载是周期变化的,但在一个周期的几个时间段内,每一时间段上的变量(如 $\triangle P$, I,T 及 P)均为恒值,变量的变化图形均呈矩形。但是,实际的负载图多数是不规则的,如图 5-9 所示。

如果该曲线的变化规律确定,其函数表达可以写出,当然可运用式(5-26)、式(5-27)及式(5-29)的积分形式的通式,即

$$F_{dx} = \sqrt{\frac{\int_0^{\sum t} f^2(t)\,dt}{\sum t}} \qquad\qquad (5-31)$$

采用电流表示为

$$I_{dx} = \sqrt{\frac{\int_0^{\sum t} i_2\,dt}{\int_0^{\sum t} dt}} = \sqrt{\frac{\int_0^{\sum t} i_2\,dt}{\sum t}}$$

但是,实际上很多曲线是难以解析化的,故通常"以直代曲",将其简化为许多折线,如图5-9中的折线所示。这样看来,在实际负载图中,除了有像t_2,t_3及t_4区间这样的呈矩形的恒值线段外,还有像t_1区间那样呈三角形及t_5区间那样呈梯形的非恒值线段。

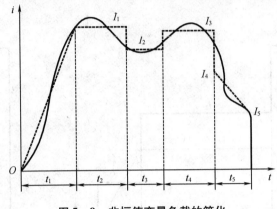

图5-9 非恒值变量负载的简化

对于恒值线段,可直接用式(5-26)、式(5-27)及式(5-29)进行计算。对于三角形或梯形这样的非恒值线段,则必须在其段内求出等效值(即将非恒值线段的三角形及梯形线段等效为以等效值为高度的恒值矩形线段),然后方可运用以上公式求解。

下面推导求取非恒值线段等效值的计算公式。由于三角形可以看成梯形的特例(即三角形是一个底边边长为零的梯形),故先从分析梯形线段的等效值入手。

设某一变量$F(t)$(该变量可以是$\Delta P(t)$,$T(t)$,$P(t)$三者中的任意一个)在第i段内呈梯形变化,其上下两底边分别为F_{i-1}及F_i,这段时间为$t_i - t_{i-1}$。在$t_i - t_{i-1}$之间的梯形线段内有

$$f(t) = F_{i-1} + \frac{F_i - F_{i-1}}{t_i - t_{i-1}}$$

代入式(5-31),得

$$F_{dx} = \sqrt{\frac{1}{t_t - t_{i-1}} \int_0^{t_i - t_{i-1}} \left(F_{i-1} + \frac{F_i - F_{i-1}}{t_i - t_{i-1}} \right)^2 dt}$$

积分后化简得梯形线段相当于矩形线段的等效值为

$$F_{dx}(T) = \sqrt{\frac{1}{3}(F_{i-1}^2 + F_{i-1}F_i + F_i^2)} \qquad (5-32)$$

应用到图5-9中的梯形线段,可以写成

$$F_{dx}(T) = \sqrt{\frac{1}{3}(F_4^2 + F_4 F_5 + F_5^2)}$$

将式(5-32)中的F_{i-1}用零代替,便得到三角形线段的等效值,即

$$F_{dx}(\Delta) = \sqrt{\frac{1}{3}F_i^2} = \frac{1}{\sqrt 3}F_i$$

应用到图5-9中的三角形线段,可以写成

$$F_{dx}(\Delta) = \frac{1}{\sqrt 3}F_1$$

例5-3 一台他励直流电动机的数据为:$P_N = 5.6$ kW,$U_N = 220$ V,$I_N = 31$ A,$n_N =$

1 000 r/min,一个周期内的负载如图 5 - 10 所示,其中第一、四段为启动,第三、六段为制动,起、制动各段及第二段的电动机励磁均为额定值 Φ_N,而第五段的电动机励磁变为额定值的 75%。该电动机为自扇式,试校验发热。

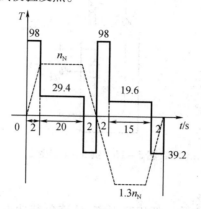

图 5 - 10　例 5 - 3 附图

解　因 $t_Z = 43$ s < 10 min $\leqslant T$,故可用等效法。据如图 5 - 10 所示已知条件可知,应采用等效转矩法。

$$T_5' = \frac{\Phi_N}{\Phi}T_5 = \frac{1}{0.75}T_5 = 1.33 \times 19.6 = 26.07 \text{ N} \cdot \text{m}$$

取 $\alpha = 0.75, \beta = 0.5$,则

$$T_{dx} = \sqrt{\frac{T_1^2 t_1 + T_2^2 t_2 + T_3^2 t_3 + T_4^2 t_4 + T_5^2 t_5}{\alpha(t_1 + t_3 + t_4 + t_6) + t_2 + t_5}}$$

$$= \sqrt{\frac{98^2 \times 2 + 29.4^2 \times 20 + 39.2^2 \times 2 + 98^2 \times 2 + 26.07^2 \times 15 + 39.2^2 \times 2}{0.75 \times (2 + 2 + 2 + 2) + 20 + 15}}$$

$$= 41.8 \text{ N} \cdot \text{m}$$

$$T_N = 9\,550 P_N/n_N = 9\,550 \times \frac{5.6}{1\,000} = 53.48 \text{ N} \cdot \text{m}$$

因 $T_{dx} < T_N$,故温升校验通过。

因 $T_m/T_N = 98/53.48 = 1.83 < 2$,在加的取值范围(1.5 ~ 2)之内,故过载能力校验也通过。因为是直流电动机,不必进行启动能力校验,故所有校验通过,该电动机可采用。

例 5 - 4　如图 5 - 11,一台具有平衡尾绳的矿井卷扬机,电动机 1 直接与摩擦轮 2 连接,当它们旋转时,靠摩擦带动钢绳 4 和运载矿石车的罐笼 5。尾绳 6 系在左右两罐笼下面,以平衡罐笼上面一段钢绳的质量。已知数据如下:井深 $H = 915$ m;运载质量 $G_1 = 58\,800$ N;空罐笼质量 $G_3 = 77\,150$ N;钢绳每米重 $g_4 = 106$ N/m;罐笼与导轨 3 的摩擦阻力使负载增大 20%;摩擦轮 2 的直径 $d_1 = 6.44$ mm;导轮 3 的直径 $d_2 = 5$ m;额定提升速度 $v_e = 16$ m/s;提升加速度 $a_1 = 0.89$ m/s²;减速度 $a_3 = 1$ m/s。摩擦轮飞轮矩 $GD_1^2 = 2\,730\,000$ N·m²;导轮飞轮矩 $GD_2^2 = 584\,000$ N·m²;工作周期 $t_z = 89.2$ s;钢绳及平衡绳总长度 $L = (2H + 90)$ m。试选择电动机的容量。

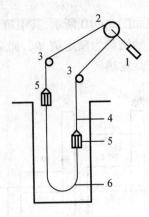

图 5 – 11 例 5 – 4 附图 1

解 （1）计算负载功率

由于两个罐笼和钢绳的质量都相互平衡，计算负载功率时，只需考虑运载的质量和摩擦力即可。因此负载力为

$$G = (1 + 20\%)G_1 = 1.2 \times 58\ 800 = 70\ 560\ \text{N}$$

负载功率为

$$P_z = \frac{Gv_N}{1\ 000} = \frac{70\ 560 \times 16}{1\ 000} = 1\ 129\ \text{kW}$$

（2）预选电动机

取额定功率 $P_N = 1.2 \times 1\ 129 = 1\ 355\ \text{kW}$

由于电动机容量过大，为了减少总惯量，工程实践中常采用双电动机传动，故选用两台 $P_N = 700\ \text{kW}$，$n_N = 47.5\ \text{r/min}$，飞轮矩 $GD^2 = 1\ 065\ 000\ \text{N} \cdot \text{m}^2$ 的电动机，则电动机的总飞轮矩

$$GD_d^2 = 2 \times 1\ 065\ 000 = 2\ 130\ 000\ \text{N} \cdot \text{m}^2$$

提升速度 $v_N = \pi d_1 \dfrac{n_N}{60} = \pi \times 6.44 \times 47.5/60 = 16.02\ \text{m/s}$，符合需要。

（3）计算电动机负载图

卷扬机电动机的负载图如图 5 – 12 所示，图中 $n = f(t)$ 是转速曲线，t_1 是启动时间，t_2 是恒速提升时间，t_3 是制动时间，t_4 是停车卸载及装载时间。在启动时间里，$dn/dt > 0$，电动机转矩 $T_1 > T_z$；在制动时间里 $dn/dt < 0$，$T_3 = T_z$；在恒转速运行阶段，$T_2 = T_z$。因此，先计算 T_z，再计算加速和减速的 dn/dt，即可求出电动机转矩图 $T = f(t)$。

负载转矩为

$$T = 1.2G_1 \cdot \frac{d_1}{2} = 1.2 \times 58\ 800 \times \frac{6.44}{2} = 227\ 200\ \text{N} \cdot \text{m}$$

动态转矩为 $\dfrac{GD^2}{375} \cdot \dfrac{dn}{dt}$，其中 GD^2 是转动部分的总飞轮矩，包括旋转运动部分的飞轮矩 GD_x^2 和直线运动部分的飞轮矩 GD_z^2。

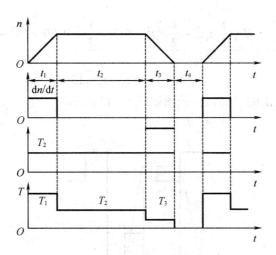

图 5 - 12　例题 5 - 4 附图 2

折算到电动机轴上的旋转部分飞轮矩为

$$GD_x^2 = GD_d^2 + GD_1^2 + 2GD_2^2 \frac{n_2^2}{n_1^2} = 2\ 130\ 000 + 2\ 730\ 000 + 2 \times 584\ 000 \times \left(\frac{6.44}{5}\right)^2$$

$$= 6\ 798\ 000\ \text{N} \cdot \text{m}^2$$

直线运动部分总质量为

$$G_z = G_1 + 2G_3 + g_4(2H + 90) = 58\ 800 + 2 \times 77\ 150 + 106 \times (2 \times 915 + 90) = 416\ 620\ \text{N}$$

值得注意的是,计算飞轮矩时,互相平衡部分的惯量并不会相互抵消,因而应逐项相加。同时,导轨上的摩擦力不应计入运动惯量。

直线运动部分飞轮矩为

$$GD_z^2 = \frac{365 G_z v_N^2}{n_N^2} = \frac{365 \times 416\ 620 \times 16^2}{47.5} = 17\ 250\ 000\ \text{N} \cdot \text{m}^2$$

因此,总飞轮矩为

$$GD^2 = GD_x^2 + GD_z^2 = 6\ 798\ 000 + 17\ 250\ 000 + 24\ 048\ 000\ \text{N} \cdot \text{m}^2$$

加速转矩为

$$T_{a1} = \frac{GD^2}{375}\left(\frac{dn}{dt}\right)_2 = \frac{GD^2}{375} a_1 \frac{60}{\pi d_1} = \frac{24\ 048\ 000}{375} \times 0.89 \times \frac{60}{\pi \times 6.44} = 169\ 260\ \text{N} \cdot \text{m}$$

减速转矩为

$$T_{a3} = \frac{GD^2}{375}\left(\frac{dn}{dt}\right)_3 = \frac{GD^2}{375} a_3 \frac{60}{\pi d_1} = \frac{24\ 048\ 000}{375} \times 1 \times \frac{60}{\pi \times 6.44} = 190\ 220\ \text{N} \cdot \text{m}$$

负载图上各段转矩为

$$T_1 = T_z + T_{a1} = 227\ 200 + 169\ 260 = 396\ 460\ \text{N} \cdot \text{m}$$

$$T_2 = T_z = 227\ 200\ \text{N} \cdot \text{m}$$

$$T_3 = T_z - T_{a3} = 227\ 200 - 190\ 220 = 36\ 980\ \text{N} \cdot \text{m}$$

各段时间为

$$t_1 = \frac{v_N}{a_1} = \frac{16}{0.89} = 18\ \text{s}$$

$$t_3 = \frac{v_N}{a_3} = \frac{16}{1} = 16\ \text{s}$$

$$t_2 = \frac{h_2}{v_N} = \frac{H - h_1 - h_3}{v_N} = \frac{H - \frac{1}{2}a_1 t_1^2 - \frac{1}{2}a_3 t_3^2}{v_N} = \frac{915 - \frac{1}{2} \times 0.89 \times 18^2 - \frac{1}{2} \times 1 \times 16^2}{16} = 40.2 \text{ s}$$

$$t_4 = t_z - t_1 - t_2 - t_3 = 15 \text{ s}$$

根据以上数据绘出的电动机负载图如图 5 – 13 所示。

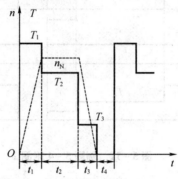

图 5 – 13　例题 5 – 4 附图 3

（4）温升校验

等效转矩为

$$T_{dx} = \sqrt{\frac{T_1^2 t_1 + T_2^2 t_2 + T_3^2 t_3}{\alpha t_1 + t_2 + \alpha t_3 + \beta t_4}} = \sqrt{\frac{396\ 460^2 \times 18 + 227\ 200^2 \times 40.2 + 36\ 980^2 \times 16}{0.75 \times 18 + 40.2 + 0.75 \times 16 + 0.5 \times 15}}$$

$$= 259\ 420 \text{ N} \cdot \text{m}$$

电动机额定转矩为

$$T_N = \frac{9\ 950 P_N}{n_N} = \frac{9\ 550 \times 2 \times 700}{47.5} = 281\ 470 > T_{dx}$$

因此，所选电动机温升校验通过。

（5）考虑电动机过载能力为 $1.5 T_N$，负载图中最大转矩为

$$T_1 = 396\ 460 \text{ N} \cdot \text{m} = \frac{396\ 460}{281\ 470} T_N = 1.41 T_N < 1.5 T_N$$，因此，过载能力校验通过。

由于矿井卷扬机所用电动机通常不是普通的单鼠笼式异步电动机，故不必进行启动能力的校验。

由（4）（5）两项计算可以看出，温升及过载能力既能通过，又没有过大的余量而造成浪费，因此所选电动机是合适的。

5.4　短时工作方式下的电动机容量选择

对于短时工作方式，一般宜选用专门为其设计的短时工作制电动机。但在条件不具备的情况下，也可选用设计为连续工作制的电动机。下面讨论这两种情况下的选择问题。

5.4.1　短时工作方式下连续工作制电动机的容量选择

如图 5 – 14 所示为一短时工作方式下的负载图，P_g 为短时负载功率，t_g 为持续时间。这时，若选 $P_N > P_g$，由于选择的是设计为连续工作制的电动机，因此，当 $t = t_g$ 时，温升只能

达到 τg，而达不到稳定后的最高温升 τ_m，如图中曲线 1 所示。从发热的观点看，这时电动机没有得到充分利用。为此，当选用连续工作制电动机时，应使 $P_N < P_g$，在工作时间 t_g 内，电动机过载运行，温升按曲线 2 上升。若只选择得当，使得当 $t = t_g$ 时，达到的温升 τ_g 刚好等于稳定温升 τ_w，即等于绝缘允许的最高温升 τ_m，则 $\tau_g = \tau_w = \tau_m$，这样对电动机容量的利用来说就恰到好处了。

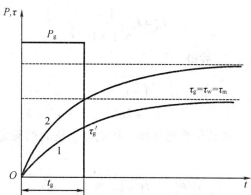

图 5 – 14　短时工作方式 F 的负载图及温升曲线

那么，在小于 P_g 范围内，P_N 取多大的值才能达到上述假定的结果呢？这正是需要讨论的问题。这里要用到温升曲线表达式，即

$$\tau = \tau_w(1 - e^{-\frac{t}{T}}) = \frac{0.24\Delta P}{A}(1 - e^{-\frac{t}{T}}) \tag{5-33}$$

式中　$\tau_w = \dfrac{0.24\Delta P}{A}$ 为稳定温升。

现在假设带额定负载（即 $P = P_N$，$\Delta P = \Delta P_N$）时达到稳定温升 τ_w，故

$$\tau_w = \frac{0.24\Delta P_N}{A}$$

同理，带短时负载 P_g（即 $P = P_N$，$\Delta P = \Delta P_N$）当 $t = t_g$ 时，短时工作温升 τ_g 为

$$\tau_g = \frac{0.24\Delta P}{A}$$

现已设 $t_g = t_w$，据以上两式，得

$$\frac{0.24\Delta P_N}{A} = \frac{0.24\Delta P_N}{A}(1 - e^{-\frac{t_g}{T}})$$

$$\Delta P_N = \Delta P_g(1 - e^{-\frac{t_g}{T}}) \tag{5-34}$$

又由于

$$\Delta P_N = P_0 + P_{cuN} = \frac{P_0}{P_{cuN}} \cdot P_{cuN} + P_{cuN} = kP_{cuN} + P_{cuN} = (k+1)P_{cuN}$$

$$\Delta P_g = P_0 + P_{cuN} = k \cdot P_{cuN} + \frac{I_g^2}{I_N^2}P_{cuN} = \left(k + \frac{I_g^2}{I_N^2}\right)P_{cuN}$$

将以上两式代入式（5–34），得

$$(k+1)P_{cuN} = \left(k + \frac{I_g^2}{I_N^2}\right)P_{cuN}(1 - e^{-\frac{t_g}{T}})$$

$$k + 1 = k = k e^{-\frac{t_g}{T}} + \frac{I_g^2}{I_N^2}(1 - e^{-\frac{t_g}{T}})$$

$$\frac{I_g^2}{I_N^2} = \frac{1 + k e^{-\frac{t_g}{T}}}{1 - e^{-\frac{t_g}{T}}}$$

$$I_N = I_g \sqrt{\frac{1 - e^{-\frac{t_g}{T}}}{1 + k e^{-\frac{t_g}{T}}}}$$

电流近似与功率成正比,故得

$$P_N = P_g \sqrt{\frac{1 - e^{-\frac{t_g}{T}}}{1 + k e^{-\frac{t_g}{T}}}} = P_g \sqrt{\frac{e^{\frac{t_g}{T}} - 1}{e^{\frac{t_g}{T}} + k}}$$

这就是为短时工作方式选用普通连续工作制电动机时的额定容量计算公式。上式中,令 $P_g / P_N = K_q$,则

$$K_q = \frac{P_g}{P_N} = \sqrt{\frac{1 + k e^{-\frac{t_g}{T}}}{1 - e^{-\frac{t_g}{T}}}} = P_g \sqrt{\frac{e^{\frac{t_g}{T}} + k}{e^{\frac{t_g}{T}} - 1}}$$

显然,K_q 表示普通连续工作制电动机带短时负载时按发热观点的功率过载倍数。但是,如前所述,一台电动机的过载能力不应仅从发热温升的角度考虑,还应结合转矩的过载能力,即转矩的允许过载倍数 K_M 综合考虑。因此,为了使所选电动机的两种过载能力均能满足要求,在 $K_q = P_g / P_N < K_M$ 时,按温升校验方法(即按式(5 - 33))中所定的 P_N 选取电动机;在 $K_q > K_M$ 时,则按短时过载能力 K_M 来选择电动机的容量,即取 $P_N = P_g / K_M$。

在电力拖动的工程实际中,短时工作方式的电动机容量选择常常针对后一种情况,即 $K_q > K_M$。这样,为了使转矩过载能力得到满足,电动机的温升发热上往往留有较大的余地而不能充分利用。在这种情况下,应尽量选用专门设计的短时工作制电动机,这在下面将另作介绍。

最后应指出的是,若短时工作期间负载的功率是变化的,在按发热观点选择电动机时,应求出该工作期间的等效功率 P_{dr}(方法如前所述),然后用 P_{dr} 代替上述 P_g,进行电动机选择。但在进行转矩过载能力校验时,必须用最大负载功率。

5.4.2 短时工作方式下短时工作制电动机容量的选择

为了充分挖掘电动机温升的发热潜力,专门为短时工作方式而设计的短时工作制电动机的过载能力 K_M 较强。这种电动机的标准工作时间分为 15 min,30 min,60 min 及 90 min 四种,而且,同一台电动机在不同工作时间下的标称额定功率也是不一样的。若以工作时间为额定功率的下标,则

$$P_{15} > P_{30} > P_{60} > P_{90}$$

当实际工作时间 t_{gx} 接近上述工作时间 t_{ge} 时,选择这种电动机最为方便。但当其间有一定的差别时,应将实际的 P_{gz} 折算到标准时间的 P_{ge},再按 P_{gc} 选择短时工作制电动机。折算的原则是两者损耗相等,即

$$\Delta P_{gx} t_{gx} = \Delta P_{gN} t_{gN}$$

按前面所述的类似方法进行推导,可得

$$P_{gN} = \frac{P_{gx}}{\sqrt{\dfrac{t_{gN}}{t_{gX}} + k\left(\dfrac{t_{gN}}{t_{gX}} - 1\right)}}$$

(5 – 35)

当 t_{gx} 选最接近的标准时间 t_{ge} 时，$t_{gx} \approx t_{ge}$，故 $(t_{ge}/t_{gx}) - 1 \approx 0$，这样式(5 – 35)可简化为

$$P_{gN} \approx P_{gx}\sqrt{\frac{t_{gx}}{t_{gN}}}$$

这便是短时工作制电动机容量的折算公式。

例 5 – 5　某大型机床刀架的快速移动机构，其移动部分质量 $G = 5\,300$ N，移动速度 $v = 15$ m/min，最大移动距离 $L_m = 10$ m，传动效率 $\eta_N = 0.1$，动摩擦系数 $\mu = 0.1$，静摩擦系数 $\mu_0 = 0.2$，传动机构的传动比 $j = 100$ r/min，试选择电动机。

解　如前所述，大型车床刀架的快速移动机构是短时工作方式，其工作时间为

$$t_g = \frac{L_m}{v} = \frac{10}{15} = 0.667 \text{ min}$$

由于 t_g 与专门设计的短时工作制电动机的标准工作时间相差甚远，因此，不便选用短时工作制电动机，而应在连续工作制电动机中选择。此外，由于 $t_g \ll T$，因此，温升发热不是主要矛盾，应按转矩过载能力校验电动机。

电动机的负载功率为

$$P_g = \frac{\mu G v}{60 \eta_N} = \frac{0.1 \times 5\,300 \times 15}{60 \times 0.1} \times 10^{-3} = 1.325 \text{ kW}$$

电动机的转速为

$$n = jv = 100 \times 15 = 1\,500 \text{ r/min}$$

由此可以看出，应选三相四极鼠笼式异步电动机。其产品目录中的额定数据如表5 – 2所示：

表 5 – 2　例 5 – 5 附表

型号	P_N/kW	n_N/(r/min)	K_m	K_T
Y90S – 4	1.1	1410	2.2	2.2
Y90L – 4	1.5	1410	2.2	2.2

由于最大转矩倍数 $K_m = 2.2$，故所选电动机容量应满足

$$P_N \geqslant \frac{P_g}{K_M} = \frac{P_g}{0.8 K_m} = \frac{1.325}{0.8 \times 2.2} = 0.753 \text{ kW}$$

所以初步选定 Y90S – 4，$P_N = 1.1$ kW。

由于带刀架的电动机要在静摩擦情况下带负载启动，所选电动机又为鼠笼式异步电动机，故需校验启动能力。

启动时负载转矩为

$$T_{Zq} = \frac{\mu_0 G v}{60 \eta_N} \times 10^{-3} \times \frac{9\,550}{n} = \frac{0.2 \times 5\,300 \times 15}{60 \times 0.1} \times 10^{-3} \times \frac{9\,550}{1\,500} = 16.87 \text{ N} \cdot \text{m}$$

启动转矩倍数 $K_T = 2.2$，所选电动机的启动转矩为

$$T_q = K_T \frac{P_N}{n_N} \times 9\,550 = 2.2 \times \frac{1.1}{1\,410} \times 9\,550 = 16.39 \text{ N} \cdot \text{m}$$

由于 $T_q < T_{Zq}$，故启动能力不能通过。

为了提高启动转矩，改选大一号的电动机，即 Y90L – 4，$P_N = 1.5$ kW。其启动转矩为

$$T'_q = K_T \frac{P_N}{n_N} \times 9\,550 = 2.2 \times \frac{1.5}{1410} \times 9\,550 = 22.35 \text{ N} \cdot \text{m}$$

由于 $T'_q < T_{Zq}$，启动能力通过。

若考虑电网电压降落10%，则 $T''_q = 0.9^2 \cdot T'_q = 0.81 \times 22.35 = 18.10$ N·m，仍高于 T_{Zq}。因此，最后选定 Y90L – 4 型电动机，$P_N = 1.5$ kW。

5.5　周期性断续工作方式下的电动机容量选择

原则上说，周期性断续工作方式下也可选用普通连续工作制的电动机。但是由于这种工作方式工作周期短(小于10 min)，起、制动频繁，普通形式的电动机难以胜任，故一般均应选用专为此种工作方式设计的断续工作制电动机。这种电动机机械强度大，起、制动及过载能力强、转动惯量小、绝缘材料等级高，最适应断续性及启动、制动频繁的工作方式。

如前所述，断续工作制按标准负载持续率 ZC% 分为15%，25%，40%及60% 4 种。与短时工作制电动机相仿，同一台电动机在不同的 ZC% 下工作时，额定功率不一样，ZC% 越小，额定功率就越大。表5–3列举了断续工作制电动机的一些数据，可供参考。

表5–3　断续工作制电动机的型号与额定值

电动机种类	型号	ZC%	额定功率 /kW	额定电流 /A	额定转速/ (r/min)	过载能力
起重冶金用他励直流电动机	ZZ – 12 (220 V)	15	3	17.5	1 280	—
		25	2.5	14.2	1 300	2.5
		40	1.8	10.5	1 330	
		60	1.3	7.6	1370	
起重冶金用绕线异步电动机	JZR – 11 – 6 (380 V)	15	2.7	8.3	855	
		25	2.2	7.2	885	2.3
		40	1.8	6.6	910	
		60	1.5	6.2	925	
		100	1.1	5.8	945	—

表5–3中，JZR – 11 – 6 绕线式异步电动机有 ZC% 为100%的一种负载持续率，由于 ZC% = 100%，说明从发热角度看，它已经是连续工作制了。由于这种绕线式异步电动机同时又具有上述断续工作制电动机所具有的特点，故也列在此表内。实际上，它与同一栏内的其他不同持续率下不同容量级别的电动机是同一台电动机，只是由于它的负载持续率高，故容量等级低一挡。或者说，这种 ZC% = 100%的 JZR – 11 – 6 电动机本来就是一台连续工作制的绕线式异步电动机，但由于结构上的特殊设计，其又能用于断续工作方式，按不

同负载持续率带不同负载工作在不同功率等级上。

表 5－3 中还有一项"过载能力",这里指的是转矩过载能力,即 $K_m = T_m / T_N$。一般产品目录中只列出 $ZC\% = 25\%$ 时的值,其他值均不给出。这是因为对于同一台电动机,最大允许转矩 T_m 是一定的,而额定转矩 T_N 则因 $ZC\%$ 而异。用户可根据 $ZC\% = 25\%$ 时的 K_m 求出 T_m,再算出对应不同 $ZC\%$ 的 T_N,便可知每一 $ZC\%$ 下的 K_m。显然,$ZC\%$ 越小,P_N 及 T_N 越大,过载能力越弱。

如果实际的负载持续率恰好是标准值,则可按产品目录选择合适的电动机。如果在工作时间内负载是变化的,可采用连续工作时的处理方法,即按平均损耗法或等效法校验其温升。所不同的是,此时停车时间 t_0 不得计算在内,因为它在 $ZC\%$ 中已经涉及。如果实际的负载持续率 $ZC\%$ 与标准值不同,应将实际的功率 P_x 折算为邻近的标准 $ZC\%$ 下的功率 P_N,再选择电动机并校验温升。折算的原则仍然是损耗相等,即

$$\Delta P_x t_{gx} = \Delta P_N t_{gN}$$

得

$$\frac{t_{gx}}{t_{gN}} = \frac{\Delta P_N}{\Delta P_x}$$

又因为是在同一个周期的时间内折算,则有

$$\frac{t_{gx}}{t_{gN}} = \frac{ZC_x\%}{ZC\%}$$

因此有

$$\frac{ZC_x\%}{ZC} = \frac{\Delta P_N}{\Delta P_x}$$

故

$$\Delta P_x ZC_x\% = \Delta P_N ZC\%$$

采用与短时工作制电动机分析时类似的变换,得

$$P_N = \frac{P_x}{\sqrt{\dfrac{ZC\%}{ZC_x\%} + k\left(\dfrac{ZC\%}{ZC_x\%} - 1\right)}} \tag{5－36}$$

由于选择时选 $ZC_x\%$ 邻近 $ZC\%$,故可视 $ZC_x\% \approx ZC\%$,得

$$\frac{ZC\%}{ZC_x\%} - 1 \approx 0$$

这样,式(5－36)可化简为

$$P_N \approx P_x \sqrt{\frac{ZC_x\%}{ZC\%}}$$

若 $ZC_x\%$ 与 $ZC\%$ 相距较远,且 $ZC_x\% < 1\%$,可按短时工作方式处理;若 $ZC_x > 70\%$,可按长期工作(即视 $ZC_x\% \approx 100\%$)选择电动机。

最后应该指出的是,在某些情况下,短时工作制电动机与断续工作制电动机可以相互代用。短时工作时间 t_g 与负载持续率 $ZC\%$ 之间有近似的对应关系:$ZC\% = 15\%$ 相当于 $t_g = 30$ min,$ZC\% = 25\%$ 相当于 $t_g = 60$ min,$ZC\% = 40\%$ 相当于 $t_g = 90$ min。当然,这只是从温升发热角度考虑的对应关系.过载叉启动能力等需另做校验。

例 5－6　已知一台断续工作制电动机的曲线如图 5－16 所示。预选电动机为 JZR－42－8

型他扇冷式绕线式电动机,$ZC\% = 25\%$,$P_N = 16$ kW,$n_N = 720$ r/min,$K_m = 3$。试校验电动机温升及过载能力。

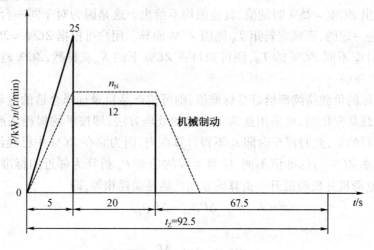

图 5 - 15 例 5 - 6 附图

解 由图 5 - 15 可以看出,在工作时间 t_g 内功率是变化的,因此需计算其等效功率 P_{dr}。在第一阶段中,转速靠是线性变化的,需按转速修正这段功率。假定启动过程($\Phi\cos\varphi_2$)不变,根据式(5 - 30)有

$$P' = \frac{P}{n_N} \cdot n$$

式中 n——变化后的转速,由图 5 - 15 可见 $n = n_N$,故

$$P' = \frac{P}{n_N} \cdot n_N = P = 25 \text{ kW}$$

由于是他扇冷式电动机,在启动过程中散热能力不变,因此

$$P_{dx} = \sqrt{\frac{25^2 \times 5 + 12^2 \times 20}{5 + 20}} \text{ kW} = 15.5 \text{ kW}$$

由于制动方式是机械制动(即机械抱闸),在制动过程中电动机断电,故制动时间应计算在停歇时间之内。这样,实际负载持续率为

$$P = P_{dx}\sqrt{\frac{ZC_x\%}{ZC\%}} = 15.5 \times \sqrt{\frac{27}{25}} = 16.11 \text{ kW}$$

换算到标准 $ZC\% = 25\%$ 时的等效功率为

$$P \approx P_{dx} = \sqrt{\frac{ZC_x\%}{ZC\%}} = 15.5\sqrt{\frac{27\%}{25\%}} = 16.1 \text{ kW}$$

此功率已超过预选电动机功率 16 kW,故温升校验不能通过,应选大一号的电动机。又因实际过载系数为 25/16 = 1.526,而这种电动机的最大转矩倍数 $K_m = 3$,允许过载倍数 $K_M = 0.8K_m = 2.4$,因此,过载能力已经通过,若选大一号的电动机时就更能满足需求了。

5.6 确定电动机容量的统计法与类比法

在以上几节的分析中,以电动机的发热理论为基础,介绍了电动机容量选择的原理及基本

方法,这些内容对电动机容量选择的实际工作有很重要的理论指导意义。但是,这些选择电动机容量的具体办法比较繁杂,尤其是其中的电动机负载图的求取,在某些情况下往往较为困难。加之那些计算公式也已经过一定的简化,因而其结果具有较大的近似性。

5.6.1　统计法

用统计法选择电动机容量,就是将同类设备所选用的电动机容量进行统计和分析,找出该生产机械的拖动电动机与该生产机械主要参数之间的关系,并根据实际情况,确定相应的指数,得出相应的计算公式。现将这些按统计法得出的计算公式介绍如下。

1. 车床

$$P = 36.5D^{1.54} \text{ kW}$$

式中　D——工件的最大直径,单位为 m。

2. 立式车床

$$P = 20D^{0.88} \text{ kW}$$

式中　D——工件的最大直径,单位为 m。

3. 摇臂钻床

$$P = 0.064\,6D^{1.19} \text{ kW}$$

式中　D——工件的最大钻孔直径,单位为 m。

4. 外圆磨床

$$P = 0.1KB \text{ kW}$$

式中　B——砂轮宽度,单位为 mm;

K——经验系数,当砂轮主轴采用滚动轴承时,K 取 0.8 ~ 1.1;采用滑动轴承时,K 取 1.1 ~ 1.3。

5. 卧式镗床

$$P = 0.004D^{1.7} \text{ kW}$$

式中　D——镗杆直径,单位为 mm。

6. 龙门铣床

$$P = \frac{B^{1.15}}{166} \text{ kW}$$

式中　B——工作台宽度,单位为 mm。

上述统计法存在一定的局限性,即只适用于类似于以上几种能得出统计规律的生产机械。此外,由于统计法是在众多的同类事物中剔除个别差异找出来的一般规律,因此,在具体的个别事物上就不免有其近似性。尽管如此,实践证明这种方法的误差在工程的允许范围之内,所以在工程上运用是可行的。

例如,我国生产的 C660 型车床加工工件的最大直径为 1 250 mm,按上述公式计算主传动电动机的容量应是 $P = 36.5 \times 1.25^{1.54} = 52 \text{ kW}$,而一般实际选用的为 60 kW,二者相近。

5.6.2　类比法

如前所述,统计法有一定的局限性。实际上,有些生产机械由于受生产工艺中诸多因素的制约,无法根据统计规律在生产机械的拖动电动机与该生产机械主要参数关系之间定出明确的系数,从而得出固定的计算公式。因此,这种情况下统计法就不能奏效,只能采用另一种实用方法,即类比法。

所谓类比法,就是在调查经过长期运行考验的同类生产机械所采用电动机的容量数值的基础上,通过类比方法,确定所选用的电动机容量。

例如,某炼钢厂要安装 3 吨氧气顶吹转炉的倾炉设备,根据生产机械的负载情况,初步估算得出所需电动机容量 $P_N = 10\ kW$。但是,这个数据没有经过长期生产实践的考验,是不是靠得住还拿不准。为此,参阅其他厂家的有关材料,得知 1.5 吨转炉倾炉设备选用了 11 kW 的电动机,6 吨转炉选用 22 ~ 30 kW 的电动机,因此可知原值估算偏小。显然,该值应在 11 ~ 22 kW 的范围之内。但究竟该选多大,还难以确定。

若没有进一步的资料可供类比,最好取靠近上限的值,比如选 20 kW 左右的电动机,然后经一定时期的生产实践考验后再总结经验。若再进一步调查,发现有一些厂家的 3 吨转炉一直采用 16 kW 电动机,且运行情况良好,因此,最后可选定该电动机容量 $P_N = 16\ kW$。

5.7   由特殊电源供电的电动机选择问题

随着电力电子技术的发展,在需要进行速度调节的电力拖动系统中,常常出现一些由特殊电源供电的情况。这时,电动机的选择就有其特殊性。

5.7.1   由静止可控整流器供电的直流电动机容量的选择

目前,由静止可控整流器(可控晶闸管)为直流电动机供电的运行方式已被广泛应用,逐步取代了以直流发电机为供电电源的旋转变流机组方式。但是它也有不少缺点,主要是晶闸管整流时,直流中的脉动分量大,致使电动机损耗增加,温升增高。为保证温升不变,电动机的输出功率就要下降。换句话说,为了保证输出同样大小的功率,所选电动机的容量就要增大。其间关系是

$$P_N = P(\mu_I + \mu_U) \tag{5 - 37}$$

式中 P_N——应选电动机的额定容量;

P——电动机实际输出功率;

μ_I——电枢电流的波形系数,可以由电枢电流的脉动最大值 I_{amax},最小值 I_{amin} 按下式确定

$$\mu_I = \frac{I_{amax} - I_{amin}}{\frac{1}{2}(I_{amax} + I_{amin})}$$

μ_u——电枢电压波形系数,它依整流线路形式及可控晶闸管导通角 α 而定,如表5 - 4所示。

表 5 - 4 μ_u 与导通角 α 的关系

导通角 α	0°	30°	60°	90°	120°	150°
单相半控桥	1.11	1.11	1.33	1.57	1.97	2.82
三相半控桥	1.002	1.015	1.06	1.25	1.58	2.31
三相全控桥	1.002	1.02	1.14	1.58	—	—

由式(5-37)得

$$\frac{P_N}{P} = \mu_I + \mu_U$$

由于 $\mu_I + \mu_U > 1$，可见所选电动机的容量确实比电动机在可控晶闸管供电下实际输出功率要大。($\mu_I + \mu_U$)也就是所选电动机容量的放大倍数。

在实际运行中，为了减少直流的脉动分量，一般在电动机外接一平波电抗器，当该电抗器的电感值为两倍于电动机电枢回路电感值时，上述选择容量的放大倍数已基本接近于1，即选用电动机时基本不需放大容量。

5.7.2 由变频电源供电的三相异步电动机选择问题

交流变频拖动系统中所采用的三相异步电动机，虽然目前已有少量是专门设计的，但在通常情况下，大多数仍然是从异步电动机的通用标准系列中选取的。在选取过程中，前几节所介绍的根据电动机运行方式及负载大小性质选择电动机的一般方法，此处同样适用。只是由于变频调速系统的特殊性，尚有不少情况需另加考虑。

1. 额定容量的选择

由于变频调速中的谐波电流及谐波磁势的作用，使得谐波损耗大大增加，电动机的效率约降低 3% ~ 5%。因此，应在根据以往选择电动机的方法所选定的电动机容量的基础之上，适当放大5%左右。

2. 启动电流倍数的选择

通常在选择工频电源下工作的电动机时，对启动电流也有一定的要求，即应小于所在电网的允许值。但在变频调速系统中，一般不存在这个问题，这是因为变频调速时总是降频降压启动，启动电流不是很大。转差控制和矢量控制时，启动电流是可控的。当为恒转矩调速时，启动电流一般不超过额定电流。即使是电压频率比控制，一般启动电流也不超过额定电流的 1.5 ~ 2.5 倍。从这方面来看，启动电流倍数的问题似乎没有进行考虑的必要。

但是，从另一角度来说，由于启动电流倍数是定转子漏抗大小的一个度量，因此，对于电压型逆变器系统，出于限制谐波电流的考虑，要求定、转子漏抗尽可能大，故应选择启动电流倍数小的电动机；对于电流型逆变器系统，出于降低换流电容过电压，减少换流电容值的考虑，定转子漏抗要尽可能小，故应选择启动电流倍数大的电动机。

3. 额定转速的选择

在一般的电力拖动系统电动机额定转速的选择中，要兼顾两方面的因素：一是从电动机本身来说，希望选择转速高的电动机，这样电动机的尺寸小、质量轻、成本低、效率高；但从系统的拖动装置来看，又希望传动比范围不要太大，否则传动机构复杂、造价高、占地面积大、效率低。在变频调速系统中，由于取消了机械传动装置，负载的调速范围由变频器的调频范围来保证，故选择时只需顾及电动机一方即可，即额定转速尽量取高限，以直接满足机械负载的最高转速为准。

4. 额定电压的选择

仅就电动机本身而言，电动机容量一定时选用电压高者较好，因为电压高的电动机用铜省，单位千瓦消耗材料较低，价格便宜。但是，若结合逆变器系统来考虑就不一定了。就电压型逆变器而言，选择较高电压的电动机仍然有利；但对于电流型逆变器系统，则希望选用较低电压的电动机。此外,还应考虑电压对变频器及中间储能环节参数的影响。故额定电压应由变频调速系统的电力电子装置与异步电动机的综合经济技术指标比较来决定。

5. 额定转差的选择

一般地,从电动机运行的效率来说,应选择转差小的电动机,因为转差大,运行时转子铜耗大。但转差过小时,如采用转差控制,就必须使用数字控制技术,才能保证转差控制的精度,从而增加控制电路的复杂性。一般来说,对于中等容量的异步电动机,额定转差最好选用4%左右。

小 结

本章主要从损耗导致发热入手,探讨了电动机的发热与温升问题,并进一步从温升限值展开阐述电力拖动系统中电动机容量的选择问题,主要包括决定电动机容量的主要因素、电动机工作方式及各种工作方式下的容量选择方法。此外,还简单介绍了确定电动机容量的统计法与类比法,以及特殊电源供电的电动机选择问题。

习题与思考题

5-1 电动机的稳定温升取决于什么? 电动机的负载能力又取决于什么?

5-2 电动机主要的工作方式有哪些,各有何特点?

5-3 常用的等效法有几种,它们的使用条件是什么?

5-4 已知6SH-9A型离心泵的额定数据为:流量 $Q = 144 \ m^3/h$,扬程 $H = 400 \ m$,转速 $n = 2\ 900 \ r/min$,效率 $\eta_p = 75\%$,如用作淡水泵,试选择电动机容量。

5-5 某台电动机,$P_N = 20 \ kW$,$\tau_N = 80 \ ℃$,不变损耗占总损耗的40%,额定可变损耗占总损耗的60%,求(1)环境温度为25 ℃;(2)环境温度为45 ℃时电动机功率的修正值是多少?

参 考 文 献

[1] 顾绳谷. 电机及拖动基础[M]. 4 版. 北京:机械工业出版社,2007.

[2] 郭镇明,丛望. 电力拖动基础[M]. 哈尔滨:哈尔滨工程大学出版社,1996.

[3] 麦崇漪. 电机学与拖动基础[M]. 2 版. 广州:华南理工大学出版社,2006.

[4] 汤蕴璆. 电机学[M]. 4 版. 北京:机械工业出版社,2011.

[5] 赵影. 电机与电力拖动[M]. 北京:国防工业出版社,2006.

[6] 许晓峰. 电机及拖动[M]. 北京:高等教育出版社,2000.

参考文献

[1] 　　　　　　　　　　　　　　[M]. 上海：上海科技出版社，2002.
[2] 　　　　　　　　　　　[M]. 北京：　　　　　　上海大学出版社，1996.
[3] 　　　　　　　　　　　　[M]. 2 版. 广州：华南理工大学出版社，2008.
[4] 　　　　　　　　　[M]. 4 版. 北京：机械工业出版社，2011.
[5] 　　　　　　　　　　[M]. 北京：　　　北京理工　，2008.
[6] 　　　　　　　　　[M]. 北京：　　　　　，2000.